Peter Ripota präsentiert:

Einsteins einmalige Einsichten

Die Relativitätstheorien und wie es dazu kam

Eine kritische Bestandsaufnahme

Teil 1: Starre Scheiben und alternde Zwillinge:

die **Spezielle Relativitätstheorie** (SRT)

Bibliografische Information der Deutschen Nationalbibliothek
Die Deutsche Nationalbibliothek verzeichnet diese Publikation in der Deutschen Nationalbibliografie; detaillierte bibliografische Daten sind im Internet über http://dnb.d-nb.de abrufbar.

Portrait-Zeichnungen: Monika Fischer

© 2023 Peter Ripota. 3., überarbeitete & erweiterte Auflage

Herstellung und Verlag: BoD - Books on Demand, Norderstedt

ISBN-13: 9783748112082
e-mail: tango@peter-ripota.de
Webseite: http://www.peter-ripota.de/einstein/

Peter Ripota, Jahrgang 1943, studierte Physik und Mathematik an der Technischen Hochschule Wien. Fast ein Vierteljahrhundert war er Redakteur beim P.M.-Magazin, wo es ihm gelang, schwierige wissenschaftliche Themen anschaulich und verständlich darzulegen. Zudem prägte er den damaligen Stil des Hefts wesentlich durch seine Mischung aus Wissenschaft, Science-Fiction und Esoterik.

Ripota schrieb zahlreiche Bücher über esoterische Themen, über die Mängel der modernen Physik, über Zeitreisen und unendliche Zahlen. Außerdem verfasste er Märchen und Parodien. Als leidenschaftlicher Tangotänzer hat er seine Erfahrungen über das Wesen des Tango in einem Buch niedergelegt.

Teil 1 dieser Abhandlung behandelt die
Entstehung, Bedeutung und Wirkung der
Speziellen Relativitätstheorie (SRT)
sowie ihrer zahlreichen
Effekte und Widersprüche.

Außerdem werden einige typisch
relativistische Effekte klassisch
abgeleitet, ohne Rückgriff
auf die sogenannte
"Lorentztransformation".

Zudem gibt es einen Blick hinter die Kulissen
des Wissenschaftsbetriebs
sowie eine Analyse des Charakters
ihres Schöpfers, ernsthaft und witzig.

Mit zahlreichen Abbildungen zum besseren
Verständnis.

Motto:

Inhalt

Vorwort 1

Mit der Frage nach der berühmtesten Formel und dem berühmtesten Wissenschaftler der Welt sind bereits die Antworten in den Köpfen vieler Wissenschaftler und beeindruckter Laien programmiert. Beides finden wir auf dem Titelblatt dieses abwechslungsreichen Buches.

Ein weiteres Buch zum Thema Relativitätstheorien? Jawohl, und das zu Recht. Die überbordende Literatur der „Orthodoxen" verlangt nach einem Gegengewicht zu dem einzigartigen Kult um Person und Theorie, der in der Öffentlichkeit betrieben wird. Mit Ripota meldet sich eine erfrischende Stimme mit einem ungewohnten Blick hinter die Kulissen des offiziellen Wissenschaftsbetriebes – und unter den Teppich, unter den so Vieles gekehrt worden ist (historisch, wissenschaftlich und wissenschaftshistorisch).

Im Sinne des Autors, den eine treue Leserschaft von seinen Notizen aus dem schwarzen Loch kennt, ist das Buch unterhaltsam und ironisch. Dies ist eine adäquate Antwort auf die grotesken Aufführungen im offiziellen Wissenschaftsbetrieb, besonders wenn es um die spezielle Relativitätstheorie (SRT) geht. Das offizielle Bild, welches dem Laien nach außen vermittelt wird, sollte nicht darüber hinwegtäuschen, dass es hinter den Kulissen recht uneinheitlich zugeht. Ripota dokumentiert eindrucksvoll das Ringen um Interpretationen aus dem Fundus der Relativisten verschiedener Ausrichtungen.

Die Leserschaft wird vertraut gemacht mit der reichhaltigen Palette von Akteuren und mit deren Argumenten rund um SRT und Einstein-Kult und erfährt dabei viel gemeinhin Unbekanntes und auch Amüsantes. Wo Kritik droht, ist schnell ein Dogma zur Hand oder der Vorhang des Personenkultes wird zugezogen. Die auffälligen Parallelen zur Religion verwundern nicht. Im November 2019 dürfen wir wieder eine Hundertjahrfeier erwarten, dieses Mal zur „Kanonisierung" Einsteins anlässlich der Lichtablenkung bei der berühmten Sonnenfinsternis, Die SRT hat sich mit ihren bekannten und weniger bekannten Widersprüchen in selbst verschuldete Schwierigkeiten manövriert, die ihren Anhängern bisweilen recht emotionale Verteidigungsstrategien gegen Kritik abverlangen. Respektvolles Streiten sieht anders aus. Man bekommt den Eindruck, die SRT ist ihr eigenes Ärgernis. Sie sollte es auch in den Augen des unschuldigen zum Staunen verurteilten Publikums sein. Besonders für die außen Stehenden ist es von

Vorteil, dass Ripota auch die Seite der Mahner, Kritiker und Dissidenten gehörig zu Wort kommen lässt.

Naturwisschaft hat den wertvollen Vorteil, falsifizierbar zu sein. Dies ist etwas, das die Verfechter einer dogmatisch gehandhabten Theorie gar nicht mögen, zumal Falsifizierbarkeit im Falle der SRT besonders leicht fällt, wie der Autor zeigt.

Den Schlüsselsatz finden wir auf Seite 60 des Buches in Form der wohltuenden Aufforderung *„Bleiben Sie skeptisch, auch gegenüber dem, was Sie in diesem Buch lesen. Überprüfen Sie die Quellen, überlegen Sie, warum etwas gerade jetzt publiziert oder in den Medien breit getreten wird."* Diese Einladung, auch das Vorliegende skeptisch zu lesen und dabei inne zu halten, vermisst man schmerzlich in den gängigen Lehrbüchern und Vorlesungen. Gibt es im Sinne Karl Raimund Poppers eine bessere Aufforderung zum eigenen kritischen Hinterfragen, das sich nicht abschrecken lässt von dem unverschämten „das verstehen Sie nicht"? Niemand schreibt oder lehrt ohne Fehler.

Werden wir nicht beständig angehalten, unser eigenes unabhängiges Denken zu pflegen? Hier ist eine willkommene Möglichkeit dazu – draußen vor den Elfenbeintürmen der allzu selbstbewussten Karrierewissenschaftler.

Peter Marquardt, Physiker & Buchautor, Köln

Vorwort-2

Es fällt uns schwer, uns ein Leben ohne spezielle Relativitätstheorie vorzustellen. Clifford Will ("...und Einstein hatte doch recht", Springer 1989)

Ein Leben ohne Möpse ist möglich, aber sinnlos. Loriot 2005

Noch ein Buch über die Relativitätstheorien, wo es doch schon so viele gibt, verständliche und hochgestochene? Noch ein Buch gegen die Relativitätstheorien, wo es doch schon so viele gibt, solche mit wenigen Formeln und solche mit vielen? Nochmal die alten "Paradoxien" aufwärmen, die vor hundert Jahren erkannt und damals schon - angeblich - zur Zufriedenheit aller gelöst wurden?

Einsteins Ideen sind aktueller denn je. Vor kurzem erst gab es einen Nobelpreis für die Entdeckung von Gravitationswellen und von Schwarzen Löchern, die direkt aus Einsteins Formeln folgen. Und niemand macht sich so genau Gedanken darüber, was dahinter steckt, ob die zugrunde liegende Mathematik solide ist und die Messergebnisse korrekt. Niemand? Doch: Ein kleines Häuflein unerschrockener Ungläubiger trotzt dem *Imperium Scientificum* und seinen Generälen und Kaisern. Mit wenig Erfolg, aber das soll kein Hinderungsgrund sein, der Wahrheit auf den Grund zu gehen.

Jedenfalls versuche ich in diesem Buch, erst mal die spezielle Relativitätstheorie (SRT) so verständlich wie möglich darzulegen, mit allen technischen, mathematischen, historischen und psychologischen Voraussetzungen. Und natürlich werde ich auf die zahlreichen Ungereimtheiten eingehen, die sich aus den Theorien automatisch ergeben. Heutzutage wird bei irgendeinem Experiment oder irgendeiner Beobachtung, die der Untermauerung der Einsteinschen Thesen dient, sofort gesagt: *Wieder einmal bewiesen, das Jahrhundert-Genie hatte recht, wie immer.* Solche Experimente und Beobachtungen werde ich mir genauer ansehen. Natürlich habe ich das nicht allein gemacht; klügere und vor allem mathematisch versiertere Geister haben die Vorarbeiten geleistet, deren Erkenntnisse ich, hoffentlich, verständlich weitergebe.

Ob Sie Befürworter oder Gegner der Einsteinschen Ideen sind, Gläubiger oder Skeptiker - Sie werden in diesem Buch garantiert Dinge erfahren, die Sie nicht wussten. Und wenn es nur die Geschichte der Verehrung ist, die diesem stillen Gelehrten heute noch zuteil wird, auch wenn er sie - nach eigenen Worten - nicht immer verdient hat.

Die Kapitel sind relativ unabhängig voneinander, deswegen gibt es manchmal Wiederholungen. Eingerahmte Seiten bedeuten Übersichten, Formel-Ableitungen, grafische Darstellungen, Märchen oder Anekdoten.

Viel Spaß beim Lesen!

Peter Ripota, Physiker & Buchautor, Viecht bei Landshut

Wie ich zum Skeptiker wurde

Es ist unglaublich, wieviel Geist in der Welt aufgeboten wird, um Dummheiten zu beweisen. Friedrich Hebbel

Im Studium rauschten die Erkenntnisse der Wissenschaftler als Formelmeer am Bewusstsein der Studierenden vorbei. Es gab kaum Interpretationen - sprich: Was bedeutet die Formel eigentlich? - kaum Ruhepausen zur kognitiven Kontemplation - sprich: Hat das alles seine Richtigkeit? Zweifel an den Lehren der Erhabenen gab es nie, Diskussionen über alternative Wege zur Wahrheit erst recht nicht. Was in den Lehrbüchern steht, das steht, so wie die moralischen Grundsätze einer Religion in den heiligen Büchern.

Die Physik hat mich schon immer wegen ihrer philosophischen Implikationen fasziniert. Was ist Raum, woher kommt die Zeit, wie funktioniert Kausalität, was ist real? Philosophen reden darum herum, Physiker dagegen machen konkrete Experimente und entwerfen vielschichtige Theorien, die auch noch in der ästhetischen Sprache der Mathematik formuliert sind.

So verließ ich bald die niederen Gefilde der experimentellen Physik, es zog mich mehr zum Schreiben. Bei *Peter Moosleitners interessantem Magazin* (P.M.) fand ich eine geistige Heimat. Zusammen mit dem Herausgeber und Einstein-Verehrer entwickelte ich eine Reihe von Gedankenexperimenten, welche die Grundlagen und Erkenntnisse der Relativitätstheorien für die Leser anschaulich machen sollten. Insbesondre die beiden Grund-Phänomene der Speziellen Relativitätstheorie (SRT) hatten es uns angetan: Längenkontraktion und Zeit-Dilatation. Für die Veranschaulichung der beiden Erscheinungen gab es in der Literatur keine Vorbilder. Also dachten wir uns selbst etwas aus. Doch als das Gedanken-Experiment zur Längenstauchung endlich stand, da rief Herr Moosleitner spontan: Dann ist ja alles Täuschung!

In der Tat. Noch schlimmer wurde die Sache mit der Zeitdehnung und dem sogenannten Zwillings-Paradoxon. Wer von den beiden Zwillingen altert denn jetzt langsamer, und warum? Sie sind doch gleichberechtigt, man kann sie beliebig vertauschen, alle Phänomene der SRT sind relativ (daher ihr Name), der andere erlebt alles genauso wie der eine. Gleichzeitig langsamer werden als der andere geht aber auch nicht. Aber was dann?

Die einzige Erklärung, die ich fand, lag in der hyperbolischen Geometrie der nicht-euklidischen Pseudo-Riemannschen (also flachen) Mannigfaltigkeit der vierdimensionalen Minkowskiwelt. Das aber würde Herrn Moosleitner als Erklärung nicht reichen, mir im übrigen auch nicht. Und die schiefen Geraden synchroner Vorgänge, die auch noch gegeneinander geneigt, teils sogar hyperbolisch gekrümmt (also gar keine Geraden) waren, machten die Sache nicht verständlicher. So stand ich da, der Fachmann, dem es nicht gelang, eine so einfache und grundlegende Erscheinung verständlich zu machen. Zumal die anschaulichen Erklärungen der Fachleute unsinnig waren, was mir damals schon auffiel.

Wie es der Zufall so will (aber bekanntlich gibt es keinen Zufall) besuchten mich zwei "dissidente" Physiker, um mir die Sache zu erklären. Und ihnen gelang es, alle meine Zweifel weg zu pusten. Denn sie hatten recht: Einstein hatte sich was ausgedacht, was mit der Wirklichkeit wenig zu tun hat. Oder was zumindest so voller Widersprüche ist, dass man seine Thesen vergessen kann, denn sie dienen nur dazu, alles beweisen zu können, was gerade "kommodiert" (österreichischer Ausdruck für: gefällt).

Doch diese Widersprüche darzulegen und verständlich zu machen ist gar nicht so leicht. Allzu schnell verliert sich der bemühte Kritiker in einem Wust an Formeln, die zwar leicht zu durchschauen, aber in ihrem Zusammenhalt schwer zu begreifen sind. So brauchte es noch viel eigene literarische Forschungsarbeit und den Rat so mancher anderer Kritiker, bis etwas herauskam, was halbwegs verständlich wird. Zumindest dem Autor, wenn schon nicht dem Leser.

Wenn die Leseperson indes diese Aussage akzeptiert: Einsteins Thesen enthalten Widersprüche, warum, so fragt sich der einfache Mann (zu dem auch der Autor zählt), warum akzeptierten und akzeptieren alle Laien und Gelehrten Einsteins einmalige Ideen? Gibt es eine Weltverschwörung (in diesem Fall natürlich jüdischer Natur), die alle Kritiker beseitigt? Waltet etwa eine Wissenschafts-Mafia, ungestört durch die Öffentlichkeit, die ungehemmt alternative, in diesem Fall: vernünftige Meinungen unterdrückt? Kurzum: Was steckt dahinter?

PAUL WATZLAWICK, der witzige Philosoph des Unglücklichseins, hat es so ausgedrückt:

"Sobald einmal das Unbehagen eines Desinformationszustands durch eine wenn auch nur beiläufige Erklärung gemildert ist, führt zusätzliche, aber widersprüchliche Information nicht zu Korrekturen, sondern zu weiteren

Ausarbeitungen und Verfeinerungen der Erklärung. Damit aber wird die Erklärung »selbst abdichtend«, das heißt, sie wird zu einer Annahme, die nicht falsifiziert werden kann."

Und ERNST GEHRCKE, einer der großen Kritiker jenes Phänomens, das er eine "wissenschaftliche Massensuggestion" nannte, sagte dazu unter anderem:

"*Es ist aber keine Kunst, einen Widerspruch dadurch zu vermeiden, dass man implicite den Grundsatz einführt: es bezieht sich die eine Aussage, die einer zweiten Aussage widerspricht, auf eine ganz andere Welt als die zweite. Die Sonderbarkeiten der Relativitätstheorie, ihre angebliche Reform der Erkenntnistheorie mündet immer wieder in den oben gekennzeichneten Standpunkt aus, den man physikalischen Solipsismus nennen kann. Dieser Standpunkt ist der eines Menschen, welcher in die äußerste Enge getrieben ist, der seine Sache bis aufs letzte verficht, und schließlich, um sich zu retten, die Erklärung abgibt; ich habe recht, denn Du hast auch recht, weil wir beide verschiedenen Welten angehören und deshalb unsere Aussagen gar nicht miteinander vergleichen können!*"

So gesehen kommt die Geschichte der Relativitätstheorien und ihrer Rezeption (durch alle damals "fortschrittlichen" Physiker) bzw. Ablehnung (durch Faschisten und Kommunisten) nicht ohne Soziologie, Psychologie und Kulturgeschichte aus. Hier hat mir das Buch von KARL VON MEYENN über "Quantenmechanik und Weimarer Republik" (1994) die Augen geöffnet: Wissenschaft ist eben nicht nur die Quelle der reinen Wahrheit; sie ist, wie alle anderen geistigen, sozialen und emotionalen Strömungen, extrem vom Zeitgeist abhängig und von ihm beeinflusst. Wir müssen vorsichtig sein in Bezug auf Kritiker und Befürworter, auf jedem Gebiet. Nur weil die Nazis Naturheilverfahren förderten und Homöopathie propagierten, heißt das noch lange nicht, dass diese Methoden schlecht sind. Nur weil Universitätsprofessoren oder gar Nobelpreisträger behaupten, das Universum bestehe zum Großteil aus dunkler Materie und dunkler Energie, heißt das noch lange nicht, dass es so ist. Die Welt ist nie so einfach, wie sie Physiker gerne hätten, die Politik nie so schwarz oder weiß, wie das gemeine Volk bisweilen glaubt.

Vor allem aber: Es ist ein tief verwurzeltes Bedürfnis aller Menschen, also auch der Wissenschaftler, **Mythen** zu konstruieren und Helden aufzubauen. Und da kam Einstein gerade zur rechten Zeit: Niemand entsprach in so idealer

Form dem Mythos vom stillen, bescheidenen, etwas skurrilen, aber genialen Gelehrten. So genial, dass keiner seine Ideen verstehen kann. Oder soll.

Dennoch: *Es ist ein in der Geistesgeschichte der Menschheit einzig dastehender Fall, dass eine Theorie als kopernikanische Tat ausgerufen und gefeiert wird, die selbst im Falle ihrer Geltung niemals unser Natur- und Weltbild umzugestalten vermag; in deren Wesen es liegt, so schwer-, ja unverständlich für die Allgemeinheit zu sein, dass ihre Popularität kaum begreiflich erscheint. Die Suggestivkraft eines immer wieder plakatierten Namens, das missverständliche und missverstandene Schlagwort einer "Relativität", snobistische Bewunderung halberfasster Paradoxien beugen den einfachen ratlosen Verstand.* ("Hundert Autoren gegen Einstein", 1931)

Deswegen gehe ich konform mit Paul Feyerabends Maxime:

"*Je populärer eine Idee, desto weniger denkt man über sie nach und desto wichtiger wird es also, ihre Grenzen zu untersuchen.*" Denn: "*Wie die Dinge liegen, werden nicht allein wissenschaftliche, sondern auch politische und andere Gesichtspunkte in die Debatte hineingetragen.*" (Ernst Gehrcke)

Das wird in diesem Buch geschehen.

Mythen der Relativitätstheorien

Die Physiker sind jetzt mit den Metaphysikern darüber einmütig, dass wir in einer Welt der Täuschung leben: glücklich, dass man nicht mehr nötig hat, darüber mit einem Gotte abzurechnen, über dessen Wahrhaftigkeit man zu seltsamen Gedanken kommen könnte. Friedrich Nietzsche

Zu Einsteins Thesen kursieren einige Mythen, als da sind:

Mythos 1: Es gibt *eine* Relativitätstheorie.

Falsch: Es gibt deren zwei, die Spezielle Relativitätstheorie (SRT, 1905), die wir in diesem Buch besprechen, und die Allgemeine Relativitätstheorie (ART, 1915). Die beiden haben nichts, aber auch gar nichts gemeinsam, und in wesentlichen Punkten widersprechen sie einander. Darauf werden wir bei der Besprechung der ART eingehen.

Mythos 2: Für die Relativitätstheorie gab es einen Nobelpreis.

Falsch. Für die Relativitätstheorien gab es niemals einen Nobelpreis. Das schwedische Nobelpreis-Komitee wurde praktisch gezwungen, Einstein überhaupt einen Nobelpreis zu verleihen, was es höchst widerstrebend tat. Aber nicht für die Relativitätstheorien, sondern für die Erklärung des fotoelektrischen Effekts, 1921, zusammen mit Niels Bohr.

Mythos 3: Alles ist relativ.

Falsch. Erkenntnisse und Postulate der SRT sind ebenso relativ wie absolut. Die SRT geht von einem Absolutheits-Postulat aus: Die Lichtgeschwindigkeit hat für alle Beobachter stets den gleichen Wert. Daraus ergibt sich dann automatisch die Relativität von Raum und Zeit. Die ART dagegen kennt überhaupt keine Relativität.

Mythos 4: Die Relativitätstheorie sagt eine Zunahme der Masse voraus ("relativistische Massenzunahme").

Kann, muss nicht. Die Massenzunahme kann aus der Formel $E=mc^2$ abgeleitet werden, sie wurde aber schon vorher empirisch gefunden und kann auch anders (nicht-relativistisch) gedeutet werden.

Mythos 5: Die Relativitätstheorien wurden tausendfach experimentell bestätigt.

Falsch. Für die Zeit-Dilatation der SRT gibt es zwei höchst zweifelhafte Experimente, deren Daten auch anders interpretiert werden können. Die Längenkontraktion wurde nie nachgewiesen. Dafür gibt es Experimente, die gewisse Zweifel aufkommen lassen (Suarez).

Die Effekte der ART sind so gering, dass sie bisher nicht nachgewiesen wurden. Oder die Daten wurden gefälscht (Arthur Eddington) oder wohlwollend im Sinne der Theorie ausgewählt (Gravitationswellen).

Mythos 6: Ohne Relativitätstheorien wären Teilchenbeschleuniger und das Globale Positioniersystem (GPS) nicht denkbar.

Falsch. In den Beschleunigeranlagen muss die Massenzunahme der Teilchen berücksichtigt werden, aber die gehört nicht unbedingt zur Relativitätstheorie. Die Daten des GPS werden ständig korrigiert, aber nicht wegen der Relativitätstheorien.

Mythos 7: Eventuelle Paradoxa der SRT wurden zufriedenstellend erklärt bzw. beseitigt.

Falsch. Die Widersprüche (nicht: Paradoxa!) der SRT sind immer noch vorhanden und machen die ganze Theorie unbrauchbar. Dazu gehören das Gartenzaun-Paradoxon, das Ehrenfestsche Paradoxon, die Bellschen Raumschiffe, das Zwillings-Paradoxon, usw.

Mythos 8: <u>Es gibt eine "relativistische Quantenphysik" (Dirac)</u>

Falsch. Dirac verwendete ein Konzept des Mathematikers Minkowski, nämlich, dass Raum und Zeit streng symmetrisch zu behandeln sind, und fand dadurch eine komplizierte Formel, in der Raum und Zeit beide nur *einmal* differenziert werden. Üblicherweise wird in der Quantenphysik nach dem Raum zweimal, nach der Zeit aber nur einmal differenziert (Schrödingergleichung).

Wie alles begann

Der Wissenschaftler studiert die Natur nicht deswegen, weil es ihm nützt; er studiert sie, weil er sich daran erfreut, und er erfreut sich daran, weil sie schön ist. Wäre die Natur nicht schön, wäre sie nicht wert, erforscht zu werden, und das Leben wäre nicht lebenswert. Henri Poincaré

Wie jedes Kind hat auch die Spezielle Relativitätstheorie, im folgenden "SRT" abgekürzt, mindestens zwei Eltern, mehrere Großeltern, und viele andere Vorfahren. In der SRT sind, trotz ihrer einfachen mathematischen Formeln, sehr viele Fakten, Vermutungen, Rätsel und philosophische Ideen der damaligen Zeit zusammengefasst. Im Wesentlichen wurde sie von (mindestens) fünf Problemkreisen gespeist:

(A) Wie synchronisiert man Uhren?

(B) Wie ändern sich die Maxwell-Gleichungen bei Bewegung?

(C) Wie relativ sind Geschwindigkeiten?

(D) Warum ändert sich die Lichtgeschwindigkeit nicht?

(E) Wie sieht der "Äther" aus?

Für die Wissenschaftsgeschichte, wie sie auch in diesem Buch praktiziert wird, möchte ich noch einmal den frühen Kritiker der Relativitätstheorien, ERNST GEHRCKE, zitieren:

Wir fragen im Folgenden nicht: was ist Relativitätstheorie, sondern: wie hat sie sich entwickelt?

(A) Wie synchronisiert man Uhren?

Eisenbahnen verlangen, sollen sie funktionieren, einen Fahrplan. Dieser wiederum setzt voraus, dass an allen Stationen die gleiche Zeit gemessen und angezeigt wird. Das aber war in Deutschland nicht der Fall. Nicht nur das zivile Eisenbahnwesen litt darunter, dass an den Zwischenbahnhöfen völlig unterschiedliche Zeiten angezeigt wurden. Nein, das deutsche Zeit-Chaos verwies auch auf ein militärisches und mithin existenzielles Problem. Wie kann man den Aufmarsch von Armeen koordinieren, wenn jeder Soldat eine andere Zeit zu Hause oder auf dem Feld angezeigt bekommt? Der greise, hoch angesehene und im Krieg äußerst erfolgreiche General HELMUTH VON MOLTKE (1800–1891) hielt, einen Monat vor seinem Tod, im deutschen Reichstag eine flammende Rede, in welcher er die Abschaffung aller Ortszeiten forderte:

Wir rechnen in Norddeutschland, einschließlich Sachsen, mit Berliner Zeit, in Bayern mit Münchener, in Württemberg mit Stuttgarter, in Baden mit Karlsruher und in der Rheinpfalz mit Ludwigshafener Zeit. Wir haben also in Deutschland fünf Zonen; und alle die Unzuträglichkeiten und Nachtheile, denen wir befürchten an der französischen und russischen Grenze zu begegnen, die haben wir heute im eigenen Vaterlande. Das ist, möchte ich sagen, eine Ruine, die stehen geblieben ist aus der Zeit der deutschen Zersplitterung, die aber, nachdem wir ein Reich geworden sind, billig wegzuschaffen wäre.

Wie es zur Einheits-Zonenzeit in Europa und in den USA kam, schildert der Wissenschaftsautor PETER GALISON ausführlich in seinem Buch "Einsteins Uhren, Poincarés Karten. Die Arbeit an der Ordnung der Zeit.", aus dem wir auch Moltkes Zitat entnommen haben. Nur so viel dazu: Der dafür zuständige Mann in Frankreich war der herausragende Mathematiker und Physiker HENRI POINCARÉ (1854–1912), Begründer der Chaosforschung, der kombinatorischen Topologie, und vieler anderer mathematischer Gebiete. Poincaré machte sich also Gedanken zur *Synchronisation von Uhren*. Dabei ist die Synchronisierung mittels einer Zentraluhr nicht weiter schwierig: Sie sendet elektrische Impulse an die Tochter-Uhren. Die müssen nur die

Zeitverzögerung infolge der endlichen Übertragungsgeschwindigkeit der Synchronisierungsimpulse berücksichtigen - in Europa kein Problem, weltweit schon, im Globalen Positionierungssystem (GPS) erst recht, denn da kommt es auf Mikro- und Nanosekunden an.

Schwieriger wird die Angelegenheit bei zwei gleichberechtigten Beobachtern, wobei der eine das Signal des anderen empfängt und an diesen eine Bestätigung schickt. Die Methode funktioniert nur, wenn die Lichtgeschwindigkeit in beiden Richtungen die gleiche ist - eine Voraussetzung, die keineswegs erfüllt sein muss und vor allem mit diesem Verfahren nicht überprüft werden kann. Denn schon Poincaré stellte fest:

Die beiden Beobachter haben kein Mittel, um die Ungleichmäßigkeit des Gangs ihrer Uhren zu erkennen.

Und er kommt zu dem Schluss: Uhren zu synchronisieren ist eine Sache der *Konvention*. Es gibt keine eindeutige Methode, die alle Problemfälle abdeckt. Einstein selbst propagierte zwei Methoden, die wir hier grafisch darstellen:

Uhren-Synchronisierung 1: *Die Sende-Person übermittelt die Uhrzeit telefonisch an die Empfangs-Person, was eine Zeit dauert. Die Empfangs-Person schickt eine Bestätigung zurück. So ergibt sich ein Mittelwert der Zeiten, bei angenommener konstanter Geschwindigkeit der Botschafts-Übermittlung. Die Annahme muss aber nicht stimmen.*

Uhren-Synchronisierung 2:
Eine Uhr muss aus einem ruhenden System "unendlich langsam" ins bewegte System gebracht werden, sonst wirken relativistische Zeitdehnungseffekte. Bis die Uhr allerdings im zweiten System angekommen ist, sind möglicherweise Messungen überflüssig geworden.

Synchronisierung ist schwierig, wie wir am Beispiel des GPS jetzt zeigen. Die Zeitverzögerung ist leicht zu berechnen nach der Formel $v = s/t$, also: Geschwindigkeit (v) = Weg (s), geteilt durch die Zeit (t). Also ist $\mathbf{t = s/v}$.

Wenn wir die Entfernung zweier Uhren (s) und die Geschwindigkeit der Signalübertragung (v) kennen, dann können wir die Zeitverzögerung (t) berechnen und von der Eigenzeit abziehen. Dummerweise ändern sich beim GPS diese Angaben dauernd. Die Entfernung der Satelliten von der Erdoberfläche schwankt, denn ihre Bahn ist (a) kein Kreis, sondern eine Ellipse, und (b) hängt die Entfernung auch vom überflogenen Schwerefeld der Erde ab, und das ist über dem Himalaja-Massiv höher als über dem Stillen Ozean. Um zu wissen, wo sich der Satellit gerade aufhält, benötigt man die exakte Zeit, aber gerade die will man ja messen! Dazu kommt, dass die Geschwindigkeit der Radiowellen, also die Lichtgeschwindigkeit c, ebenfalls schwankt. Sie hängt von atmosfärischen Bedingungen ab: Bei Feuchtigkeit brauchen Radiowellen länger als bei der Durchquerung von trockener Atmosfäre. Kurzum: Keine der drei Größen ist wirklich konstant oder bekannt.

Das GPS behilft sich damit, jede Woche die Uhren der Satelliten neu zu synchronisieren. Jede Woche wird als alles auf Null gesetzt; damit sind die Satelliten so halbwegs synchron. Den Rest besorgen komplizierte Korrekturformeln, die sich zum Teil auf die Erfahrung, nicht nur auf Theorien, stützen.

Immerhin: Der Beobachter, d.h. hier: der Nutznießer des GPS, ist als "stationär" zu betrachten - für die Theorie klebt er am Boden, auch wenn er mit dem Auto übers Land rast. Doch seine Geschwindigkeit ist im Vergleich zu den Geschwindigkeiten der Satelliten vernachlässigbar. Was aber Einstein und Poincaré wollten, war die Synchronisierung zueinander mit hoher Geschwindigkeit bewegter Uhren, und das gibt Probleme. Vor allem dann, wenn - wie bei Einstein - der Hin- und Rückflug eines Signals (Ankündigung einer Zeit, Bestätigung der Zeit durch die andere Uhr) *gemittelt* wird, somit die wahren Geschwindigkeiten der Signale gar nicht bekannt sind.

Heute gibt es universelle Taktgeber, z.B. weit entfernet Pulsare, also Sterne, die einander mit hoher Geschwindigkeit umkreisen. An ihnen kann jeder im Universum, der diesen Doppelstern wahrnimmt, die Zeit bestimmen - eine universelle Zeit, die keine Synchronisierungsvorschriften benötigt. Aber zu Einsteins Zeiten waren diese Gebilde unbekannt.

(B) Wie ändern sich die Maxwell-Gleichungen bei Bewegung?

Was sind die Maxwellgleichungen und wozu braucht man sie? JAMES CLERK MAXWELL (1831–1879) fasste die elektromagnetischen Erscheinungen, also die Beziehungen zwischen elektrischen und magnetischen Kräften, in seinen vier berühmten Formeln zusammen (bei Maxwell waren es noch deren zwanzig). HEINRICH HERTZ (1857–1894) gelang es dann, aus diesen Formeln elektromagnetische Wellen abzuleiten und sie auch nachzuweisen - die Grundlage unserer Rundfunk-, Fernseh- und GPS-Technik. Seitdem werden sie als Triumph der mathematischen Physik angesehen. Sie haben nur einen Nachteil: Bewegt sich die Quelle einer elektromagnetischen Strahlung, oder deren Beobachter, oder ändert sich die Lichtgeschwindigkeit, dann stimmen sie nicht mehr. Ihre Form wird ausgesprochen hässlich, der Umgang mit ihnen fast unmöglich. Eine veränderliche Lichtgeschwindigkeit war in Maxwells Gleichungen nicht vorgesehen.

Das wurmte den holländischen Physiker HENDRIK A. LORENTZ (1871–1844). Der wollte die Formeln in allen "Bezugssystemen" (in allen gleichförmig zueinander bewegten Systemen) gleich haben, rein von der mathematischen Form her. Vor ihm hatte schon der deutsche Physiker WOLDEMAR VOIGT (1850 - 1919) etwas Ähnliches versucht (1887). Lorentz erreichte 1895 sein Ziel, aber natürlich zu einem Preis. Er musste eine neue Zeit einführen, die er

"Lokalzeit" nannte und als rein fiktiv betrachtete. Für Poincaré dagegen war die Einführung dieser Lokalzeit eine fantastische Erfindung, die er aus vollem Herzen begrüßte. Und so wurde allmählich aus einer fiktiven eine reale Zeit - aber wer veränderte sie? Dem Mathematiker Poincaré war's egal, dem Physiker Lorentz dagegen nicht. Darum sprach er ja auch von einer "fiktiven" = rein mathematischen Zeit.

Doch bei Lorentz gab es eine reelle Raumänderung (die Lorentz-Kontraktion) und eine fiktive Zeit. Bei Poincaré gab es eine fiktive Raumänderung und eine reale Zeit. Ja was denn nun?

(C) Wie relativ sind Geschwindigkeiten?

Haben Sie sich schon mal gewundert, wieso Tauben, wenn sie auf der Straße spazieren, die ganze Zeit mit den Köpfen nicken? Das muss doch ziemlich anstrengend sein. Ist es nicht, denn wir sehen die Sache falsch. Wir betrachten Tauben aus unserem System, aus dem Blickwinkel des ruhenden Beobachters. Darum nennen wir das System "Ruhesystem". Um das Phänomen des Kopfnickens zu verstehen, müssen wir einen anderen Betrachterstandpunkt wählen. Wir müssen uns mit den Tauben bewegen, uns die Sache also in ihrem *Eigensystem* ansehen.

Wenn es uns also beispielsweise gelingt, eine Kamera mit einer trippelnden Taube so mitzuziehen, dass der Taubenkörper immer im Mittelpunkt des Suchers bleibt, dann werden wir sehen, dass der Kopf scheinbar lange nach hinten gezogen wird, um dann plötzlich vorzuschnellen. Der Grund: Jede Bewegung des Kopfes relativ zum Boden ist mit einem Kraftaufwand verbunden. Zudem ist in dieser Zeit das Bild der Umgebung verzerrt, die Taube kann also Feinde nicht richtig wahrnehmen. Die Natur, die immer versucht, alles zu optimieren, hat der Taube daher beigebracht, den Kopf möglichst wenig zu bewegen - relativ zum Boden. Dadurch gibt es scheinbar umso mehr Bewegung relativ zum Körper, und beide Bewegungen zusammen ergeben ein Bild, das uns seltsam erscheint.

Es kommt also in diesem Fall auf die **Relativbewegung** an, wie auch in vielen Fällen in der Physik. Sie kennen sicher das Theorem, dass die Induzierung einer elektrischen Spannung durch ein Magnetfeld nur von der Relativbewegung Magnet-Spule abhängt. Dass das nicht immer stimmt, hat schon Faraday beim seltsamen Phänomen der *Unipolar-Induktion* beobachtet, doch das ist eine andere Geschichte.

Auch Poincaré war von der Wichtigkeit relativer Bewegungen überzeugt. 1908 stellte er fest:

Man kann sich nicht des Eindrucks erwehren, dass das Prinzip der Relativität ein allgemeines Naturgesetz ist, womit es schlechterdings ausgeschlossen wäre, etwas anderes wahrzunehmen als die relativen Geschwindigkeiten von Objekten — eine Bewegung durch den Äther könnte folglich niemals nachgewiesen werden.

Das wurde dennocch versucht, mit zweifelhaftem Erfolg. Jedenfalls: Relativbewegungen sind immer dort angebracht, wo keine Kräfte walten. Diese Betrachtungsweise heißt *kinematisch*, im Gegensatz zur *dynamischen* Sichtweise, in der Kräfte berücksichtigt werden. Doch auch bei anderen Phänomenen scheint die Relativbewegung nicht zu funktionieren, besonders beim Phänomen der "Aberration", die wir ausführlich besprechen werden. Umgekehrt ist beim Zusammenstoß zweier Körper nur die Relativgeschwindigkeit für die Wucht des Aufpralls (die kinetische Energie) verantwortlich.

Schon die Buddhisten kannten das Relativprinzip:

Zwei Zen-Mönche unterhielten sich. Sagte der eine: Die Fahne flattert im Wind. Sagte der zweite: nein, die Fahne steht fest, aber die Erde flattert um die Fahne. Sagte der dritte, der ihnen zugehört hat: Weder Fahne noch Erde flattern, sondern eure Gedanken.

Flattert die Fahne oder flattern die Gedanken der Mönche? Einstein soll einmal gesagt haben: Für die Relativitätstheorie ist es egal, ob der Zug in den Bahnhof einfährt oder der Bahnsteig unter dem Zug weggezogen wird. Was dazu der Liebhaber von Bahnhöfen, der belgische Surrealist PAUL DELVAUX, wohl gesagt haben könnte? (Siehe Motto)

(D) Wie sieht der "Äther" aus?

Es begann alles damit, dass im 19. Jahrhundert die Physiker endgültig überzeugt waren, Licht sei eine Wellenerscheinung. Eine Welle ist eine Schwingung, die sich im Raum ausbreitet. Dazu braucht sie ein *Medium*. Bei Wasserwellen ist dieses Medium Wasser, bei Schallwellen Luft, aber auch Holz oder Beton; und beim Licht?

Die Physiker ersannen ein Medium, in welchem Licht und Radiowellen schwingen können. Sie nannten es nach dem "reinsten", dem 5. Element der Griechen, **Äther** (nicht zu verwechseln mit der übelriechenden Flüssigkeit gleichen Namens, die man früher zur Narkose verwendete). Dieser Äther musste unendlich fein und dünn sein, jegliche Materie durchdringen und niemanden in seiner Bewegung stören, vom kleinsten Elementarteilchen bis hin zum größten Stern.

Eine solche Substanz ist ohne weiteres denkbar, wenn da nicht eine kleine Komplikation eingetreten wäre, die das Konzept vom alles durchdringenden Äther zunichte macht. Es gibt nämlich zweierlei Arten von Wellen: solche, wo die Störung sich in der Störungsrichtung ausbreitet. Man nennt sie *longitudinal* (also: in Längsrichtung), und dazu gehört der Schall in Luft. Eine Lautsprechermembran, die ja Schallwellen produziert, bewegt sich genau in der Richtung, in der dieser Schall auch abgestrahlt wird. Bei der zweiten Art von Wellen schwingt das Medium senkrecht zur Störung, darum nennt man sie *transversal*. Dazu gehören Wasserwellen: Der Stein fällt senkrecht auf die Wasseroberfläche, die Welle aber läuft waagrecht, im Winkel von 90° zu dieser Richtung, davon. Dazu gehört vor allem auch Licht, denn Lichtwellen lassen sich *polarisieren*, und das ist nur bei transversalen Wellen möglich.

Das Medium, in dem transversale Wellen möglich sind, darf aber nicht beliebig dünn und weich sein. Im Gegenteil, es muss eine gewisse Elastizität und auch Steifheit besitzen, sonst kann es nicht selbständig gegen die Störung verdreht schwingen. So wird beispielsweise aus einer longitudinalen Schallwelle in Luft eine transversale (und damit wesentlich schnellere) Schallwelle in Stahl. Stahlträger sind fest genug, dass sie auch transversale Wellen zulassen.

Da nun der Äther transversale Lichtwellen zulassen muss, sollte er unendlich steif und dicht sein - wesentlich dichter als die dichtesten Stoffe, die wir kennen. Zugleich aber auch unendlich dünn, um niemanden zu stören. Wie soll so was gehen?

Aber angenommen, es gibt ihn doch, irgendwie, den mysteriösen, alles durchdringenden, in keiner Weise störenden Äther. Dann müsste man ihn auch erkennen können. Am besten geht das natürlich mit Licht, denn dafür ist der Äther schließlich da. Angenommen, der Äther durchdringt das ganze Universum, dann ruht er gewissermaßen in der Welt. Alles im Weltall ist aber in Bewegung. Auch die Erde, die, neben vielen anderen Bewegungen, mit 30 km/sec die Sonne umflitzt. Weil der Äther nach dieser Annahme ruht, die Erde aber nicht, gibt es nach dem Relativprinzip eine gegenläufige Bewegung des Äthers auf der Erde, einen *Ätherwind*.

Je nachdem, ob sich Licht mit dem Wind oder gegen diesen postulierten Wind ausbreitet, müsste es langsamer oder schneller sein als c_0. Könnte man die verminderte oder vermehrte Lichtgeschwindigkeit messen, wüsste man auch die Geschwindigkeit des Äthers. Die muss nicht gleich der Erdgeschwindigkeit (mit anderem Vorzeichen) sein; es könnte ja auch der Fall sein, dass der Äther von der Erde teilweise oder ganz mitgenommen wird.

Das herauszufinden machten sich die Astronomen und Physiker ABRAHAM A. MICHELSON und EDWARD W. MORLEY 1887 in Cleveland (Ohio) auf. Ihr berühmtes Experiment soll im folgenden MM-Versuch genannt werden. Kurz gesagt: Sie schickten Licht mit und gegen die Bewegung der Erde im Raum, um herauszufinden, ob es schneller oder langsamer wird. Das muss es nämlich im Vergleich zu Licht, das sich quer dazu ausbreitet und damit den Widerstand des Äthers nicht zu überwinden braucht.

Die Zeit, die das Licht parallel zum postulierten Ätherwind braucht ($t_\rightrightarrows$) ist größer als die Zeit zum Durchlaufen des senkrechten Teils ($t_\perp$). Die Differenz sollte als Phasenverschiebung messbar sein. Doch Michelson und Morley stellten nichts dergleichen fest. Das bedeutet: Die Lichtstrahlen hatten, relativ zueinander, immer die gleiche Geschwindigkeit. Das heißt: Die Erde ruht im Äther, sie zieht ihn vollständig mit. Das aber wiederum ist unvereinbar mit anderen Erscheinungen, z.B. der schon erwähnten Aberration. Warum, zum Teufel, bleibt das Licht immer unberührt von allem, was um es vorgeht?

Lorentz, Fitzgerald und andere dachten sich eine adhoc-Erklärung aus: Gegenstände in Bewegung werden durch den Äther zusammengestaucht, und/oder: Durch die Verdichtung des Äthers gehen Uhren langsamer, sie schwingen sozusagen zäher. Im Grenzfall der Geschwindigkeit, bei v=c, sind dann alle Gegenstände auf Papierscheibendicke geschrumpft (aber nur in Längsrichtung), die Zeit dagegen wird ins Unendliche gedehnt. Die Bedingung v=c gilt für Lichtteilchen. Die durchleben also die gesamte Geschichte des Universums in einem Augenblick, während sie auf ein Nichts zusammenschrumpfen. Lorentz hielt diese Stauchung, auch als "Lorentzkontraktion" bezeichnet, für real, die Zeitdehnung aber nicht. Bei Poincaré war es umgekehrt.

Die Gründe für das Nullresultat dieses Experiments sind noch immer nicht klar. Davon später mehr.

Wie es endete: Alle Probleme beseitigt

Einstein postuliert einfach, was wir nur unter Schwierigkeiten und nicht immer ganz zufrieden stellend aus den Fundamentalgleichungen des elektromagnetischen Feldes hergeleitet haben. Hendrik Antoon Lorentz

Stellen Sie sich die Situation der Physiker um die Jahrhundertwende (19. zu 20. Jahrhundert) mal vor. Licht braucht ein Medium, aber das scheint es nicht zu geben. Wenn dieses Medium namens "Äther" doch existiert, hat es Eigenschaften, die unmöglich sind: unendlich fest und unendlich dünn zugleich soll es sein. Dieser Äther wird von der Erde weder mitgenommen noch im Raum gelassen. Weiter: Die gedehnte Lokalzeit ist fiktiv (Lorentz) bzw. real (Larmor, Poincaré). Die Raumstauchung ist real (Lorentz) bzw. fiktiv (Poincaré). Ja was denn nun?

In diese höchst verwirrenden Situation platzte ALBERT EINSTEIN (1879 - 1955) mit seiner Schrift aus dem Jahre 1905 ("Zur Elektrodynamik bewegter Körper"). Mit der ihm eigenen Nonchalance ("*Fantasie ist wichtiger als Wissen.*") nahm er wie weiland Alexander der Große ein geistiges Schwert und zerschlug kurzerhand die gordischen Knoten physikalischer Verwirrung.

Als erstes schaffte er den **Äther** ab, mit der (physikalisch nicht ganz befriedigenden) Begründung: "*Heute müssen wir wohl die Ätherhypothese als einen überwundenen Standpunkt ansehen.*"

Wenn es keinen Äther gibt, existiert auch kein absolutes Bezugssystem. Wogegen soll dann die Geschwindigkeit des Lichts gemessen werden? Eine Möglichkeit wäre: in Bezug auf die Lichtquelle. Aber das stimmt nicht, wie jeder weiß, der einen flachen Stein übers Wasser flitzen lässt: Egal, wie schnell er die Oberfläche trifft, die Wasserwellen breiten sich immer mit der gleichen Geschwindigkeit aus.

Man müsste daher annehmen, Licht wäre *keine* Wellenerscheinung. Kann es nicht sein, sonst bräuchte es ja auch ein Medium, also den Äther. Also ist Licht eine *Teilchenerscheinung*. Zumindest stammt diese Idee von Albert Einstein, der dafür 1921 den Nobelpreis erhielt. Bei Teilchen aber addiert sich die Geschwindigkeit des Senders zur Geschwindigkeit der Teilchen. Auf einem fahrenden Zug oder auf einer rotierenden Scheibe müsste Licht die Geschwindigkeit c+v oder c-v haben, was Einstein aber gerade bestreitet, was aber für Fall 2 (Stichwort "Sagnac-Effekt") doch zutrifft. Einstein selbst hat den Bezug auf seine Nobelpreis-Entdeckung auch später vermieden - eine seiner vielen widersprüchlichen Denkweisen und Handlungen.

Schließen wir also: Es gibt keinen "absoluten Herrscher" im Universum. So bleibt nur noch die demokratische Lösung: Jeder Beobachter, also jeder Bezugsrahmen, ist gleichberechtigt. Mithin: Die **Lichtgeschwindigkeit** (natürlich immer im Vakuum) ist für jeden Beobachter die gleiche.

Und wie steht es mit **Raumstauchung** und **Zeitdehnung**? Werden nur die Körper gestaucht oder der ganze Raum? Werden nur die Uhren verlangsamt oder die Zeit an sich? Und weiter: Sind die Längen-Kontraktion und Zeit-Dilatation real oder fiktiv? Darüber werden wir im Kapitel "Schein oder Sein?" philosophieren. Die Antwort Einsteins ist eindeutig: teils so, teils so, wie's beliebt, wie's nötig ist. Festlegen? Aber nicht doch!

Einstein verwendete Konzepte und Ideen von Poincaré und Lorentz. Doch seine Relativitätstheorie unterscheidet sich fundamental von der Lorentzschen, sowohl in den Zielen als auch in den Konzepten:

- Wo Lorentz seine Formeln aufstellt, um den Äther zu *retten*, leitet Einstein seine Formeln ab, um den Äther *abzuschaffen*.

- Wo Lorentz annimmt, ein *Körper* werde durch den Äther zusammengedrückt, ist es bei Einstein der *Raum* an sich.

- Wo Lorentz annimmt, ein *Prozess* werde durch den Äther verlangsamt, ist es bei Einstein die *Zeit* an sich.

- Wo Lorentz annimmt, es gäbe ein *bevorzugtes System*, nämlich das, in welchem der Äther ruht, ist bei Einstein *jedes System gleich viel wert*.

Wie man sieht, vertraute Lorentz noch auf anschauliche Deutungen, während bei Einstein das mathematisch-abstrakte Denken vorherrschte, das auf Erklärungen physikalischer Natur nicht mehr angewiesen ist. Leider setzte sich diese Art, Physik zu betreiben, seit Einstein immer mehr durch, über die Quantenphysik bis hin zu den Stringtheorien. Muster-Aussprüche dazu:

Die Wissenschaften versuchen nicht zu erklären und kaum zu interpretieren. Sie machen hauptsächlich Modelle. (JOHN VON NEUMANN, Theoretiker der Quantenphysik)

Und noch krasser:

Es ist falsch anzunehmen, die Aufgabe der Physik bestünde darin, herauszufinden, wie die Natur aufgebaut ist. (NIELS BOHR, Mitbegründer der Quantenphysik)

Mit Einsteins radikaler Vereinfachung und eher mathematischer Ausrichtung indes fingen die Probleme erst richtig an. Denn Einstein war, wie jeder Physiker, fasziniert von Symmetrien. Zudem zeichnete er sich sein Leben lang durch eine demokratische Gesinnung aus. Beides zusammen ergibt das eminent wichtige Prinzip der SRT:

> **Jeder Beobachter ist gleichberechtigt.**

Manchmal hat man das Gefühl, die SRT sei keine Theorie über die *Wirklichkeit*, sondern eine solche über deren *Beobachter* - eine Auffassung, die von Ernst Mach stammt und von ihm bis an die Grenzen des Solipsismus getrieben wurde: Nur ich existiere (na gut, andere Ichs auch), und jedes Ich erfasst die Welt nach eigenem Belieben. Das hat schon der irische Physiker ALFRED O'RAHILLY in seinem 1938 erschienen Buch über moderne Physik ("Electromagnetic Theory") treffend festgestellt:

Dieses ganze Gerede über hypothetische Beobachter, bei denen jeder von ihnen naiverweise annimmt, er ruhe (wo?) ist nichts als mythische Psychologie.

Jeder Beobachter kennt die Wahrheit, und keine Geschwindigkeit ist vor der anderen ausgezeichnet. Wer ruht oder sich bewegt, das kann man nicht feststellen. Es gibt nur Relativgeschwindigkeiten. Und das bedeutet: Jeglicher Effekt auf Grund der SRT gilt für *beide* Beobachter. Rast also jemand fast mit Lichtgeschwindigkeit an mir vorbei, scheint er mir auf Grund der Lorentzkontraktion extrem gestaucht, wie eine Scheibe. Doch ich erscheine ihm genauso gestaucht. Und das führt zu den bekannten Widersprüchen, z.B.: Wenn ich *langsamer* altere als mein im All umherrasender Zwillingsbruder, dann altert dieser ebenfalls *langsamer*.

Auf diese Widersprüche, die unter diversen Namen als *Paradoxien* bekannt sind, werden wir ausführlich eingehen. Zumindest zwei Phänomene machen da Probleme. Die **Aberration des Sternenlichts** zeigt, dass Relativbewegungen nicht alles erfassen. Und der **Sagnac-Effekt** kann nur durch variable Lichtgeschwindigkeiten erklärt werden.

Wie eine Theorie entsteht

Die Wahrheit ist das Kind der Zeit, nicht der Autorität. Bertolt Brecht: Leben des Galilei

Unsere Vorstellung von Wissenschaftlern ist mindestens 300 Jahre alt. Vielleicht schwebt uns der antike Archimedes als Vorbild vor, der zu seinen Erkenntnissen in der Badewanne kam. Oder Newton, der (so der Mythos), die Schwerkraft entdeckte, als er unter einem Apfelbaum ruhte. Kurzum: Wissenschaftliche Erkenntnisse kommen beim Baden oder im Schlaf.

Immerhin hat GALILEI selbst ein Fernrohr gebastelt und auch benutzt. Er tat was für seine Erkenntnisse, verließ sich nicht nur aufs Nachdenken. Doch der Mythos, der sich um Albert Einstein rankt, nutzt wieder unsere Vorstellungen archimedischer Erkenntnisgewinnung. Tatsächlich hat Einstein vieles rein aus sich heraus geschaffen, ohne eigene Experimente, ohne gleichberechtigte Kollegen, nur durch Zusammenfassen und Neubewerten experimenteller Ergebnisse, an deren Gewinnung er nicht beteiligt war. Sowohl seine Tätigkeit als auch sein Aussehen nährten den Mythos vom stillen Gelehrten, der durch reine Gedankenkraft die Welt erfasst. Und so lebte er tatsächlich. Auch sein Name trug zum positiven Bild bei, denn "Einstein" klingt wie "*ein Stein, nämlich der Stein der Weisen*". Man stelle sich vor, er hätte Schicklgruber oder Dschugaschwili geheißen (Sie kennen die beiden Herren sicher!). Wahrscheinlich wäre sein Ruhm nicht ganz so toll gewesen, denn Namen sind eben nicht nur Schall und Rauch.

Indes, die meisten Darstellungen seiner Theorien und seines Lebens vernachlässigen die gesellschaftliche Komponente. In dem Buch "Quantenphysik und Weimarer Republik" (Herausgeber: Karl von Meyenn) zeigen die Autoren, wie stark die chaotischen Verhältnisse nach dem Ersten Weltkrieg Entstehung und Ideen der Quantenphysik beeinflusst haben. So untersucht PAUL FORMAN in seiner Abhandlung "Weimarer Kultur, Kausalität und Quantentheorie" den Zeitgeist der Entstehung der modernen Physik. Sein Fazit: Es war damals Mode, alles Feste, Sichere, Bekannte zu verachten,

Kausalität abzulehnen (besonders in Deutschland) und einem romantischen Mystizismus zu frönen. Wer sich etwas Unsinniges, Abstruses, Unverständliches ausdachte - auch in Kunst und Architektur - , dem gebührte Anerkennung und Ruhm. Aber auch wer die bestehende Ordnung über Bord warf (oder werfen wollte), konnte mit Anhängern rechnen. Deswegen schwärmten Marxisten, Anarchisten, Dadaisten, Kubisten und Psychoanalytiker von Einsteins Ideen. Deswegen wurden seine Gedanken berühmt, umso mehr, je abstruser sie erschienen. Und die Begründer der Quantenphysik eiferten ihm nach: HEISENBERG musste die Unschärfe der Erkenntnis als Prinzip verankern, obwohl damals schon bekannt war, dass sein Prinzip nicht gilt. Richtig ist wohl, mit möglichst originellen und unverständlichen Formeln die Umwelt zu schockieren. Die Wissenschaftler, insbesondere die Physiker, und hier wiederum die Theoretischen Physiker, fühlten sich wie Hohepriester, die sich hinter den magischen Beschwörungen ihrer Formeln verstecken konnten.

Heute, da wir angebliche Genies wie den Gedankenkünstler Einstein und seinen Nachfolger, den körperlich behinderten STEPHEN HAWKING ("Eine kurze Geschichte der Zeit") bewundern, können wir uns kaum vorstellen, dass um die Wende vom 19. zum 20. Jahrhundert die Dinge ganz anders lagen. Da hatten diejenigen Ansehen, Institute und Geld, die es verstanden, mit wissenschaftlichen Apparaten umzugehen und sich Experimente auszudenken, die sie selbst auch durchführen konnten. Hervorragende Beispiele dafür waren die CURIES, die jahrelang eine pechschwarze Flüssigkeit umrührten, bis sie daraus das strahlende Polonium extrahierten; KIRCHHOFF, dessen Gesetze zu elektrischen Netzen auch heute noch die Grundlage zur Berechnung von Schaltplänen bilden; sowie die - zu Recht in Verruf geratenen - Nobelpreisträger PHILIPP LENARD und JOHANNES STARK, die, über Einstein und seine Wissenschaftsmafia frustriert, sich den Nazis anschlossen und eine "deutsche Physik" propagierten - was am Image Einsteins selbst in Nazi-Deutschland nichts änderte. Alle diese Experimentalphysiker besaßen Ansehen, viele Studenten und entsprechende finanzielle Mittel.

Für Einstein aber wurden theoretische Erkenntnisse wichtiger als die Fakten, die Mathematik wichtiger als die Wirklichkeit. So schrieb er 1907 im "Jahrbuch der Radioaktivität", S. 439:

Es ist noch zu erwähnen, daß die Theorien der Elektronenbewegung von Abraham und von Bucherer Kurven liefern, die sich der beobachteten Kurve erheblich besser anschließen als die aus der Relativitätstheorie ermittelte Kurve. Jenen Theorien kommt aber nach meiner Meinung eine ziemlich geringe Wahrscheinlichkeit zu, weil ihre die Maße des bewegten Elektrons betreffenden Grundannahmen nicht nahe gelegt werden durch theoretische Systeme, welche größere Komplexe von Erscheinungen umfassen.

Also: Wer richtig misst und richtig voraussagt, hat Unrecht. Hauptsache, die Theorie stimmt. Glücklicherweise hatte Einstein gute Freunde, die etwas von Mathematik verstanden und ihm treu alle Formeln aufschrieben, die er brauchte: MICHEL BESSO und MARCEL GROßMANN, um nur zwei zu nennen. Oder seine erste Frau, MILENA MARIC, die ihrem Mann bei der Ausarbeitung der mathematischen Grundlagen seiner speziellen Relativitätstheorie sicherlich geholfen hat.

Einstein griff auf eine alte Tradition in der Physik zurück, auf das Ersinnen von **Gedankenexperimenten.** Das hatte schon GALILEO GALILEI in der Renaissance zur Perfektion gebracht, denn man vermutet, dass Galilei keines seiner Fallexperimente wirklich durchführte. Er hat sich alles ausgedacht - aber es stimmte. So ging auch Einstein vor: Er dachte sich vieles aus, aber es stimmte nicht. Immerhin, die Methode war toll. Mit ein wenig Mathematik-Kenntnissen konnte man im Lehnstuhl am warmen Kamin sitzen und sich eine Weltformel ausdenken, die dann andere, mindere Geister überprüfen durften - wenn es möglich war. So konnte man sich vor manueller Arbeit drücken und wieder zu dem Zustand zurückkehren, den die Griechen so genossen hatten, indem sie Weltsysteme entwarfen, ohne sich um deren Realitätsgehalt zu kümmern. Denn manuelle Arbeit, das taten die Sklaven; nur der Adel durfte denken. Genau das hat Einstein auch gesagt:

Ich halte es für wahr, dass der reine Gedanke die Wirklichkeit erfassen kann, wie es sich die alten Völker erträumten.

Die Mathematik wurde zum Mittel für diese Art, Physik zu betreiben. Ob krummlinige Koordinaten oder Faserbündel, algebraische Topologien oder konturlose Kategorien, unendliche Vektorräume oder imaginäre Operatoren - was immer sich im Kuriositätenkabinett der Mathematik auftreiben ließ, die Physiker suchten nach einer Anwendung, auch wenn dabei nur die Gelüste nach neuen, verblüffenden Formeln befriedigt wurden und sich alle

Beteiligten vom Verständnis der Natur immer weiter entfernten. Vom Verständnis der Mathematik übrigens auch.

Zur Rechtfertigung von Gedankenexperimenten sei gesagt, dass sie hervorragend geeignet sind, eine Theorie zu *widerlegen*, indem ihre inneren Widersprüche aufgedeckt werden. Das gelang Galilei in vorbildlicher Weise, indem er mit einem einfachen Gedankenexperiment die bisher vorherrschende Meinung widerlegte, ein schwerer Körper falle schneller als ein leichter. Und auch Einstein setzte in späteren Jahren diese Methode erfolgreich gegen die Quantenphysik ein. Berühmt sind sein "Einstein-Podolsky-Rosen"-Paradoxon, wo er zeigte, dass auf Grund des Formelmechanismus der Quantenphysik alles mit allem überlichtschnell verbunden sei; sowie die nicht nach ihm benannte, aber von ihm konzipierte "Schrödingers Katze", wo er auf weitere Absurditäten der Quantenphysik hinwies. Was seine eigenen Thesen betraf, das wischte er schnell vom Tisch: Als EHRENFEST ihm mit einem einfachen Gedankenexperiment (einer rotierenden Scheibe) zeigte, dass die spezielle Relativitätstheorie absurd ist, da wurde das schnell und stillschweigend unterm Teppich der Physikgeschichte gekehrt.

Mit Einstein hielt also eine Art Mystizismus Einzug in die Physik, die der Meister selbst später ablehnte, aber in seinen eigenen Theorien dennoch weiter verfolgte. Und eine begierige Mannschaft an experimentierunwilligen oder -unfähigen Physikern folgte ihm, sodass heute das Ansehen desjenigen am höchsten steht, der nichts anders tut als spekulieren (wie Stephen Hawking), während der harte, nüchterne Arbeiter im Labor nur gelegentlich die Anerkennung bekommt, die ihm eigentlich zusteht.

Der Maschinenbauer und Physiker PETER RÖSCH wies auf einen ganz anderen, unerwarteten Aspekt der damaligen Zeit hin. Nach gründlichem Studium zeitgenössischer Dokumente stellte Rösch fest, dass damals eine Art Religionskrieg - unter Physikern! - ausgetragen wurde. Auf der einen Seite standen die Gottgläubigen, vertreten durch den streng protestantischen Preußen MAX PLANCK. Auf der anderen Seite standen die Gottlosen, vertreten durch den skeptischen Österreicher ERNST MACH, den Begründer des "Positivismus". Auch ihre Auffassungen bezüglich des Werts der Wissenschaften waren unterschiedlich. Planck plädierte für die reine Wissenschaft als "Rekonstruktion der Natur", und das war für ihn die *theoretische Physik*. Mach plädierte für eine gesellschaftsrelevante

Wissenschaft, die dem Fortschritt der Menschheit und ihrem Verständnis für sich selbst dient, und das war für ihn die *Chemie*.

So glaubte Planck, in Einstein einen Verbündeten zu haben, und deswegen engagierte er ihn nach Berlin. Später stellte sich heraus, dass Einstein Mach bewunderte (was aber nicht auf Gegenseitigkeit beruhte) und geistig so unabhängig war, dass man ihn nicht einem bestimmten Lager zurechnen konnte, zumal er keinesfalls überzeugter Protestant war!

Wie also konnte Einstein Theorien entwickeln, die mit der Wirklichkeit nichts zu tun haben? Und wieso verteidigten andere diese Thesen mit Klauen und Zähnen? Zur Aufklärung dieser Frage brauchen wir auch ein Verständnis für die Bedürfnisse und Sehnsüchte der Menschen. Einstein selber sagte, seine Spezielle Relativitätstheorie sei ein Gedankenexperiment gewesen, mehr nicht. Und in Gedankenexperimenten war Einstein Meister.

Der Wissenschaftsreporter COREY S. POWELL spricht in seinem Buch "God in the Equation" ausdrücklich von einer durch Einstein (und seine Verehrer) initiierten neuen Religion, die er (übersetzt) "**Wissrel**" nennt, also Wissenschafts-Religion. Dabei kritisiert Powell keineswegs die neuen Theorien der Weltentstehung, -formung und -entwicklung. Doch die Überschrift eines Kapitels lautet: "*Die Einstein-Kirche wird gegründet*". Wobei er dann noch weiter geht und den direkten Bezug zur Bibel findet: "*Wie Moses verbrachte Einstein seine Zeit in der Wüste [auf der Suche nach der 'Weltformel'], und jetzt war er bereit, seiner göttlichen Bestimmung zu folgen.*" Denn: "*Einstein war der Jesus der neuen Religion.*" Und bei der Beschreibung eines astronomischen Observatoriums auf dem Mauna Kea in Hawai sagt Powell: "*Sie halten Gottesdienst in Einsteins Kirche.*" In dieser Kirche gibt es auch *Erlösung*, wie eine Kapitelüberschrift lautet.

Aber Powell erkennt auch die Probleme, wenn Wissenschaft durch Religion ersetzt wird bzw. zu einer Ersatzreligion mutiert: "*Die Ideen der Wissenschaft werden ständig durch Kritik und Auseinandersetzung in Frage gestellt, Es gibt kein unangreifbares Dogma in der Wissenschaft.*"

Gibt es nicht, gewünscht wird es schon. Deswegen wird Kritik an den Relativitätstheorien nicht etwa als Anregung zur Auseinandersetzung mit ihren Grundlagen oder Konsequenzen gesehen, sondern als Angriff auf das Wesen einer Ideologie - als Häresie, als Bruch von Dogmen, als Leugnung göttlicher Erkenntnisse. Die Analogien zur klassischen Kirche sind erstaunlich. Zum Beispiel die Sprache:

Um ein Prediger in der Kirche Einsteins zu werden, muss man sich sehr anstrengen: *"Man muss eine Litanei unbekannter Fachausdrücke beherrschen und natürlich auch die rätselhafte Muttersprache der Wissenschaft, die Mathematik."* Powell stellt schließlich pessimistisch fest: *"Die Kirche Einsteins ist autoritärer denn je. ... Die jetzigen Priester der Wissrel bleiben fest im Glaubensbekenntnis der Kirche Einsteins."*

Wissenschaft und Religion

Des Wissenschaftlers Religiosität liegt im verzückten Staunen über die Harmonie der Naturgesetzlichkeit, in der sich eine so überlegene Vernunft offenbart, dass alles Sinnvolle menschlichen Denkens und Anordnens dagegen ein gänzlich nichtiger Abglanz ist. Albert Einstein

So weit liegen Wissenschaft und Religion oder Wissenschaftsbetrieb und Kirche nicht auseinander. Hier einige Gemeinsamkeiten (auch bei kosmologischen Ideen):

Mythos	*Religion*	*Wissenschaft*
Gott	Der Schöpfer	Die Natur
Erlöser	Jesus	Einstein
Prophet	Paulus	Eddington
Priester	Kirche	Fachgelehrte
Heilige Schrift	Bibel	Fachartikel
Sakrileg durch:	Kritik an Gott	Kritik an Einstein oder seinen Theorien
Umgang mit Häretikern	werden verbrannt	werden verbannt

Interpretationen	Sekten	unterschiedliche Erklärungsversuche
Entstehung der Welt	durch Gott	durch den Urknall
Ende der Welt	Auferstehung	Kältetod
verborgene Mächte	Engel + Dämonen	dunkle Materie + dunkle Energie

Die Geschichte der Relativitätstheorien (es gibt deren zwei!) hängt zunächst weniger von gesellschaftlich-politischen Randbedingungen ab, sondern mehr von Männern, die als Missionare der neuen Ideen wirkten (BORN in Deutschland, EDDINGTON in Großbritannien, LANGEVIN in Frankreich), und diese mit Täuschung und Betrug populär machten. Ja, Betrug - das werden wir im Einzelnen belegen. Doch die Politik hat auch wesentlich dazu beigetragen. Hätten die Kritiker der Einsteinschen Ideen nicht ihre unsägliche Kampagne für eine "Deutsche Physik" begonnen (übrigens ohne Erfolg), wäre Einsteins Ruhm nicht in diese Höhen katapultiert worden. So erhöhten sie ihn zum Märtyrer, was ihn - neben seinem milden Gesicht und dem für einen zerstreuten Gelehrten passenden Verhalten - noch sympathischer machte und seine Verehrung geradezu herausforderte. Zudem bemühte sich Einstein ernsthaft, seine Ideen verständlich zu machen, was ihm das Publikum hoch anrechnete.

Dabei gab es nicht nur damals Kritiker einer rein mathematisch-theoretischen Betrachtungsweise der Natur. ABRAHAM LOEB, Vorsitzender der Astronomischen Fakultät der Harvard Universität und Gründungsmitglied der "Schwarzloch-Initiative" dieser Universität, schrieb in einem Artikel im "Scientific American" am 10. August 2018 unter anderem:

Theoretische Physiker sollten sich vor Überheblichkeit hüten, indem sie Vermutungen feiern. Sie sollten das endgültige Urteil der experimentellen Guillotine akzeptieren, welche das Schicksal ungeprüfter Spekulationen darstellt. Denn:

Physik ist ein Dialog mit der Natur, nicht ein Monolog, wie es einige Theoretiker gern hätten.

Und er analysiert korrekt die Situation der modernen Physik:

Die Risiken der [modernen] Physik stammen hauptsächlich von mathematisch schönen "Wahrheiten", wie z.B. [Stringtheorien], jahrzehntelang vorzeitig akzeptiert als Beschreibung der Wirklichkeit nur wegen ihrer Eleganz. Solche Urteile werden oft von sozialen Strömungen innerhalb der Physik genährt. Sie erhöhen das Prestige der Physiker durch ihre mathematische Brillanz.

Dass aber die mathematischen Luftsprünge der Allgemeinen Relativitätstheorie auch dazu gehören könnten, kommt ihm nicht in den Sinn. Oder doch, aber das darf er nicht sagen. Denn:

Bei unserem System der Titel, Förderungen und Auszeichnungen vergessen wir manchmal, dass die Physik einen Lernprozess über die Natur darstellt, nicht eine Möglichkeit, unsere geistigen Fähigkeiten zur Schau zu stellen. Als Lernende sollten wir Fehler machen und unsere Vorurteile korrigieren dürfen.

Und schließlich darf Einstein auch kritisiert werden, aber nur so, wie es der "Zeitgeist" erlaubt, was also die Meinungsmacher der Wissenschaft vorschreiben oder verbieten. Sehr bezeichnend ist dabei dieser Ausspruch des amerikanischen Astronomen:

Albert Einstein wird für seine Pionierarbeit beim Einsatz von Gedankenexperimenten zur Erforschung der Natur bewundert. Aber wir sollten nicht vergessen, dass auch er sich irrte.

Aha! Sind seine Thesen doch ein bisschen angreifbar? Aber nein; Einstein irrte sich nach allgemeiner Auffassung derer, die solche Auffassungen erschaffen und verbreiten, in Bezug auf die *Quantenphysik,* wo er die Zufalls-Interpretationen und das philosophische Kauderwelsch des Quantenpapstes Niels Bohr ablehnte und dafür eine kausale Quantenphysik einforderte, die dann auch kam (de Broglie, Bohm); und in Bezug auf die von ihm selbst propagierten *Schwarzen Löcher* und *Gravitationswellen,* die er später ablehnte, weil sie physikalisch zu unsinnig sind - was sie auch sind, wie wir zeigen werden. Also genau da, wo Einstein recht hatte, wird ihm geistige Schwäche unterstellt. So wird ein "Paradigma" geschaffen, ein Mythos, der als Wissenschaft und Wahrheit verkauft und von der Masse karrierewilliger Studenten geglaubt wird (geglaubt werden muss).

Die eigenartige Mischung aus Verständlichkeit und Mystifizierung der Einsteinschen Thesen brachte auch seltsame Blüten zum Erblühen. Bekannt ist diese Anekdote: Ein Reporter sagte zu Eddington (dem britischen

"Messias" der Einsteinschen Lehren): Ich habe gehört, es gibt nur drei Personen auf der Welt, welche diese Theorie verstehen. Worauf Eddington geantwortet haben soll: Wer ist der dritte? Leider hört die Lustigkeit dort auf, wo Wissenschaftler bewusst ihren Verstand abschalten, weil sie glauben, sie wären zu blöd, so erhabene Idee zu begreifen. Oder zu minderwertig, um so erhabenen Ideen begreifen zu dürfen.

Einen besonders schlimmen Fall dieser Art schildert der Relativitätskritiker HERBERT DINGLE. Als er einen logischen Widerspruch entdeckte (das "Zwillings-Paradoxon", das wir - ganz ohne mathematische Formeln! - noch ausführlich besprechen werden), wollte er von seiner langjährigen Kollegin KATHLEEN LONDSDALE (Spezialgebiet: Kristallografie; entdeckte die Struktur des Benzols, Mitglied der Royal Society) wissen, was sie dazu sage. Ihre Antwort: *"Ich lese ein bisschen darüber, dann wird mein Geist leer. Ich konnte die Unstimmigkeiten nicht sehen. Selbst wenn ich sechs Wochen darüber brüten könnte, es würde nichts bedeuten. Mein Geist ist nicht dafür geeignet. Meinen Geist kümmert auch nicht, ob Uhren immer gleich gehen oder nicht. Er hört zum Arbeiten auf, wenn ich die Dinge zu begreifen versuche."*

Wirklich erstaunlich, und ich hoffe sehr, Ihnen als Leser dieses Buchs geht es ganz anders. Jedenfalls stimme ich mit der Maxime des Relativitäts-Kritikers ERNST GEHRCKE überein, die er 1920 äußerte:

Niemand wollte sich den Vorwurf aussetzen, er verstünde nichts von der Sache!

Denn eine Reaktion der Art: "Davon verstehe ich nichts" (= "will ich nichts verstehen") (Karl Valentin: "Da miassn's mein Mann fragen, der waas des") wäre ganz im Sinne von JOHN MADDOX, dem damaligen Herausgeber der renommierten Wissenschaftszeitschrift NATURE. Als Dingle diese Frage dem erlauchten Gremium der Wissenschaftler öffentlich vorlegen wollte, durch eine Publikation in Maddox' Zeitschrift, da weigerte sich letzterer mit dem Argument: *"Ich werde eine Herausforderung der Royal Society nicht zulassen."* Stellt man einem Gelehrten heute die Frage nach den ungleichmäßig alternden Zwillingen, kommt als Antwort nicht mehr: "Das versteh ich nicht", sondern "Das wurde schon vor hundert Jahren gelöst." Stimmt - durch Ignorieren.

Wie aber konnte sich Einsteins *Arbeitshypothese von zynischer Rücksichtslosigkeit* (OSWALD SPENGLER 1923) so in die Hirne logisch denkender Menschen einnisten? Wie konnten Hunderttausende intelligenter Menschen ihre zahlreichen Ungereimtheiten und Widersprüche ignorieren, wie können ebendiese Gelehrten sie immer noch mit Klauen und Zähnen verteidigen und jeden mit Ausschluss aus der Gemeinde der Forschenden bestrafen (mit dem Vorwurf des "Antisemitismus"!), der auch nur die leisesten Zweifel äußert? Und schließlich: Wie konnte sich in der exaktesten aller Wissenschaften eine doktrinäre Atmosphäre breit machen, die derjenigen der katholischen oder der kommunistischen Inquisition in nichts nachsteht?

Auf diese Fragen werden wir in diesem Buch immer wieder eingehen, denn die Relativitätstheorien sind nicht (nur) wissenschaftliche Systeme, sondern vor allem eine Form der **Religion**. Das hat die Autorin Margaret Wertheimer in ihrem lesenswerten Buch "Die Hosen des Pythagoras" sehr anschaulich so beschrieben:

Warum hat dieser triefäugige Deutsche mit seinem wilden Haarschopf die Phantasie des Publikums dermaßen in Bann geschlagen?

Ihre Antwort: *Die allgemeine Relativitätstheorie eignete sich von Beginn an gut für religiöse Deutungen. ... Mit der allgemeinen Relativitätstheorie schuf er eine ausgesprochen moderne und mathematisch ausgefeilte Version der pythagoreischen Idee einer Sphärenharmonie. Mit seinen eleganten Gleichungen setzte er die alte Frage nach der mathematischen Form der Existenz abermals auf die Tagesordnung der Wissenschaft und entfachte erneut ein quasi religiöses Interesse an der Physik ... die geradezu obsessive Beschäftigung der heutigen Physiker mit dem »Geist Gottes« hat ihre Wurzeln in den Theorien Einsteins.*

Soweit zur Entstehung einer Theorie. Aber was macht ihr Wesen aus? Beschreibt sie nur, erklärt sie auch? Geht es um Zusammenhänge oder um das Wesen?

Schein oder Sein?

Mein Kind, was werden wir nun sprechen?
Die Wahrheit! Die Wahrheit,
Sei sie auch Verbrechen.
Wolfgang Amadeus Mozart: Die Zauberflöte (1791)

Es ist nicht immer leicht zu entscheiden, ob etwas fiktiv oder real ist. Nehmen wir als Beispiel das - durchaus nicht selbstverständliche - Phänomen der abnehmenden Größe eines Objekts, das sich von uns entfernt. Angenommen, wir beide sind gleich groß und stehen voreinander. Sobald du weggehst, wirst du kleiner für mich und ich werde kleiner für dich, bis du ganz aus meinem Gesichtskreis verschwunden bist - und umgekehrt. Kommst du wieder näher, geschieht das Umgekehrte, bis die Illusion bei unserer Begegnung wieder verschwindet.

Wir haben hier einen typisch relativistischen Effekt: Er wirkt in beiden Bezugssystemen gleich. Wenn du mir kleiner erscheinst, erscheine ich dir auch kleiner. Ist dieser Effekt des Kleinerwerdens nun echt oder fiktiv? Die Frage scheint weit hergeholt, sie ist es aber nicht. Denn POINCARÉ, der Meister der Mathematik und Vorläufer der Relativitätstheorie, hat sich eine Welt ausgedacht, in der (je nach Darstellung) die Dinge gegen den Rand zu immer kleiner werden, oder der Raum (je weiter man sich vom Mittelpunkt entfernt) immer größer (hyperbolische Ebene). M.C. ESCHER hat dieses Konzept in zahlreichen Grafiken wunderbar dargestellt.

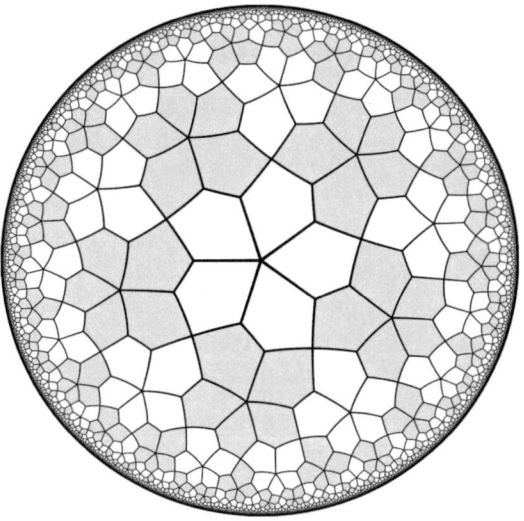

Wir wissen immer noch nicht, ob der Effekt des Kleinerwerdens bei Entfernung real oder fiktiv ist. Es könnte ja sein, dass er (der Effekt) bei Verringerung des Abstands wieder rückgängig gemacht wird, sich sozusagen selber aufhebt. Natürlich können wir uns einen Test ausdenken: Jeder hat einen Maßstab, misst sich selbst und übermittelt die Maße per Funk (oder Post) an das Gegenüber. Aber sind wir sicher, dass nicht auch die Maßstäbe schrumpfen?

So ähnliche Überlegungen müssen auch die Relativisten anstellen, wenn sie behaupten: Ein Stab schrumpft in Bewegungsrichtung. Oder ist es der Raum an sich? Ersetzen wir nämlich "Entfernung" im obigen Beispiel durch "Geschwindigkeit", so haben wir genau die Lorentz-Kontraktion. Ist sie real oder fiktiv? Ist sie real, ergeben sich die üblichen Widersprüche, die wir später ausführlich besprechen. Ist sie fiktiv, fragt man sich, wozu der ganze Aufwand. Vor allem aber: Raum und Zeit sind in der SRT streng symmetrisch, also muss das, was für den Raum gilt (die Schrumpfung) auch für die Zeit gelten (die Dehnung). Und schließlich: Es kann nicht sein, dass die Relativisten einmal behaupten, der Effekt wäre fiktiv, das andere Mal, er wäre real.

Tatsächlich ist die Raumschrumpfung schwer festzustellen; sie kann, wenn der Stab zur Ruhe kommt, wieder von selbst verschwinden, so wie unsere Größenschrumpfung bei Annäherung. Mit der Zeit geht das nicht: Die Zeit läuft niemals rückwärts. Wenn eine Uhr langsamer geht als die andere - oder wenn die Zeit als solche langsamer vergeht - , und die andere auch, dann können die Zeitunterschiede bei Stillstand der Bewegung und bei der anschließenden Wiederbegegnung der beiden Beobachter durch Uhrenvergleich exakt festgestellt werden. Mit fiktiv ist da nichts.

Es wäre wohl alles leichter, wäre Einstein bei seinen ursprünglichen Definitionen geblieben. Da sprach er nicht vom *Raum* an sich, sondern von *Maßstäben*; nicht von *Zeit* an sich, sondern von *Uhren*. Später machte er einen kühnen philosophischen Sprung und setzte Maßstäbe mit Strecken, und Strecken mit dem Raum an sich gleich; dazu identifizierte er Uhren mit Zeitpunkten, mit der Zeitdauer, schließlich mit der Zeit an sich. Nehmen wir dafür einfache Beispiele:

Wir basteln uns einen Maßstab aus Eisen, den wir in Paris auf einen Meter eichen. Wir fliegen damit zum Nordpol und vermessen eine Strecke, von der uns zuverlässige Menschen sagen, sie wäre genau einen Meter lang. Doch siehe: Sie ist länger. Wir fliegen in die Sahara und vermessen dort eine Strecke, von der uns zuverlässige Menschen sagen, sie wäre genau einen Meter lang. Doch siehe: Sie ist kürzer. Also schließen wir, wenn wir relativistisch denken würden, dass der Raum sich vom Äquator zum Pol hin dehnt.

Was wirklich geschah, wird jeder sofort sehen: Mein Eisenmaßstab hat sich in der arktischen Kälte *verkürzt*, also erscheint alles *länger*. In der Hitze der Sahara hat er sich *ausgedehnt*, also erscheint alles *kürzer*. Aber *der Raum an sich* hat sich nie geändert!

Das gleiche Beispiel für die Zeit: Wir eichen unsere Pendeluhr in Paris und fliegen dann zum Mond. Die Uhr wird immer langsamer, bis sie irgendwann stehen bleibt, aber dann wieder anfängt zu schwingen, je mehr wir uns dem Mond nähern. Also schließen wir, wenn wir relativistisch denken würden, dass die Zeit sich von der Erde zum Mond dehnt. Was wirklich geschah, ist klar: Der Schlag von Pendeluhren hängt vom Schwerefeld ab. Aber die Zeit hat sich nie geändert! Das kann sie auch deshalb nicht, weil sie (die Zeit) bei Verwendung einer Quarz- oder Atomuhr schneller verlaufen wäre. Quarz- und Atomuhren gehen nämlich umso schneller, je geringer die Schwerkraft. Kurzum: Der Schluss vom Maßstab auf die zugrunde liegende Messkategorie ist recht abenteuerlich und nicht immer gerechtfertigt.

Fragen wir jetzt am besten die Meister. Und da ergibt sich folgendes Bild (Zitate in *kursiv*, meine Kommentare in Normalschrift).

Für Lorentz war das Schrumpfen von Körpern (nicht: des Raums!) bei hoher Geschwindigkeit real. Er führte es auf ein Zusammendrücken durch den Äther zurück. Da aber Einstein den Äther abgeschafft hat, hilft uns diese Erklärung nicht weiter.

1907 meinte Einstein in seiner Schrift "Über das Relativitätsprinzip":

*Wir setzen voraus, dass die Länge eines Maßstabs sowie die Ganggeschwindigkeit einer Uhr dadurch **keine dauernde Änderung** erleiden, dass sie in Bewegung gesetzt und wieder zur Ruhe gebracht werden.*

Mit anderen Worten: Es gibt keine beobachtbaren relativistischen Effekte, alles ist Schein, kein Sein. Man vergleiche dazu seine Aussage 1938 in Einstein-Infeld: Die Evolution der Physik:

*... hat die Beobachtung den Beweis dafür erbracht, daß **ein Stab seine Länge wirklich ändert**.*

Mit anderen Worten: Es gibt beobachtbare relativistischen Effekte, alles ist Sein, kein Schein. Ja was denn nun? 1949 hat Einstein diese seine Haltung bestätigt:

*Die Lorentz-Transformation bedeutet nicht etwa nur einen konventionellen Schritt, sondern **das tatsächliche Verhalten bewegter Maßstäbe und Uhren**, das durch Experiment bestätigt bzw. widerlegt werden kann.*
"Autobiographisches". In: Paul Arthur Schilpp (Herausgeber): Albert Einstein als Philosoph und Naturforscher. Vieweg, Braunschweig 1983 (1949)

Max Born war da ganz anderer Meinung. 1922 schrieb er in seinem berühmten Lehrbuch der Relativitätstheorie:

*Die Kontraktion ist also **nur eine Folge der Betrachtungsweise**, keine Veränderung einer physikalischen Realität. Also fällt sie nicht unter die Begriffe von Ursache und Wirkung. Durch diese Auffassung wird auch jene berüchtigte Streitfrage erledigt, ob die Kontraktion „**wirklich" oder nur „scheinbar"** ist. Wenn ich mir von einer Wurst eine Scheibe abschneide, so wird diese größer oder kleiner, je nachdem ich mehr oder weniger schief schneide. **Es ist sinnlos, die verschiedenen Größen der Wurstscheiben als „scheinbar" zu bezeichnen**, und etwa die kleinste, die bei senkrechtem Schnitt entsteht, als die „wirkliche" Große.*

Jetzt bin ich aber wirklich verwirrt: Ist die größere Wurst nur scheinbar kleiner als die gleich große, aber doch irgendwie größer aussehende andere Scheibe? Oder hat Loriot mit seiner messerscharfen Analyse des "Kosakenzipfels" recht?:

> *Wäre die eine Hälfte der zwei gleich großen Hälften von diesem Kosakenzipfel größer als diese kleinere Hälfte (Einwand: die absolut gleich große Hälfte), oder wäre die kleinere Hälfte (Einwand: die gleich große Hälfte) - wäre diese Hälfte etwa größer als eine von diesen beiden gleich großen Hälften?*

Roman Sexl und Herbert Kurt Schmidt beseitigen in ihrem Buch "Raum - Zeit - Relativität" (Rowohlt, Hamburg 1978) schließlich jegliche Klarheit:

*Für uns ist heute die **Lorentz-Kontraktion** nicht in dem Sinne real, dass damit eine mechanische Verformung und Stauchung von Körpern verbunden ist. Dann würden nämlich beispielsweise die Räder des Autos in Bild 8.1 bei der Drehung unter der Last der ständigen Verformungen zerspringen. Das bedeutet jedoch nicht, dass mit der relativistischen Erklärung der Lorentz-Kontraktion diese nur scheinbar vorhanden ist und sich einer Beobachtung entzieht.*

Da war der große französische Gelehrte Henri Poincaré schon ein bisschen weiter, wenn er meinte:

So haben wir kein Mittel zu erkennen, ob die Größe oder das Instrument sich geändert hat. (POINCARÉ: Wissenschaft und Methode, 1908/1914)

So viel zur Raumstauchung, die übrigens experimentell niemals bestätigt wurde. Nun zur Zeitdehnung: Ist sie real oder fiktiv? Dazu erst mal der Meister selbst:

„Wenn wir z. B. einen lebenden Organismus in eine Schachtel hineinbrächten und ihn dieselbe Hin- und Herbewegung ausführen liessen wie vorher die Uhr, so könnte man es erreichen, dass dieser Organismus nach einem beliebig langen Fluge beliebig wenig geändert wieder an seinen ursprünglichen Ort zurückkehrt, während ganz entsprechend beschaffene Organismen, welche an den ursprünglichen Orten ruhend geblieben sind, bereits längst neuen Generationen Platz gemacht haben. Für den bewegten Organismus war die lange Zeit der Reise nur ein Augenblick, falls die Bewegung annähernd mit Lichtgeschwindigkeit erfolgte!" (ALBERT EINSTEIN: Die Relativitäts-Theorie, in: Naturforschende Gesellschaft, Zürich, Vierteljahresschrift, 56, S. 12, 1911)

Also real. Das sagen auch die meisten anderen Autoren, denn am Ablesen der Uhren kommt keiner vorbei, und rückgängig kann eine Verlangsamung der Uhren nicht gemacht werden. Womit alle im All reisenden Zwillinge einem unlösbaren Widerspruch ausgeliefert sind: Wenn sie einander begegnen, wer ist dann der jüngere?

Nun denn: Möglicherweise hat man sich heute auf die eine oder andere Interpretation geeinigt. Aber das ist nicht Wissenschaft, sondern Mehrheitsmeinung, kein Streben nach Wahrheit, sondern Ausrichtung an Autoritäten! Merke: *Relativität bedeutet, dass die Wahrheit auf verschiedene*

Weise ausgedrückt werden kann. (HANS REICHENBACH: Die philosophische Bedeutung der Relativitätstheorie, 1949).

Maßstäbe oder Raum? Uhren oder Zeit?

In Einsteins entscheidender Schrift "Zur Elektrodynamik bewegter Körper" aus dem Jahr 1905 sagt er auf S. 893: *Zeit kann <u>nicht</u> durch "Uhr" ersetzt werden.* Drei Seiten weiter, auf S. 896, sagt er: *Zeit ist mit "Uhr" identisch.* Es kommt selten vor, dass ein wissenschaftlicher Autor im gleichen Aufsatz, fast unmittelbar hintereinander (wenn auch ein wenig versteckt), zwei Aussagen macht, von denen die eine das Gegenteil der andere darstellt - und die Gilde der Verehrer, auch "Wissenschaftler" genannt, applaudiert dazu. Tatsächlich sind Einsteins Aussagen noch verwirrender, denn in einer Fußnote meint er:

"Zeit" bedeutet hier "Zeit des ruhenden Systems" und zugleich "Zeigerstellung der bewegten Uhr, welche sich an dem Orte, von dem die Rede ist, befindet." Egal, solche Zweideutigkeiten durchziehen sein ganzes Werk; als Jahrhundert-Genie sollten wir ihm dies zubilligen (aber sonst keinem) und es wohlwollend als Ausfluss überirdisch-genialen Denkens akzeptieren.

Aber ich will her etwas ganz anderes versuchen, nämlich tatsächlich feststellen, ob "Raum" durch Maßstäbe und "Zeit" durch Uhren ersetzt werden kann. Die Methode ist ganz einfach: Wir wenden Einsteins Raumstauchung und Zeitdehnung auf konkrete Gegenstände an, eben auf Maßstäbe und Uhren. Und zwar die Raumstauchung auf Uhren, die Zeitdehnung auf Maßstäbe. Mal sehen, was dabei herauskommt.

Fangen wir mit Uhren an, die sind leichter zu analysieren. Es fängt damit an, dass wir zwei grundverschiedene Arten der Zeitmessung und der Uhren kennen: Abzählen gleicher Perioden (Pendeluhr), oder Messen eines Prozesses, der zu Ende geht (Sanduhr). Aber selbst bei den Pendeluhren gibt es Unterschiede. Eine mechanische Pendeluhr läuft bei verringerter Schwerkraft langsamer, was schon Newton auffiel. Eine elektrische Pendeluhr (Quarz- oder Atomuhr) läuft bei verringerter Schwerkraft schneller, was beim GPS berücksichtigt werden muss. Die von der ART postulierte Zeitverlangsamung kann sich also *nicht auf Uhren* beziehen.

Doch wie steht es damit in der SRT? Bei Pendeluhren dürfen wir nicht vergessen: Je kürzer der Arm, desto schneller geht sie. Stellen wir die Pendeluhr normal auf den Einsteinexpress, bleibt alles beim Alten, es gibt keinen Effekt. Legen wir die Pendeluhr dagegen quer und ersetzen die (jetzt fehlende) Schwerkraft durch einen Magneten, dann verkürzt sich durch die Lorentzkontraktion offenbar das Pendel, die Uhr geht *schneller* statt langsamer.

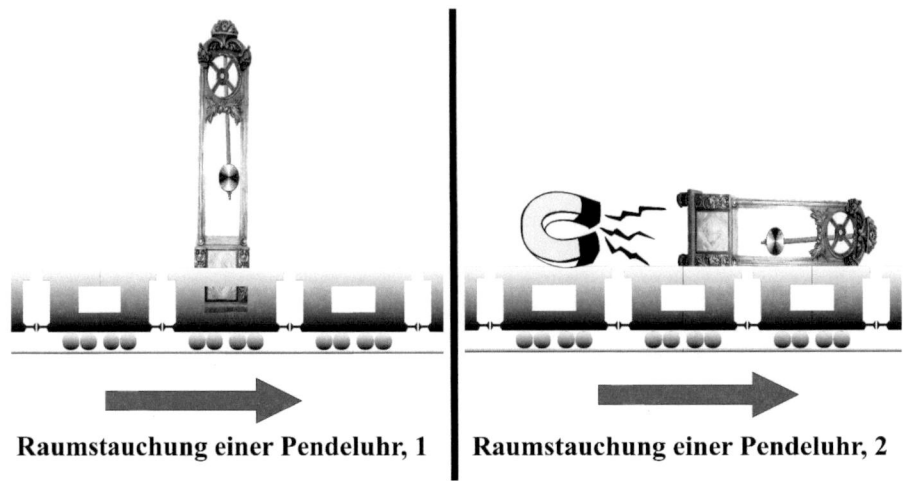

Raumstauchung einer Pendeluhr, 1 | **Raumstauchung einer Pendeluhr, 2**

*Raumstauchung einer Pendeluhr: Im Fall 1 geschieht nichts, im Fall 2 (Pendel wird magnetisch angetrieben) verkürzt sich das Pendel, die Uhr geht **schneller** (statt langsamer, wie gefordert).*

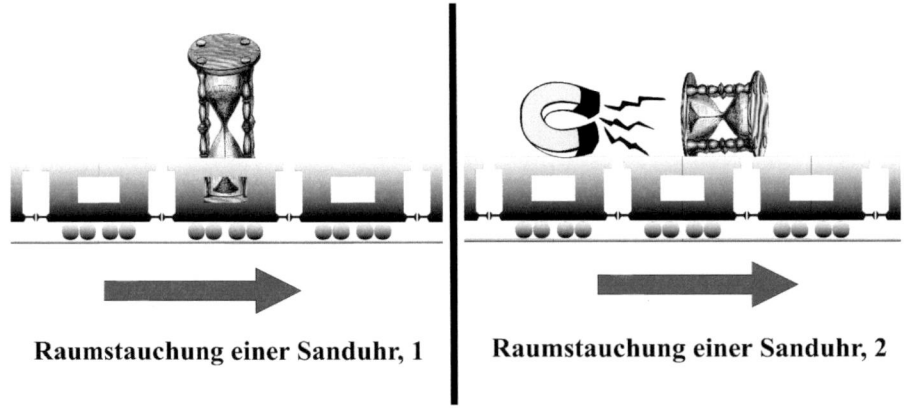

Raumstauchung einer Sanduhr, 1 | **Raumstauchung einer Sanduhr, 2**

*Raumstauchung einer Sanduhr: Im Fall 1 geschieht wieder nichts, im Fall 2 (Sandpartikel magnetisch) verkürzt sich der Weg der Sandkörner, die Uhr geht **schneller** (statt langsamer, wie gefordert).*

Ähnlich widersprüchlich erscheinen die Phänomene bei einer Sanduhr. Stellen wir sie senkrecht hin, geschieht nichts. Legen wir sie quer (mit magnetischem Sand), verkürzt sie sich, womit sich die Entleerungsgeschwindigkeit ebenfalls verkürzt. Auch diese Uhr geht *schneller* statt langsamer.

Das Gleiche mit einem Maßstab: Irgendwelche Impulse optischer oder mechanischer Natur brauchen ihre Zeit, denn die Lichtgeschwindigkeit ist endlich. Stellen wir den Stab senkrecht aufs Förderband, geschieht nicht. Legen wir ihn quer, vergeht die Zeit langsamer, die ein Impuls von A nach B braucht. Irgendwelche Effekte brauchen also länger, was offenbar auch für die Raumstauchung gilt. Also wird sie kleiner als berechnet und findet möglicherweise gar nicht statt.

Fazit: Die Lorentztransformationen können sich offenbar nicht auf Maßstäbe und Uhren beziehen. Also werden Raum und Zeit an sich beeinflusst - aber wie und wodurch?

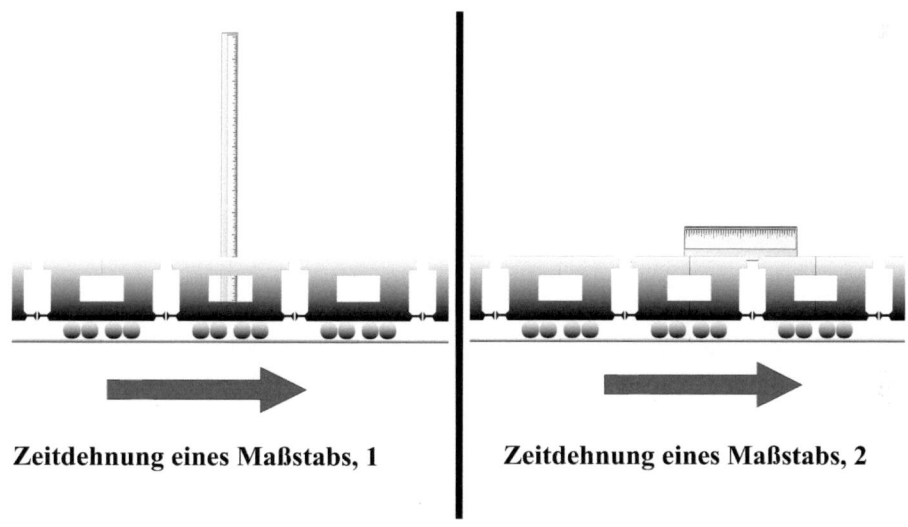

Zeitdehnung eines Maßstabs, 1   **Zeitdehnung eines Maßstabs, 2**

*Zeitdehnung eines Maßstabs: Im Fall 1 geschieht wieder nichts, im Fall 2 (Maßstab verkürzt, Zeit gedehnt) gelangen irgendwelche Impulse durch die Zeitdehnung langsamer vom Anfang zum Ende, durch die Raumstauchung aber schneller. Die Effekte könnten einander aufheben, **es geschieht nichts**.*

Wahr oder falsch?

Wenn etwas bewiesen wurde, dann wird dadurch die Richtigkeit der Angelegenheit nicht gesteigert, und Gewissheit wird nicht dadurch gefestigt, dass alle wissenden Menschen daran glauben. Noch kann seine Richtigkeit vermindert und seine Gewissheit geschwächt werden, selbst wenn alle Menschen auf Erden ihr widersprechen. Maimonides (mittelalterlicher jüdischer Philosoph)

Wissenschaft ist dazu da, die wahren Aussagen der Welt von den falschen zu trennen. Wenn wir uns mit einer wissenschaftlichen Theorie beschäftigen, sollten wir vorher klären, was wir darunter verstehen. Im Bewusstsein der Allgemeinheit ist die Astronomie eine Wissenschaft, die Astrologie nicht, die Chiropraxis schon, die Chiromantie nicht, die Chirurgie schon, die Homöopathie nicht. Die Akupunktur schwebt so dazwischen, und einige angesehene Physiker bezweifeln die Wissenschaftlichkeit der Stringtheorien. Den Ursprung der Welt im Urknall bestreitet niemand, die schädlichen Auswirkungen des Klimawandels schon. Womit wir bei der Politik wären.

Denn so "rein", wie wir denken, ist die Wissenschaft nicht. Sie hat stets eine ideologische, manchmal eine beinah religiöse Komponente. "*Die Wissenschaft*" meint der ikonoklastische Philosoph PAUL FEYERABEND, "*steht dem Mythos viel näher, als es die traditionelle Wissenschaftsphilosophie anzuerkennen geneigt ist.*" Dies gilt besonders für Albert Einsteins Theorien, denn ihr Schöpfer wurde als eine Art Erlöser betrachtet und so auch dargestellt. Seine Weltanschauung mutierte zur Religion, und ohne Missionare hätte sich seine Lehre kaum so verbreiten können. HERBERT DINGLE, einer der Kritiker der Relativitätstheorie, meint in seinem Buch "Science at the Crossroads" (1972): "*Es ist reine Ironie, dass die Wissenschaft gerade auf dem Feld, auf dem sie der Theologie überlegen ist - keine Dogmen, absolute Freiheit der Kritik - nun gerade den umgekehrten Weg geht. Wissenschaftler tolerieren keinerlei Kritik an der Relativitätstheorie, während Theologen freimütig über den Tod Gottes reden.*" Jedenfalls sind die Ähnlichkeiten mit den Gepflogenheiten einer etablierten und mit der Entstehung einer neuen Religion verblüffend.

Wissenschaftliche Erkenntnisse (oder was wir dafür halten) beeinflussen unsere globale Politik. Wissenschaftler erscheinen manchmal wie Hohepriester (die auch keiner versteht, wenn sie mit ihrer Version des

Kirchenlateins parlieren), ihre Gepflogenheiten ähneln gelegentlich den Methoden der katholischen Inquisition. Abweichler werden zwar nicht mehr verbrannt, obwohl dies der Herausgeber der Wissenschafts-Zeitschrift "Nature" einmal von einem britischen Privatgelehrten (Rupert Sheldrake) verlangt hat. Doch wer sich nicht an "kanonische" Erkenntnisse anpasst, wird vom Wissenschaftsbetrieb ausgeschlossen. Und wer im Nobelpreis-Komitee sitzt und welche Kriterien dort angewandt werden, weiß auch niemand so recht.

Kurzum: Wissenschaft hat mit Religion so manches gemeinsam. Manche behaupten sogar, die Physik wäre die katholische Kirche der Wissenschaft - mit Hohepriestern (Teilchenphysiker, Relativitätstheoretiker, Anhänger der String-Theorien), mit Päpsten (den Herausgebern renommierter Wissenschaftsblätter), mit Häretikern, die wegen abweichender Meinungen von der Gemeinschaft der Kirchenmitglieder ausgeschlossen und in ihrer wissenschaftlichen Existenz vernichtet werden (Halton Arp), und mit Kathedralen, nämlich den Teilchenbeschleunigern. Dieser Vergleich stammt von Physik-Nobelpreisträger LEON LEDERMANN, der auch meinte, Gott verstecke sich am Ende eines Protonenstrahls. Schließlich die Suche nach der Weltformel: Für MARGARET WERTHEIM ("Die Hosen des Pythagoras: Physik, Gott und die Frauen") ist eine solche Frage etwa genauso wichtig wie die Frage der mittelalterlichen Scholastiker, wie viele Engel auf der Spitze einer Nadel tanzen können. Nur mit dem Unterschied, dass die Gelehrten des Mittelalters relativ kostenfrei darüber nachdachten, während die heutige Suche nach dem Urprinzip der Welt Milliarden Dollar kostet, wobei keinerlei praktische Anwendungen in Sicht sind, nicht einmal fürs Militär.

Was aber macht eine wissenschaftliche Theorie aus? Muss sie, wie der Philosoph KARL POPPER meint, "falsifizierbar" sein, oder geht einfach alles, wie sein Kollege PAUL FEYERABEND meint? Letzterer wurde bekannt mit seinem Ausspruch "Anything goes" (Alles ist gleich viel wert), und so betrachtet er die Astrologie als ebenso wissenschaftlich wie die Physik als unwissenschaftlich. Eine kleine Überlegung zeigt, dass eine Theorie niemals "verifizierbar" sein kann. Denn eine Theorie, welche die Wirklichkeit korrekt und exakt beschreibt und die Zukunft ebenso korrekt und exakt voraussagt, ist nützlich, aber nicht unbedingt wahr. Beispiel: Die Theorie des PTOLEMÄUS zur Voraussage der Planetenpositionen. Rein erkenntnistheoretisch war sie grober Unfug, doch ihre Mechanismen beschrieben die gegenwärtigen, vergangenen und zukünftigen Planetenpositionen exakter als die des

Kopernikus (weil selbiger annahm, die Planeten umkreisten die Sonne, was sie aber nicht tun: Sie "kreisen" als Ellipsen).

Beginnen wir ganz am Anfang, bei Definitionen und Logik. Bereits NEWTON hatte Probleme mit seinen Definitionen von Masse und Kraft, die er einfach in Beziehung zueinander setzte und somit die eine durch die andere definierte. Immerhin gab es zwischen den beiden eine nicht-tautologische, also nicht-selbstverständliche und zudem messbare Relation. Das kann man von DARWINs Begriff der "Fitness" nicht behaupten. Übersetzen wir "fit" nur für diesen Absatz mit "tüchtig" (das Wort hat viele Bedeutungen), dann lautet Darwins Grundaussage: Nur die Tüchtigen überleben. Und wer ist tüchtig - der Starke, Geschmeidige, Fruchtbare, Kluge? Alle Kriterien sagen in konkreten Situationen nichts, denn es gilt einzig und allein: Tüchtig ist, wer überlebt. Und überleben tut, wer tüchtig ist. Ein Musterbeispiel für eine Zirkeldefinition.

Nach der Definition von Grundbegriffen geht's ans Forschen. Leider ist der Prozess wissenschaftlicher Erkenntnis und der Aufstellung wissenschaftlicher Theorien nicht so einfach, wie wir's gerne hätten. Die wissenschaftliche Erkenntnis gleicht dem Vorgehen gewisser Seefahrer, welche in JULES VERNEs Roman "Die Kinder des Kapitän Grant" (1867) eine Flaschenpost finden. Sie birgt drei Schriften, je eine auf Deutsch, Englisch und Französisch. Aus der Kombination dieser teilweise vom Salzwasser zerfressenen Mitteilungen ergibt sich, dass der verschollen geglaubte Kapitän Grant mit zwei Matrosen einen Schiffbruch überlebt hat. Nur die geografische Breite, 37°11' südlich, ist lesbar, nicht aber die Länge. Aus den Wortfetzen „gonie" und „indi" schließt man, Grant sei möglicherweise von Indianern in Patagonien verschleppt worden. So beschließen die Seefahrer, Herrn Grant dort zu suchen und zu retten.

Sie reisen um die ganze Welt, denn, wie gesagt, der Längengrad ist nicht bekannt, und sie finden nichts. Erst ganz zuletzt, die Suche war schon aufgegeben, entdecken sie den Schiffbrüchigen durch reinen Zufall. Am Ende klärt sich auch die entscheidende Fehlinterpretation auf: Den Wortfetzen „abor" im französischen Text hatte man als „aborder", „an Land gehen", gedeutet. Tatsächlich wäre es als „Tabor", der französische Name dieser Insel, zu lesen gewesen.

Wissenschaft wird ähnlich betrieben. Beobachtungsdaten oder experimentelle Befunde sind ungenau, unvollständig, oder schlicht auch anders interpretierbar. Eine Theorie, die allen Fakten genügt, kann richtig oder falsch sein. Neue Fakten zwingen zur Änderung (oder werden ignoriert), alternative Theorien werden beiseite geschoben. *"Die Theorie"* sagte Einstein, *"darf Erfahrungstatsachen nicht widersprechen."*

Indes: Ein Kanon etablierter Wahrheiten setzt sich in den Lehrbüchern und auf den Kanzeln der Professoren durch, und es ist kaum möglich, diese festgefahrenen Thesen aufzubrechen oder gar durch neue zu ersetzen. Auch sind Wissenschaftler an der Geschichte ihres Fachs wenig interessiert. Wissenschaftliche Theorien werden als zwangsläufige Folge des wissenschaftlichen Denk- und Erkenntnisprozesses aufgefasst, nicht als Doktrinen, die sich mehr oder weniger zufällig durchgesetzt haben. Die Geschichte der Menschheit strebt keineswegs einem vorgezeichneten Höhepunkt zu, auch wenn das der Marxismus glaubte. In der Wissenschaft ist es genauso.

Dennoch sollten wir ein Kriterium erwähnen, das für eine wissenschaftliche Aussage sicher zutreffen soll: Sie muss **wahr** sein, ihre Aussagen müssen mit der Wirklichkeit übereinstimmen. Die Kreise und Zusatzkreise und Zusatzzusatzkreise des Ptolemäus hatten keinerlei Entsprechung in der Wirklichkeit. Sie waren nur ein nützliches mathematisch-geometrisches Mittel (ein "Algorithmus") zur Berechnung bestimmter gewünschter Daten. Ähnliches wird von manchen "Elementarteilchen" behauptet, z.B. von Quarks oder vom Higgs-Boson, doch das ist eine andere Geschichte.

In der Wissenschaft jedenfalls wird ein Spruch der Art "Ich aber sage euch" oder "Ich bin die Wahrheit" nicht akzeptiert. Mit gewissem Recht entgegnete der römische Statthalter auf diese Aussage seines Gefangenen mit der nüchternen Frage: "Was aber ist Wahrheit?". Sicher nicht das, was Religionsstifter und Physiker darunter verstehen: eine einfache Formel, die alles beschreibt, die erlaubten Handlungen der Materie (Physik) ebenso wie die erlaubten Handlungen der Menschen (Religion). Vielmehr gilt: *"Die Wahrheit ist kein Kristall, den man in die Tasche stecken kann, sondern eine unendliche Flüssigkeit, in die man hineinfällt."* (ROBERT MUSIL: "Der Mann ohne Eigenschaften", Kapitel 110).

Die Frage nach der Wahrheit sollten wir uns auch stellen, wenn wir wieder mal neue Wahrheiten aus der Evolutionsforschung, der Klimawissenschaft oder der Kernphysik serviert bekommen. Es muss nicht unbedingt ein "Schwulen-Gen" geben, nur weil Evolutionsbiologen das behaupten. Es muss nicht unbedingt einen Kausal-Zusammenhang zwischen menschengemachtem CO_2-Ausstoß und Erderwärmung geben, obwohl Politiker diese Aussage ernst nehmen. Es muss nicht unbedingt das Higgs-Boson existieren, obwohl es dafür einen Nobelpreis gab.

Denn die Übereinstimmung einer Aussage mit der Wirklichkeit können in den meisten Fällen nur geschulte Fachleute mit einem milliardenschweren Aufwand an Geräten überprüfen. Wissen Sie, ob diese Instrumente bei der Registrierung von Gravitationswellen korrekt gehandhabt wurden? Können Sie überprüfen, was vor 13,7 Milliarden Jahren - also zur Zeit des Urknalls - wirklich geschah? Haben Sie schon mal die Geschwindigkeit eines Lichtstrahls gemessen oder die mathematischen Grundlagen 23-dimensionaler kosmischer Fäden selbst untersucht? Wissenschaft wird von Hohepriestern betrieben, so wie die christliche Religion vor Luther, und diese Wissenschaft wird von anderen Hohepriestern kontrolliert. Was sie verbindet: Karriere wollen sie alle machen, vor Häretikern haben sie Angst, die gehören ausgeschlossen, am besten vernichtet. Der Chemiker, Mediziner, Biophysiker und Schöpfer der "Gaia-Hypothese" (die Erde ist eine Art Lebewesen, das seine Bewohner beschützt) JAMES LOVELOCK drückt es deutlich aus: "*Wissenschaftsgebiete sind rein feudal, errichtet von Professoren zur Etablierung von Territorien, über die sie herrschen.*"

Da passt das Wort des fiktiven Galilei in BERTOLD BRECHTs "Das Leben des Galilei": Die Hohepriester haben auch einen Namen: Sie sind allesamt **Mathematiker**. Damit soll nicht ein Berufsstand verunglimpft werden, vor dem ich den größten Respekt habe. Es ist nur so: Die moderne Physik benutzt die "Sprache der Wissenschaft" (Galilei) nicht mehr als Dienerin, sie unterwirft sie sich vielmehr als Herrin. Schon GIORDANO BRUNO warnte davor, als er sagte: "*Eines ist es, mit der Geometrie zu spielen, ein anderes, mit der Natur die Wahrheit zu erforschen.*" Die Theoretiker der Physiker spielen lieber mit "Geometrie" (also mit Mathematik) als sich auf gesunde Naturerkenntnis zu verlassen.

Das begann mit HERMANN MINKOWSKI, der die einfachen Formeln der Speziellen Relativitätstheorie (SRT) zusammenfasste und so kompliziert machte, dass Einstein angeblich sagte: "*Seit die Mathematiker die SRT in die Hand genommen haben, verstehe ich sie nicht mehr.*" Ähnlich äußerte sich DAVID HILBERT, ein Göttinger Mathematiker, der sich sehr für Fragen der Physik interessierte und sowohl zur Relativitätstheorie als auch zur

Quantenphysik wesentliche Beiträge lieferte. 1915 sagte er: "*Physik ist zu schwierig für Physiker*". Und es geht weiter mit der - heutzutage fest etablierten - Meinung, durch Manipulation komplizierter Formeln werde ein Naturphänomen "erklärt". Früher musste zur Erklärung einer Erscheinung ein physikalisch plausibler, nachvollziehbarer, kausaler Grund angegeben werden. Seit Übernahme der Physiker durch die Theoretiker - beginnend mit Maxwell, etabliert durch Einstein, perfektioniert durch die String-Theoretiker - genügt als Erklärung der Verweis auf eine Formel, deren Ableitung ebensogut zu etwas ganz anderem führen könnte, wofür Einsteins Berechnung der Periheldrehung der Merkurbahn das beste Beispiel liefert. Darauf werden wir bei der Darlegung der Allgemeinen Relativitätstheorie (ART) genauer eingehen.

Aber was geschieht, wenn eine wissenschaftliche Behauptung (Beispiel aus der Relativitätstheorie: "Die Lichtgeschwindigkeit ist für jeden Beobachter die gleiche") sich mit der Erfahrung beißt? (Beispiele: die Aberration des Sternenlichts, der Sagnac-Versuch, der Doppler-Effekt, die kosmische Hintergrundstrahlung - alle diese Fakten widersprechen der Einsteinschen Behauptung.) Dazu meinte Einstein selbst: "*Man kann immer an einer allgemeinen theoretischen Grundlage festhalten, indem man durch künstliche zusätzliche Annahmen ihre Anpassung an die Tatschen möglich macht.*"

Doch es geht auch anders. Statt die Theorie wenigstens ein wenig aufzuhübschen oder sie gar zu modifizieren, damit die Fakten passen, werden die Fakten geändert, wird die Wirklichkeit auf den Kopf gestellt, wird die Lüge zur unwiderlegbaren Wahrheit. In Bezug auf das obige Beispiel (Konstanz der Lichtgeschwindigkeit in allen Bezugssystemen) haben sich die Wissenschaftler einen besonders infamen Trick ausgedacht: Damit ja keiner auf die Idee kommt, die Lichtgeschwindigkeit mit verfeinerter Lasertechnik doch noch vermessenerweise messen zu wollen, wurde ihr Wert **definiert**, also ein für alle Mal festgelegt. Was bedeutet, dass nunmehr niemand die Einsteinsche Behauptung widerlegen kann. Ähnlich gingen sie vor, als die Abweichungen der Mondbewegung von der berechneten Bahn trotz aller Bemühungen nicht erklärt werden konnten: Sie wurden, wie Stefan Röhle in seiner Dissertation "Willem de Sitter in Leiden" (2007) feststellt, durch eine neue Definition der Zeit, der sog. Ephemeridenzeit, "wegdefiniert".

Da passt das Wort des fiktiven Galilei in Bertold Brechts "Das Leben des Galilei": *Wer die Wahrheit nicht weiß, der ist bloß ein Dummkopf. Aber wer sie weiß und sie eine Lüge nennt, der ist ein Verbrecher!* Womit ich nur sagen will: Glauben Sie nicht alles, was in den Medien steht. Da werden nicht nur offensichtliche "Fake News", also Falschnachrichten, serviert. Vieles scheint seriös, denn Wissenschaftler sind derzeit die einzige Gesellschaftsgruppe, deren Autorität man im allgemeinen noch vertraut. Politikern glaubt man nicht, den Eltern sowieso nicht. Aber wer den Nobelpreis gewinnt, muss recht haben.

Bleiben Sie skeptisch, auch gegenüber dem, was Sie in diesem Buch lesen. Überprüfen Sie die Quellen, überlegen Sie, warum etwas gerade jetzt publiziert oder in den Medien breit getreten wird. Fragen Sie einen Fachmann (z.B. Herrn Harald Lesch) und beachten Sie, wie er antwortet: ruhig, sachlich, wertschätzend, möglicherweise sogar von Zweifeln durchtränkt; oder aufgeregt, nervös, mit Fachausdrücken um sich werfend; oder gar abweisend bis verachtend (Was verstehst denn du davon? Wie kommst du dazu, ein Jahrhundertgenie anzuzweifeln, bist du etwa Antisemit? Wieso schon wieder, wo doch alles bereits seit langem geklärt ist? Wer hat dir das Recht gegeben ... usw.). Denken Sie dabei an den Aphorismus des großen Alltags-Philosophen WILHELM BUSCH, wenn er sagt:

So ist's! Oh wie so leise
(wenn überhaupt) sagt dies der Weise.

Denn die "*Weisheit ist die Tochter der Erfahrung, Wahrheit nur die Tochter der Zeit.*" Wie der große Erfinder LEONARDO DA VINCI erkannte. Die Welt der Wissenschaft ist heutzutage kaum von Weisen bevölkert, eher von Waisen. Jedenfalls, denken Sie daran: Informationen werden durch die Medien nicht etwa *übermittelt*, sie werden *gemacht*. Märchen sind auch keine Faktensammlungen, sondern Erzählungen zur Erbauung der Zuhörer (oder um die Auflage/Einschaltquote zu steigern). Wenn ein Politiker etwas sagt, wird an seinen Worten gezweifelt. Wenn ein Wissenschaftler etwas sagt, ist es die Wahrheit. Und sei es so schrecklicher Unsinn wie, dass CO_2 ein giftiges Gas ist und wir es möglichst vernichten sollten (und damit auch alle Pflanzen).

Was ist Wissenschaft?

Die Auffassung davon, wie Wissenschaft betrieben werden soll, hat sich seit Einstein und der "Machtübernahme" durch Theoretiker und Mathematiker, grundlegend geändert. Früher richtete sich die Theorie nach der Wirklichkeit und wurde durch diese modifiziert. Ausgangspunkt waren empirische Daten, also Messungen und Versuchsergebnisse; das, was wir zusammenfassend "die Wirklichkeit" nennen:

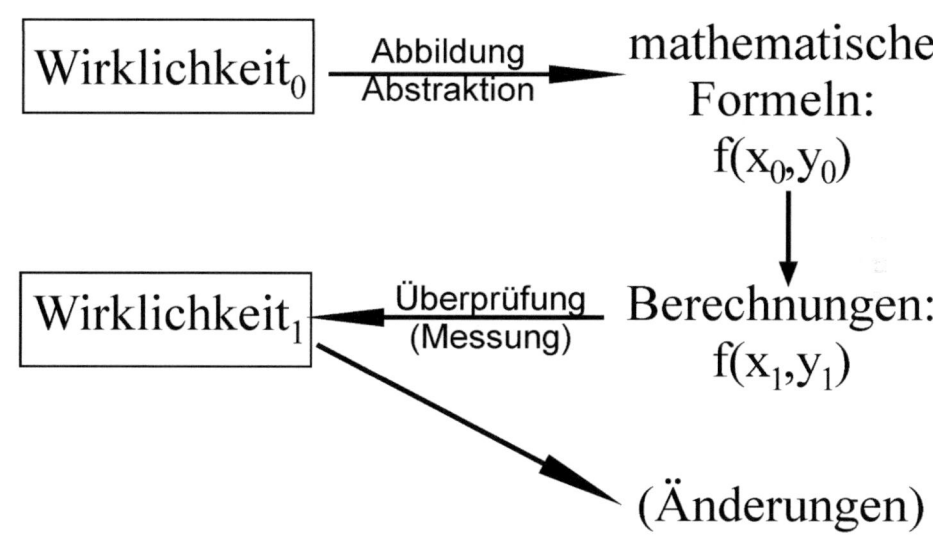

Klassische Vorgangsweise

Formeln (Symbole) sind Abbilder der Wirklichkeit. Aus ihnen wird eine neue Wirklichkeit berechnet und mit der tatsächlichen Realität überprüft. Sollte es Diskrepanzen der Übereinstimmung geben, müssen die Bilder der Wirklichkeit, also die Formeln, geändert werden, denn die Realität ist in der Wissenschaft das entscheidende Kriterium, im Gegensatz zur Religion, wo das Wort des Meisters gilt.

Heute werden Theorien rund um Forderungen an die Form von Gleichungen oder gar an die Natur ("Postulate") gestaltet, weitgehend unabhängig von der Wirklichkeit, vielmehr Gesetzen der mathematischen Symmetrie und "Schönheit" folgend. Passt die Wirklichkeit nicht in die (als geheiligt geltenden) Formeln, wird sie samt ihren Daten manipuliert:

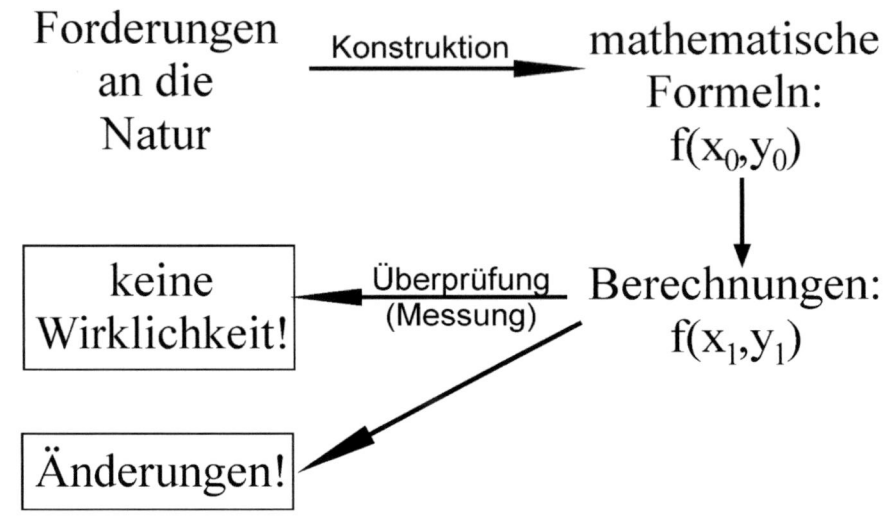

Moderne Vorgangsweise

Zitate: Wissenschaft und Wahrheit

Alle Wissenschaft hat Erfahrungen zu ersetzen oder zu ersparen durch Nachbildung und Vorbildung von Tatsachen in Gedanken, welche Nachbildungen leichter zur Hand sind als die Erfahrung selbst und dieselbe in mancher Beziehung vertreten können. **Ernst Mach** *1883*

Wir machen uns innere Scheinbilder oder Symbole der äußeren Gegenstände, und zwar machen wir sie von solcher Art, dass die denknotwendigen Folgen der Bilder stets wieder die Bilder seien von den naturnotwendigen Folgen der abgebildeten Gegenstände. Damit diese Forderung überhaupt erfüllbar sei, müssen gewisse Übereinstimmungen vorhanden sein zwischen der Natur und unserem Geiste. **Heinrich Hertz** *1894*

Die meisten Lehrer verteidigen ihre Sätze, nicht weil sie von der Wahrheit derselben überzeugt sind, sondern weil sie die Wahrheit derselben schon einmal behauptet haben. **Georg Christoph Lichtenberg** *(1742-1799)*

Autoritätsdusel ist der größte Feind der Wahrheit. **Albert Einstein** *1901*

Die Gedankengebilde der Wissenschaft sind ein hinterweltliches Reich von künstlichen Abstraktionen, die mit ihren dürren Händen Blut und Saft des wirklichen Lebens einzufangen trachten, ohne es doch je zu erhaschen. **Max Weber** *(Soziologe, 1919)*

Das unvermerkte Ziel, das jeder echte Naturforscher als Trieb in sich empfindet, ist die vollkommene und restlose Überwindung des Augenscheins und dessen Ersatz durch eine dem Laien unverständliche und unvollziehbare Bildersprache. ... wie schnell heute Kartenhäuser aus ganzen Hypothesenreihen aufgeführt werden, sodass man jeden Widerspruch durch eine neue, schnell entworfene Hypothese überdeckt ... **Oswald Spengler**: *Der Untergang des Abendlands (1923)*

Man sollte einfach postulieren dürfen, dass die Natur nur solche experimentelle Situationen zulässt, die auch im mathematischen Schema der Quantentheorie beschrieben werden können.

Die letzte Wurzel der Erscheinungen ist nicht Materie, sondern das mathematische Gesetz, die Symmetrie, die mathematische Form. **Werner Heisenberg** *(1927)*

Man kann immer an einer allgemeinen theoretischen Grundlage festhalten, indem man durch künstliche zusätzliche Annahmen ihre Anpassung an die Tatschen möglich macht. **Albert Einstein** *1949*

Wenige sind imstande, von den Vorurteilen der Umgebung abweichende Meinungen gelassen auszusprechen; die Meisten sind sogar unfähig, überhaupt zu solchen Meinungen zu gelangen. **Albert Einstein** *1954*

Die Wissenschaft versucht, allgemeine Regeln aufzustellen, die den gegenseitigen Zusammenhang der Dinge und Ereignisse in Raum und Zeit bestimmen. Für diese Regeln, beziehungsweise Naturgesetze wird allgemeine und ausnahmslose Gültigkeit gefordert – nicht bewiesen. **Albert Einstein**

Wir wissen einige genau erfassbare Gesetze, einige Grundbeziehungen zwischen unbegreiflichen Erscheinungen, das ist alles, der gewaltige Rest bleibt Geheimnis, dem Verstande unzugänglich. ... Es gibt für uns Physiker nur noch die Kapitulation vor der Wirklichkeit. Sie ist uns nicht gewachsen. Sie geht an uns zugrunde. Wir müssen unser Wissen zurücknehmen, und ich habe es zurückgenommen. **Friedrich Dürrenmatt:** *Die Physiker (1961)*

Die Physik ist mathematisch, nicht weil wir so viel über die Umwelt wissen, sondern weil wir so wenig wissen: Nur ihre mathematischen Eigenschaften können wir entdecken. **Bertrand Russell** *(1872-1970)*

Was wir in diesem Jahrhundert herausgefunden haben, ist immer noch so unklar, dass man noch mehr Mathematik brauchen wird, um irgendwelche Fortschritte zu machen. **Richard Feynman**

Wieviel Engel können auf einer Nadelspitze tanzen? Wieviel Dimensionen befinden sich in einer komprimierten Mannigfaltigkeit, wenn diese um dreißig Größenordnungen kleiner ist als eine Nadelspitze? Erleben wir eine Auferstehung der mittelalterlichen Theologie? **Sheldon Lee Glashow** *über Superstring-Theorien*

Die Wissenschaft, sie ist und bleibt, was einer ab vom andern schreibt. **Eugen Roth** *(1895–1976)*

Wissenschaft und Magie teilen den Glauben, dass die Wirklichkeit nicht die wirkliche Wirklichkeit ist, sondern dass etwas Tieferes hinter den Erscheinungen verborgen liegt. ... Physiker suchen die ultimative Theorie, Kabbalisten den geheimen Namen Gottes. Beide können den Gedanken nicht ertragen, dass es keine geheime Bedeutung gibt, keine Letzte Theorie, dass die Dinge sinnlos sind, zufällig, willkürlich, unnennbar und unverstehbar. **Gregory Chaitin** *(Mathematiker, 1999)*

Sobald einmal das Unbehagen eines Desinformationszustands durch eine wenn auch nur beiläufige Erklärung gemildert ist, führt zusätzliche, aber widersprüchliche Information nicht zu Korrekturen, sondern zu weiteren Ausarbeitungen und Verfeinerungen der Erklärung. Damit aber wird die Erklärung »selbst abdichtend«, das heißt, sie wird zu einer Annahme, die nicht falsifiziert werden kann. **Paul Watzlawick**, *österreichischer Philosoph ("Anleitung zum Unglücklichsein")*

Die Wissenschaft steht dem Mythos viel näher, als es die traditionelle Wissenschaftsphilosophie anzuerkennen geneigt ist. **Paul Feyerabend** *1975*

Hier verhalten sich Wissenschaftler und Philosophen wie die Verteidiger der einen Wahren Kirche vor ihnen: die Lehre der Kirche ist wahr, alles andere ist heidnischer Unsinn. ... Es besteht allerdings ein wichtiger Unterschied zwischen dem Dogmatismus der Wissenschaftler und wissenschaftlicher Philosophen und dem Dogmatismus der Kirche: in der Kirche kannte man alternative Verfahrensweisen; man studierte sie, man erwähnte sie in den Textbüchern und man zeigte, warum solche Wege nicht gangbar waren. Davon findet sich in den Wissenschaften keine Spur. **Paul Feyerabend**: *Erkenntnis für freie Menschen (1980)*

Man belächelt nun die Kardinäle, hat aber gegenüber Nobelpreisträgern genau dieselbe schwachsinnige Verehrung, die man jenen einst zukommen ließ. ... Ich hatte immer schon den Verdacht, dass die Wissenschaft nur ein Mythos unter vielen ist, auffällig, chauvinistisch, mit gewissen Vorteilen, vielen Nachteilen, und dass ihre Errungenschaften, die niemand bestreitet, nur darum so ganz außergewöhnlich erscheinen, weil wir daran gewöhnt sind, sie zu loben, weil uns ein Vergleichspunkt fehlt und weil die Misserfolge mit großer Sorgfalt versteckt werden. ... Die Wissenschaft ist unsere Religion. **Paul Feyerabend**: *Über die Methode*

Mehr als einmal kam die Relativitätstheorie in Schwierigkeiten mit relevanten Tatsachen. Hat Einstein sie aufgegeben? Hat er die Existenz dieser Tatsachen begrüßt als ein Anzeichen von Falsifizierbarkeit und also von Wissenschaftlichkeit? Keine Spur! Sowohl im Jahre 1907, ein Jahr nach Kaufmanns Versuchen, als auch viel später, anlässlich gewisser Schwierigkeiten der allgemeinen Relativitätstheorie, drückt er sich etwa so aus: Es ist doch merkwürdig, dass die Leute soviel Gewicht auf Beobachtungstatsachen und so wenig Gewicht auf Argumente legen. **Paul Feyerabend**: *Über die Methode*

Was ist Pseudowissenschaft?

Wenn wir schon über Wissenschaft reden, sollten wir uns auch mit Pseudowissenschaften beschäftigen und uns überlegen - welch ketzerischer Gedanke! - ob eventuell die Relativitätstheorien unter diesen Begriff fallen?

Auf Wikipedia findet sich auch ein Eintrag über "Pseudowissenschaft". Damit meint unsere allwissende Enzyklopädie sowas wie Homöopathie, Astrologie oder den Irrglauben, CO_2 wäre NICHT toxisch. Doch wie wäre es, die dort aufgeführten Kriterien auf die Relativitätstheorien anzuwenden? (Gleich auf beide, die Erkenntnisse der Allgemeinen Relativitätstheorie (ART) vorausnehmend.) Versuchen wir's!

- **Suche nach Geheimnissen.** *Gegenstand pseudowissenschaftlicher Theorien sind oft skurrile Phänomene wie UFOs, Yetis, spontane Selbstentzündungen usw.* Oder Schwarze Löcher mit ihren unmöglichen, aber mythologisch faszinierenden Eigenschaften. Trifft also zu.

- Nachlässiger Umgang mit dem Beweismaterial. **Bestätigungen werden zitiert, Widerlegungen ignoriert.** Trifft zu, und wie! Alle "Bestätigungen" finden sich in allen Lehrbüchern, als da sind: Ablenkung des Lichts durch die Sonne; gravitative Rotverschiebung; Periheldrehung der Merkurbahn; relativistischer Doppler-Effekt; sowie die zahlreichen "Bestätigungen" von Raumstauchung und Zeitdehnung. Auf diese "experimentellen" Daten bin ich in diesem Buch und im Schwesterbuch über die allgemeine Relativitätstheorie ausführlich eingegangen Sie sind entweder "fake", oder die Resultate können auch ganz klassisch abgeleitet werden. Über die Widerlegungen (Sagnac-Effekt, Aberration, Suarez-Scarani etc. für die SRT, Verletzung der Energie-Erhaltung, falsche Anziehung zweier Körper, etc. für die ART) wird beharrlich geschwiegen. Fazit: Trifft in zahlreichen Fällen zu.

- **Unwiderlegbare Hypothesen.** Pseudowissenschaftliche Hypothesen sind oft nicht überprüfbar, weil nichts gegen sie sprechen kann. Dazu Einstein:

"Höchste Aufgabe des Physikers ist also das Aufsuchen jener allgemeinsten elementaren Gesetze, aus denen durch reine Deduktion das Weltbild zu gewinnen ist. Zu diesen elementaren Gesetzen führt kein logischer Weg, sondern nur die auf Einfühlung in die Erfahrung sich stützende Intuition." (Ansprache am 26. April 1918 in der Deutschen Physikalischen Gesellschaft anlässlich des sechzigsten Geburtstages von Max Planck, in: Ausgewählte

Texte, herausgegeben von Hans Christian Meiser. Goldmann Verlag München 1986. Seite 75.)

Oder: "*Die Wissenschaft versucht, allgemeine Regeln aufzustellen, die den gegenseitigen Zusammenhang der Dinge und Ereignisse in Raum und Zeit bestimmen. Für diese Regeln, beziehungsweise Naturgesetze wird allgemeine und ausnahmslose Gültigkeit gefordert – nicht bewiesen.*" ("Aus meinen späten Jahren." DVA Stuttgart 1979. S. 44. Zitiert bei Dieter Hattrup: Glaube und Wissenschaft - im ewigen Streit? Vortrag 14. September 2009 S. 6.)

Oder: "*... die Lorentz-Invarianz [ist] eine allgemeine Bedingung für jede physikalische Theorie.*" (Brief an Carl Seelig, 19. Februar 1955, in: Max Born, Physics in my generation. Pergamon Press, London & New York, 1956, S. 193.)

Also: Naturgesetze entstehen durch Intuition oder Forderung. Wer kann sowas dann widerlegen? Fazit: Trifft zu.

Besonders krass genügen die beiden Postulate der SRT diesem Kriterium:

(1) Die Lichtgeschwindigkeit ist immer die gleiche: und (2) Jeder Beobachter ist jedem anderen gegenüber gleichberechtigt. Beides sind, wie er Name sagt, Postulate, aber (1) könnte ja noch überprüft werden. Kann es nicht, seitdem 1983 der Wert der Lichtgeschwindigkeit per definitionem festgelegt wurde. Mit anderen Worten: Einsteins These ist *nicht überprüfbar*.

- Scheinbare Ähnlichkeiten. Pseudowissenschaftliche Theorien **verwenden oft Einzelteile von akzeptierten, belegten Theorien und deuten sie um**. Das gilt beispielsweise für Lorentz' Lokalzeit, die von Einstein als Echtzeit umgedeutet wurde.

- Erklärung durch Szenario. Statt aus Fakten mögliche Szenarien zu entwerfen, entwerfen Pseudowissenschaftler oft **Szenarien ohne Faktengrundlage**. Dafür gibt es in SRT und ART genügend Beispiele, nämlich sämtliche Gedankenexperimente. Sie kommen ohne Bestätigung durch die Erfahrung aus. Fazit: Trifft zu.

- Forschung durch Interpretation. Pseudowissenschaftler behaupten gerne, jede wissenschaftliche Tatsachenbehauptung sei **Interpretationssache**. Auch dafür gibt es unzählige Beispiele, etwa: Sind die Effekte der SRT scheinbar oder real? Ist die Gleichzeitigkeit echt oder falsch? Fast alles in den beiden

Relativitätstheorien wird seit über hundert Jahren interpretiert, wie die Worte der Bibel von den Theologen.

- Verweigerung der Revision. **Pseudowissenschaftler halten es irrtümlich für ein Zeichen von Qualität, dass ihre Theorien über lange Zeit unverändert bleiben.** Der Grund ist jedoch, dass sie immun gegen Kritik sind. So geschehen in den Relativitätstheorien, die bekanntlich so vollkommen sind, dass sie niemand zu ändern wagt. Fazit: Trifft auch zu.

Doch vielleicht sind die Relativitätstheorien gar keine Pseudowissenschaften, sondern schlichtweg **Spinnerideen** (*crackpot ideas*)? Im Internet fand ich eine Webseite von JOHN BAEZ, die schlicht *The Crackpot Index* heißt. Dort zählt der Physiker von der Mathematikabteilung der University of California at Riverside eine Reihe von Kriterien auf, die seiner Meinung nach zu einer Spinner-Theorie gehören, wobei er für ein Zutreffen auch noch Punkte vergibt, von 1 bis 50. Viele davon sind auf Einsteins Thesen nicht anwendbar, weil sie explizit die Gegnerschaft zu ihnen zum Inhalt haben. Aber ich habe mir einige herausgesucht und dann versucht, sie auf die Relativitätstheorien anzuwenden. Hier mein Ergebnis:

... für jede Behauptung, die **weitgehend als falsch betrachtet** wird. Die diversen Lösungen der diversen Paradoxien (tatsächlich Widersprüche) der SRT werden von irgendwelchen Forschern weitgehend als falsch bewertet; nur die eigene Lösung ist richtig. Stimmt also, zumindest ein bisschen.

... für jede deutlich **leere Behauptung**. Ich hab mir eine herausgesucht, die in meinen Augen nichts aussagt: *Die Geometrie befiehlt der Materie, wie sie sich bewegen soll, aber die Masse schreibt wiederum der Geometrie die Krümmung vor.*

... für jede Aussage, die einen **logischen Widerspruch** enthält. Da gibt es die ganzen "Paradoxa" bezüglich Längenkontraktion (Garagenparadoxon, Panzerparadoxon, Bells Raumschiffparadoxon, usw.) und Zeitdilatation (Zwillingsparadoxon). Volltreffer!

... für Gedankenexperimente, die den **akzeptierten Ergebnissen realer Experimente widersprechen**. Da braucht es keine Gedankenexperiment, echte Experimente genügen: Sagnac-Versuch, Phipps' Widerlegung der Thomas-Präzession, keine Zeitdilatation bei den Versuchen von Suarez und Scarani.

.. für die Schilderung, wie lang du für die Entwicklung deiner Theorie gebraucht hast. Dazu Einstein selbst:

Im Lichte bereits erlangter Erkenntnis erscheint das glücklich Erreichte fast wie selbstverständlich, und jeder intelligente Student erfasst es ohne zu große Mühe. Aber das ahnungsvolle, Jahre währende Suchen im Dunkeln mit seiner gespannten Sehnsucht, seiner Abwechslung von Zuversicht und Ermattung und seinem endlichen Durchbrechen zur Wahrheit, das kennt nur, wer es selbst erlebt hat. (Aus: "Was ist Relativitätstheorie", 1919)

... für das Argument, **anerkannte Theorien könnten** zwar Phänomene korrekt voraussagen, sie aber **nicht erklären**. Was immer das sagen soll, es stimmt jedenfalls für die SRT (keine Erklärung für die beiden Phänomene) und für die ART (keine Erklärung für die Gravitation).

.. für die Behauptung, die eigene Theorie sei **an der vordersten Front wissenschaftlichen Fortschritts** und dabei ein "Paradigmenwechsel". Hat Einstein selbst nicht getan, wohl aber seine zahlreichen Bewunderer, bis heute.

.. für jede **Benutzung von Science-Fiction-Ideen** oder Mythen. In seiner Autobiographie behauptet Einstein, er wäre zu seinen Erkenntnissen gekommen, als er sich vorstellte, auf einem Lichtstrahl zu reiten. Ist das jetzt Science-Fiction oder Fantasy?

... für die Verteidigung der eigenen Ideen durch **Lächerlichmachung** anderer. Das hat Einstein unter anderem mit Paul Gerber und Philipp Lenard getan, die er verachtungsvoll fertig machte.

... für den **Vergleich der Gegner mit Nazis**. Das trifft voll und ganz zu auf die Hüter des Einsteinschen Gedankenguts. Die Gegner werden nicht mehr "Nazis" genannt, sondern "Antisemiten". Kritik an Einstein wird zur Kritik am Judentum!

... für die Behauptung, deine Theorie sei revolutionär, ohne **konkrete Angaben für experimentell überprüfbare Voraussagen**. Bisher waren alle experimentellen Überprüfungen entweder so ungenau, dass keine Aussagen möglich sind, oder schlichte Fälschungen (Sonnenfinsternisdaten, Hafele-Keating, Gravitationswellen).

Fazit: Spinner-Theorien!

Wer höflich fragt, wird platt gemacht

Was ich nicht weiß, das weiß ich nicht. Ich will nichts sagen, das den verspottet, der so ernstlich fragt, und dem nur recht gibt, der drauf falsch erwidert. Augustinus von Hippo (um 400)

Frage niemals eine Autorität oder gar einen Menschen, der sich einbildet, eine Autorität auf dem Gebiet der Physik, speziell: der Relativitätstheorie, zu sein. Die Reaktion könnte Sie, milde gesagt, frustrieren. So ging es bereits dem Physik-Nobelpreisträger PHILIPP LENARD, der es gewagt hatte, Kritik an Einsteins Thesen öffentlich zu äußern. Einsteins vorbildliche Reaktion ("vorbildlich" im Sinne von: Dieses Verhalten wurde zum Vorbild auch für andere):

Seine abstruse Ätherei ist infantil. Er hat in der theoretischen Physik noch nichts geleistet. Seine Einwände gegen die Allgemeine Relativitätstheorie sind von solcher Oberflächlichkeit, dass ich es nicht für nötig halte, darauf einzugehen.

Dem Amatör-Physiker Steve J. Crothers ging es nicht viel besser. Als er dem Physik-Nobelpreisträger GERARDUS 'T HOOFT eine Frage über schwarze Löcher vorlegte, antwortete der Gelehrte (ausschnittsweise):

"Sie haben seit Jahren eine falsche Vorstellung von dieser Angelegenheit. Die ganze Zeit hat Ihnen die offensichtliche Antwort ins Gesicht gestarrt, und Sie haben diese nicht gesehen. Also denke ich, ich kann Ihnen die Augen nicht öffnen."

Bei einer öffentlichen Anfrage aus dem Jahr 2012 der "Natural Philosophy Alliance" über das Problem der Zwillings-Antinomie gab es insgesamt nur fünf Antworten. Man muss es Herrn 't Hooft zugute halten, dass er wieder antwortete. So sagte er (unter anderem):

"Nur in Außenseiterzirkeln und bei Laienwissenschaftlern gibt es immer noch Diskussionsbedarf. Die Lösung des Problems hängt davon ab, was Sie als Problem betrachten. Alle diese Fragen verdienen die Antwort: DIES IST EINE SCHLECHT FORMULIERTE FRAGE." (GROSSBUCHSTABEN im Original)

In einem Physik-Forum schrieb der Moderator: "*Wir argumentieren nicht mit Leuten, die von der RT nichts verstehen. Ich will auch keine 20 Minuten verschwenden, um die Transformationsmatrix hinzuschreiben.*"

Ich selbst richtete einmal eine Anfrage an *den* Relativitätsfachmann, Professor MARKUS PÖSSEL vom Max-Planck-Institut für Astronomie in Heidelberg, bezüglich der Realität oder Fiktionalität der Lorentz-Kontraktion. Hier auszugsweise der Dialog:

"Ich habe in der Literatur ein wenig recherchiert und dabei folgende Fakten gefunden: ... (Es folgt eine Aufzählung) Was aber stimmt nun und warum? Und was trifft nicht zu und warum? "

Professor Pössel antwortete unter anderem: *Sehr geehrter Herr Ripota, bitte haben Sie Verstaendnis dafuer, dass ich Ihren Kommentar zu meinem Blogbeitrag nicht freigeschaltet habe, da er nicht den Regeln entspricht, die ich fuer die dortige Diskussion gesetzt hatte. ... Daher hier nur kurz: Ich teile in weiten Teilen die Auffassung von Klauber in dem von Ihnen zitierten Preprint 0808.1117v1, allerdings mit mindestens einer wichtigen Abweichung: Giulini in gr-qc/0011050 folgend hat das Einsteinsche Synchronisationsverfahren im Vergleich mit den von Klauber zitierten Alternativen eine Sonderstellung. Mit den besten Gruessen Markus Poessel*

Mein Rat waere: Heuern Sie einen aufgeweckten Physikstudenten etwa ab dem 4. Semester aus einer nahegelegenen Universitaet an, der einen Nebenjob sucht, und lassen Sie sich die Grundlagen der Speziellen Relativitaetstheorie noch einmal systematisch erklaeren.

Und weiter:

Naja, nun bitte nicht so tun, als gäbe es nicht genügend Literatur und Lehrbücher, aus denen man sich, Basiswissen Physik und Aufnahmebereitschaft für neue Informationen vorausgesetzt, die Antworten auch selbst zusammensuchen könnte. Übrigens auch auf die Fragen, die Herr Ripota stellt.

Es könnte sein, dass Ihnen nach der Lektüre dieses Buchs (oder auch einfach so) immer noch einiges unklar ist. Da sollten Sie dann einen Fachmann oder einen versierten Popularisierer fragen. Der wird Ihnen dann in etwa so antworten:

"Das Problem ist seit über hundert Jahren gelöst. Die Antwort darauf springt einem geradezu ins Gesicht, und ich verstehe nicht, was Sie daran nicht verstehen. Sie müssen einfach drei Inertialsysteme K, K' und K'' aufstellen. Dann synchronisieren Sie K mit K'', aber nicht mit K', dann K'' mit K' aber nicht mit K, und K' mit K und K'', und immer dran denken: Jede Uhr unendlich langsam bewegen. Anschließend drehen Sie die vierdimensionale, pseudo-euklidische Minkowski-Welt um den Betrag Arcustangenshyperbolicus der entsprechenden Lorentz-Transformation (die Errechnung des Rotationswinkels ist trivial und steht in jedem Lehrbuch), und integrieren anschließend den isochronen Energie-Impuls Vierervektor entlang einer den Lichtkegel von außen berührenden Hyperfläche, bis - "

Ah ja! würde Loriot sagen, um anzudeuten, dass gewisse Ausdrücke sein Fassungsvermögen übersteigen. Das erinnert mich an einen Sketch des Münchner Sprachphilosophen (fälschlich als 'Komiker' bezeichneten) KARL VALENTIN, wo sich in der Apotheke folgender Dialog entspinnt:

Verkäuferin: Ihr Kind ist unruhig? Da nehmen Sie eben ein Beruhigungsmittel. Am besten vielleicht: Isopropilprophemil-barbitursauresphenildimethildimenthylamínophirazolon.
Valentin: Was sagns?
Verkäuferin: Isopropilprophemilbarbitursauresphenildimethil-dimenthylaminophirazolon.
Valentin: Wie heisst des?
Verkäuferin (leicht genervt): Isopropilprophemilbarbitursaures-pheníldimethildimenthylaminophirazolon.
Valentin (begeistert): Jaaaa! Des is! So einfach, und man kann sich's doch nicht merken!

Wie misst man Geschwindigkeiten?

In der Speziellen Relativitätstheorie (SRT) gibt es einen zentralen mathematischen Ausdruck, der da lautet: v/c, also Geschwindigkeit eines bewegten Objekts (v), geteilt durch die Lichtgeschwindigkeit (c). Die Definition der Geschwindigkeit ist sehr einfach und aus dem Alltag bekannt: Sie ist gleich dem Quotienten aus durchlaufenem Weg (s) und dabei vergangener Zeit (t), symbolisch: $v = s/t$.

Die Messung einer Geschwindigkeit setzt "starre" (= unveränderliche) Maßstäbe und gleichmäßig ablaufende Zeitmessgeräte (Uhren) voraus. Das fordert auch Einstein, aber gerade durch seine variablen Raum- und Zeitverhältnisse wird die objektive Bestimmung von Längen, Zeiten, und damit auch Geschwindigkeiten schwierig. Beginnen wir mit Messungen, welche die Geschwindigkeit des Lichts festzustellen versuchten.

GALILEO GALILEI versuchte um 1600 als Erster, die Geschwindigkeit des Lichts mit wissenschaftlichen Methoden zu messen, indem er sich und einen Gehilfen mit je einer Signallaterne auf zwei Hügel mit bekannter Entfernung postierte. Der Gehilfe sollte Galileis Signal unverzüglich zurückgeben. Mit einer vergleichbaren Methode hatte er bereits erfolgreich die Schallgeschwindigkeit bestimmt. Wie zu erwarten verblieb nach Abzug der Reaktionszeit des Gehilfen eine Zeitdifferenz von null. Dies änderte sich auch nicht, als die Distanz bis auf maximal mögliche Sichtweite der Laternen erhöht wurde.

ISAAC BEECKMAN schlug 1629 eine abgewandelte Version des Versuchs vor, bei der das Licht von einem Spiegel reflektiert werden sollte. Das Einschalten von Spiegeln bildete die Grundlage irdischer Lichtgeschwindigkeitsmessungen (Fizeau, Marinov).

Die erste erfolgreiche Abschätzung der Lichtgeschwindigkeit gelang dem dänischen Astronomen OLE RØMER im Jahr 1676. Er untersuchte die Bewegung des Jupitermonds Io mit seinem Teleskop. Die Verfinsterung des Jupitermonds Io fand zu unterschiedlichen Zeiten statt, je nachdem, ob die Erde vom Jupiter die größte oder die kleinste Entfernung hatte. Den Zeitunterschied konnte der Astronom feststellen. Kennt man die Entfernung des Jupiter von der Sonne sowie den Durchmesser der Erdbahn, kann man aus diesen Raum- und Zeitgrößen die Lichtgeschwindigkeit berechnen. Da Rømer den Durchmesser der Erdbahn nicht kannte, hat er für die Geschwindigkeit des Lichtes keinen Wert angegeben. Dies tat zwei Jahre später CHRISTIAAN HUYGENS. Er bezog die Laufzeitangabe von Rømer auf den von Cassini 1673 errechneten Durchmesser der Erdbahn. So kam Huygens auf eine Lichtgeschwindigkeit von 213 000 km/s.

Die irdischen Methoden zur Bestimmung der Lichtgeschwindigkeit verwenden Spiegel, sodass die Einweg-Geschwindigkeit nicht mehr gemessen werden kann. Bei all diesen Messungen kann nur die *Zweiweggeschwindigkeit* angegeben werden, das ist der Mittelwert der Lichtgeschwindigkeit bei der

Hin- und bei der Rückreise. Aber das gibt Probleme, wie auch Wikipedia feststellt: "*Die Konstanz der Einweg-Lichtgeschwindigkeit in jedem Inertialsystem ist eine Grundlage der speziellen Relativitätstheorie (SRT). Alle experimentell überprüfbaren Vorhersagen der Theorie, die dieses Postulat direkt betreffen, sind allerdings mehrdeutig auslegbar gemäß der These der Konventionalität der Gleichzeitigkeit.*"

Mit anderen Worten: Eine der wichtigsten Voraussetzungen der SRT wurden experimentell nicht überprüft! Zudem kann bzw. darf die Lichtgeschwindigkeit seit 1983 nicht mehr gemessen werden, da sie **per Definitionem festgelegt** wurde. Aber wie schnell ist das Licht wirklich?

Üblicherweise messen wir die Geschwindigkeit, beispielsweise eines Läufers bei einem Wettbewerb, indem wir am Ausgangspunkt die Startzeit stoppen (t_1), die Strecke ausmessen (L), und die Zeit bei Erreichen des Ziels wieder feststellen (t_2). Dann beträgt seine Geschwindigkeit $v = L/(t_2 - t_1)$. Indes: Bei den Effekten der SRT geht es immer um das Glied $(v/c)^2$, und das ist nur bei v nahe c wirklich von Bedeutung. Wie aber misst man so hohe Geschwindigkeiten? Mit der Galileischen Methode sicher nicht, besonders dann nicht, wenn sich gemäß der Lorentz-Transformation in der SRT auch noch Maßstabslänge und Uhrenablauf ändern.

Glücklicherweise fand die Wissenschaft eine weitere Methode zur Geschwindigkeitsmessung, die auch auf die Ferne wirkt: den *Doppler-Effekt*. Mit seiner Hilfe wird von der Polizei die Geschwindigkeit vorbeifahrender Autos bestimmt, durch Frequenzänderung des Laserlichts aus der Radarpistole. Allerdings gibt es ein kleines Problem: Verwendet man Schall, muss man zwischen der Bewegung des Senders (Beobachter ruht) und der Bewegung des Beobachters (Sender ruht) unterscheiden. Bei Licht entfällt dieser Unterschied, denn es gibt - nach Einstein - keinen Äther, also kein Bezugssystem für die Bewegung. Bei Dopplerverschiebungen im Weltall existiert nur eine Relativgeschwindigkeit; wir wissen also nie, ob bei einer Blauverschiebung des Lichts der Stern/die Galaxis/das ganze Weltall auf uns zustürzt oder wir auf es, oder beide aufeinander.

Deswegen wird die Rot- oder Blauverschiebung beispielsweise von Spektrallinien weit entfernter Galaxien immer als Verhältnis (verschobene Linie) zu (unverschobene Linie) angegeben - mit unterschiedlichen Deutungen. Schließlich müssen noch alle relativistischen Effekte berücksichtigt werden: Raumstauchung (das beobachtete Objekt ist in

Wirklichkeit viel näher, da der Raum in Bewegungsrichtung kontrahiert); Zeitdehnung (ist bereits beim relativistischen Doppler-Effekt berücksichtigt); relativistisches Geschwindigkeitsadditionstheorem (c+v ist nicht gleich c+v, sondern ein komplizierter Ausdruck).

Vollends schwierig, ja unmöglich, wird die "Messung" der Geschwindigkeit von Elementarteilchen. Erst mal "leben" sie nur 2 Millionstel Sekunden, was ihre Beschleunigung sowie jegliche Messung schwierig macht. Dann ihr Weg: Entweder sie durcheilen die Atmosfäre, dann kann man aus ihrer Menge bei bekannter Halbwertszeit und bekannten Zusammenstößen + Umwandlungen errechnen, wie schnell sie sind - mit vielen nicht immer bekannten oder korrekten Annahmen. Oder sie werden im Synchrotron auf beinahe Lichtgeschwindigkeit beschleunigt. Dann muss ihre Geschwindigkeit aus der Stärke des Magnetfelds, der elektrischen Spannung zwischen Beschleunigerpunkten, des Energieverlusts durch die Synchrotronstrahlung, und so mancher anderer Faktoren, ermittelt werden, noch dazu mit relativistischen Umrechnungen und Annahmen über die Wirksamkeit der Detektoren.

Schließlich: Beim "Myonenzerfall" geht es nicht nur um die *Energie* der Teilchen, aus der dann ihre Geschwindigkeit berechnet werden kann. Es geht vor allem um ihre *Anzahl*, was bedeutet, dass man - zur Überprüfung einer Messung - die genaue Wirkungsweise der Beschleuniger-Detektoren kennen müsste. Die ist auch in der Literatur beschrieben, aber es können wohl nur diejenigen durchblicken, was da geschieht, die direkt daran beteiligt sind. Hier ein Beispiel aus einem Fachartikel:

Myonkammern bilden meist die äußere Schicht eines Großdetektors, da Myonen die einzigen geladenen Teilchen sind, die die vielen Meter dichte Materie im Inneren des Detektors passieren können. Hier kommen meist mit Gas gefüllte Kammern zum Einsatz, die mit Elektroden versehen sind, an denen eine hohe elektrische Spannung anliegt. Frei werdende Elektronen wandern zu den Elektroden und lassen Rückschlüsse auf die Bahn der Myonen zu. Dabei wird eine Ortsauflösung von fünfzig bis hundert Mikrometern erreicht. Aber: Auch der Impuls der Teilchen (eine Eigenschaft, die sich aus dem Produkt von Geschwindigkeit und Masse ergibt) lässt sich auf diese Weise bestimmen: Teilchen mit sehr hohem Impuls verfolgen eine nahezu gerade Bahn, Teilchen mit geringem Impuls können auf Spiralbahnen geraten.

Die Sache ist nur die: Gemäß den Formeln der SRT wächst die Masse eines Teilchens bei Annäherung an die Lichtgeschwindigkeit ins Unermessliche, folglich auch ihr Impuls. Um aus einer Messung nun die "echte" Geschwindigkeit herauslösen zu können, muss die Massenzunahme bei der Berechnung berücksichtigt werden. Das aber wird nirgendwo explizit erwähnt, man weiß also nicht, ob diese Massenzunahme berechnet wurde. Im Kapitel über den Myonenzerfall werden wir darauf noch eingehen.

Kurzum: In jedem Einzelfall müssen Berechnungsverfahren, Messmethode und Beobachtungsergebnis genau überprüft werden. Doch das geschieht höchst selten, und schon gar nicht, wenn eines davon den Regeln der SRT widerspricht.

Der Doppler-Effekt

Kein Effekt ist für die Messung von Geschwindigkeiten im kosmischen Maßstab so gut geeignet wie die Frequenzverschiebung des Lichts bei großen Relativ-Geschwindigkeiten. Wegen seiner Wichtigkeit werde ich ihn in diesem Buch ausführlich darstellen und insbesonders auch zeigen:

- Die *klassische Ableitung* stützt sich auf die Welleneigenschaften des Lichts. Eine Welle ist aber ein statistisches Phänomen geordneter Vielteilchenströme; sie berücksichtigt nicht die quantenphysikalischen Effekte der Emission und Absorption von Lichtteilchen (Fotonen). Eine Ableitung der Doppler-Formel allein mit Hilfe der quantenphysikalischen Partikeltheorie - von Einstein initiiert und mit einem Nobelpreis bedacht - wurde bereits 1922 von ERWIN SCHRÖDINGER durchgeführt. Bei Partikeln (in diesem Fall: Energiepaketen) ist die Anwendung der Zeitdehnung nicht angebracht.

- Die *relativistische Ableitung* des transversalen (= relativistischen) Doppler-Effekts ist überflüssig, es geht auch ganz *klassisch*, mit Hilfe der Aberration.

- *Die relativistische Ableitung* des transversalen (= relativistischen) Doppler-Effekts führt, wenn man sie *relativistisch* durchführt, zu einer Situation, bei der sich nichts ändert, also gar kein Effekt auftritt, obwohl er das sollte. Zur richtigen Berechnung gehört, wie üblich, die Beachtung *beider* relativistischer Effekte: Raumstauchung und Zeitdehnung. Bei der üblichen Ableitung wird nur die Zeitdehnung berücksichtigt!

Der Doppler-Effekt, anschaulich erklärt

Dieser Effekt tritt auf, wenn die Quelle einer Wellenbewegung ("Sender") und ein Beobachter dieser Welle ("Empfänger") sich zueinander bewegen, also aufeinander zu oder voneinander weg. In beiden Fällen ändern sich Wellenlänge und Frequenz. Die Relativitätstheorie kennt auch einen transversalen Doppler-Effekt (siehe später).

*Fall 1: **Sender ruhend, Empfänger bewegt (gegen den Ätherwind).***

Der Empfänger erhält mehr Schwingungen pro Sekunde, also erhöht sich die Frequenz der Strahlung:

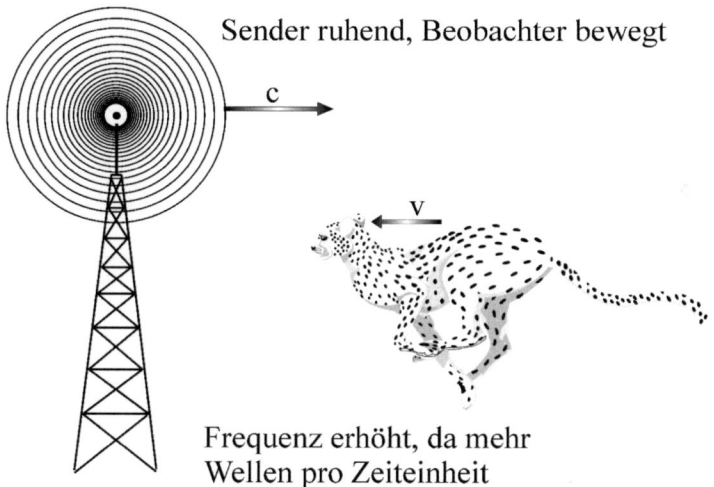

Sender ruhend, Beobachter bewegt

Frequenz erhöht, da mehr Wellen pro Zeiteinheit

Sender ruhend, Beobachter bewegt: $\lambda = \lambda'$

$$\tau_{Sender} \cdot c = \tau_{Beobachter} \cdot (c + v_{Beobachter})$$

$$f' = f(1 + v/c)$$ ("-" bei Entfernung des Beobachters)

Fall 2: **Sender bewegt, Empfänger ruhend (im Ätherwind).** *Der Sender strahlt mehr Wellen pro Sekunde aus, die Wellen werden gestaucht, für den Beobachter ist die Wellenlänge verkürzt:*

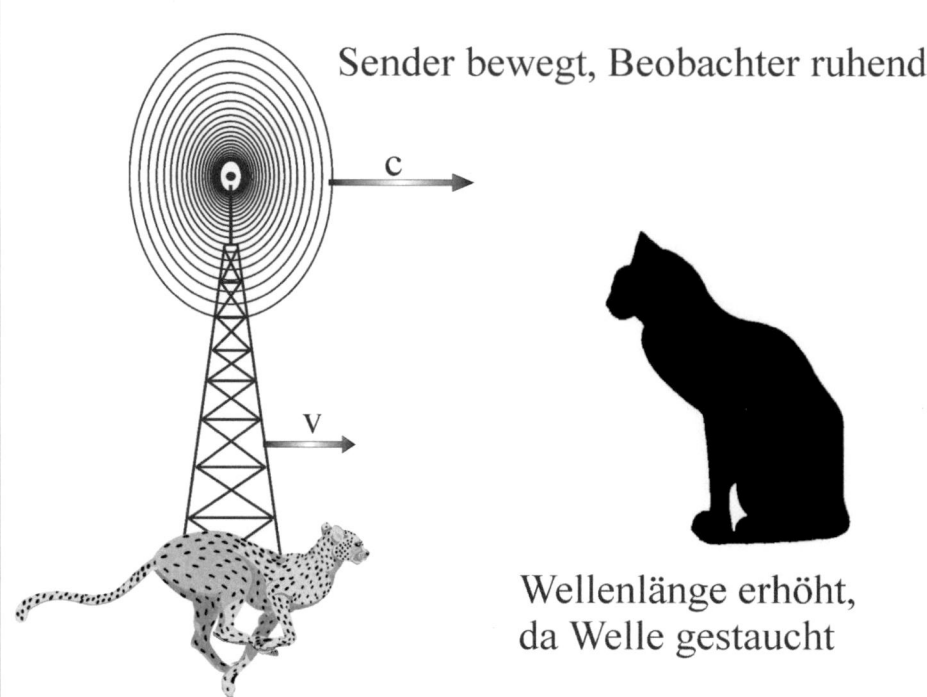

Sender bewegt, Beobachter ruhend

Wellenlänge erhöht,
da Welle gestaucht

Sender bewegt, Beobachter ruhend : $f = f'$

$$\lambda' = \tau_{Sender} \bullet (c - v_{Sender})$$

$$f' = f / (1 - v/c) \qquad \text{(„+“ bei Entfernung des Senders)}$$

(ist mit obiger Formel identisch für v<<c, da
$1/(1-x) = 1 + x + ...$)

*Fall 3: **Beide bewegt**. Da wir bei Beobachtungen im Weltall normalerweise nicht wissen, wer von den beiden sich bewegt, wird der kennzeichnende Index beim allgemeinen Doppler-Effekt weggelassen, sodass die in der allgemeinen Formel nur noch "v" erscheint:*

Sender und Beobachter bewegt:

$$f' = f \; \frac{c + v_{\text{Beobachter}}}{c - v_{\text{Sender}}}$$

$$v_{\text{Beobachter}} = v_{\text{Sender}} \quad ? \quad \Rightarrow$$

$$f' = f \; \frac{c + v}{c - v}$$

Relativistischer Doppler-Effekt

Nach der Speziellen Relativitätstheorie müssen Zeitdehnung und Raumstauchung durch Multiplikation mit dem entsprechenden Lorentz-Faktor berücksichtigt werden. Also gilt:

Relativistischer Doppler-Effekt (1)

Sender ruhend, Beobachter bewegt: $f' = f(1 + v/c)$

$$f \to f_{\text{rel}} = f(\sqrt{1 - \beta^2}) \Rightarrow f = f_{\text{rel}}/(\sqrt{1 - \beta^2})$$

$$f'_{\text{rel}} = f(1 + \beta)/(\sqrt{1 - \beta^2}) = \dots = \sqrt{\frac{c + v}{c - v}}$$

(nur Zeitdilatation angewandt!)

oder:

Relativistischer Doppler-Effekt (2)

Sender bewegt, Beobachter ruhend : $f' = f/(1 - v/c)$

$$f' \to f'_{rel} = f(\sqrt{1 - \beta^2}) \Rightarrow f = f_{rel}/(\sqrt{1 - \beta^2})$$

$$f'_{rel} = f \frac{\sqrt{1 - \beta^2}}{1 - \beta} = \ldots = \sqrt{\frac{c + v}{c - v}}$$

(nur Zeitdilatation angewandt!)

Also die gleiche Formel. Sie hat nur den Nachteil, falsch zu sein!

Denn es wurde dabei nur die Zeitdehnung verwendet, nicht aber die Raumstauchung. Berücksichtigt man beide Effekte, die in der relativistischen Geschwindigkeits-Additionsformel vereint sind, dann erhält man:

Relativistischer Doppler-Effekt (3)

Zeitdilatation + Längenkontraktion durch relativistische Geschwindigkeitsaddition:

$$u' = \frac{u+v}{1+\dfrac{uv}{c^2}}$$

Sender ruhend, Beobachter bewegt:

$$f' = f\,\frac{c+v}{c} = f\,\frac{c+v}{c\left(1+\dfrac{cv}{c^2}\right)} = f\,\frac{c+v}{c+v} = f$$

kein Effekt!

Das ergibt sich auch aus einfachen Überlegungen: Wenn ich mich bewege, vergeht die Zeit langsamer, ich erhalte mehr Wellen, die Frequenz steigt. Wenn der Sender sich bewegt, vergeht bei ihm die Zeit langsamer, er produziert weniger Wellen, die Frequenz müsste für mich als Beobachter sinken. Wenn sich aber beide mit gleicher Geschwindigkeit zueinander bewegen, gibt es keine relative Zeitverschiebung - siehe die obige Formel.

Ob der relativistische (= transversale) Dopplereffekt wirklich existiert, ist schwer nachzuweisen (siehe "Ives-Stillwell-Versuch"). Jedenfalls kann man den transversalen Dopplereffekt einfach berechnen, wie bei der Aberration des Sternenlichts:

Transversaler Doppler-Effekt

nach Einstein (Zeit-Dilatation):

$$f' = f'_{rel} = f(\sqrt{1 - \beta^2})$$

klassisch (Aberration):

$$c' < c \qquad c^2 = c'^2 + v^2$$

$$f' = f(c'/c)$$

Einsetzen ergibt obige Formel - ohne Zeitdilatation!

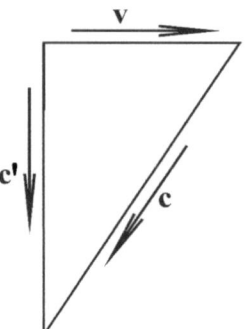

Doppler-Effekt aus Quantenphysik

Man kann den Doppler-Effekt aus dem Energie-Erhaltungssatz, Impuls-Erhaltungssatz und dem Grundgesetz der Quantenphysik (E = hf) ableiten (Schrödinger 1922):

Doppler-Effekt mit Quantenphysik

am Beispiel „Sender bewegt, Beobachter ruhend"

*Energie(Foton) = **hf**, Impuls(Foton) = **hf/c***

*Energie(Sender vorher) = **mc² + mv²/2** (+ höhere Glieder)*

*Energie(Sender nachher) = **mc² + mv'²/2***

***ΔE** = E(nachher) - E(vorher)*

Sendet der mit der Geschwindigkeit v vom Beobachter weg bewegte Sender ein Foton in Richtung Beobachter aus, so wird auf Grund des "Rückstoßes" des Fotons seine Geschwindigkeit von v auf v' erhöht: Impuls(Foton) = Impuls(Sender),

*also **hf/c = mΔv**, oder Δv = hf/(mc), und **v' = v + Δv**. Dadurch ändert sich die kinetische Energie des Senders wie folgt:*

ΔE(kinetisch) = mv'²/2 = m/2(v² + 2vhf/(mc) + ...) =

E(kinetisch) + hf(v/c)

*Die Energie des Fotons beträgt daher hf - hf(v/c) = hf(1- v/c) oder **f'** =**f(1 - v/c)**, also genau die Formel für den Doppler-Effekt.*

Die Aberration des Sternenlichts

*Überzeugungen sind schlimmere Feinde der
Wahrheit als Lügen. Friedrich Nietzsche*

Zur Zeit der Blockade Berlins durch die Sowjets wurden die Bewohner Westberlins durch Flugzeuge der Amerikaner mit dem Lebensnotwendigsten versorgt. Man nannte sie "Rosinenbomber", weil sie keine Bomben abwarfen, sondern Mehl, Zucker und Schokolade.

Egal nun, welche Geschwindigkeit das Flugzeug hat, die "Bomben" (fortan "Rosinen" genannt) fallen senkrecht nach unten. Wollte ein Empfänger diese Gaben aus der Luft mit einem Rohr auffangen, müsste er dieses senkrecht stellen.

Dreht man die Situation aber um, kommt etwas ganz anderes heraus. Stünde das Flugzeug still (was durch einen Hubschrauber bewerkstelligt werden kann), während sich der Empfänger der Rosinen am Dach eines fahrenden Zugs befindet, dann erschiene diesem die Flugbahn der Rosinen als schräge Linie. Wollte er die Rosinen mit einem Rohr auffangen, müsste er dieses neigen. Der Neigungswinkel hinge von der Fallgeschwindigkeit der Rosinen und von der Geschwindigkeit des Zugs ab, auf dem er mitfährt - nicht aber von der Geschwindigkeit des Flugzeugs!

Um ein bisschen realistischer zu werden: Es geht darum, fallende Rosinen/Tropfen/Lichtteilchen so durch ein Rohr gleiten zu lassen, dass sie nirgendwo an den Wänden des Rohrs anecken (sonst verschwinden sie und bleiben für den Beobachter am Ende des Rohrs ungreifbar). Also muss man im Fall des Rohrs auf einem Zug das Rohr neigen, damit die Tropfen, die ja senkrecht fallen, gerade richtig durchs Rohr kommen. Die Analogie ins Physikalische übertragen bedeutet: Rosinen oder Regentropfen sind Lichtteilchen (Fotonen) von einem weit entfernten Stern (dessen Bewegungszustand belanglos ist), der "Zug" ist die Erde, die durch das Weltall rast. Auf den nächsten Seiten wird der Mechanismus veranschaulicht.

Wichtig dabei: Zur Berechnung des Aberrationswinkels wird die Lichtgeschwindigkeit als **variabel** angenommen. Nach Einstein darf das nicht sein - wie also erklärt das wissenschaftliche Establishment, vertreten durch die allwissende "Wikipedia", das Phänomen? So:

"... *v [ist] nicht die Relativgeschwindigkeit zwischen Stern und Erde, sondern die Relativgeschwindigkeit zwischen dem Inertialsystem, in dem die Erde ruht während der ersten Messung, und dem Inertialsystem, in dem sie bei der nachfolgenden Messung im Zuge der Umkreisung der Sonne ruht. ... aufgrund der Relativität der Gleichzeitigkeit ergeben somit zwanglos die Aberration des Lichtes ...*"

Je nun: Der erste Absatz macht eine einfache Angelegenheit unnötig kompliziert. Zudem gibt es nur *eine* Messung, und schließlich: zwischen einem "abgelenkten" und einem "nicht abgelenkten" Strahl zu unterscheiden ist Unsinn. Beide Strahlen (angeblich verschieden) kommen aus derselben Quelle und derselben Kugelwelle.

Der zweite Absatz ist ebenso schlichter Unsinn. Die Begriffe "Gleichzeitigkeit" und "Synchronisation" sind nur nötig bei *zwei* Beobachtern. Hier gibt es aber eindeutig nur einen. Zwar muss in der Relativitätstheorie die Lorentztransformation angewandt werden, doch die gibt hier nicht viel her. Denn der Aberrationswinkel hängt *linear* vom Quotienten v/c ab, die Lorentztransformation dagegen vom Quadrat (v/c)², und dessen Wert ist bedeutend kleiner als v/c.

Wie man durch komplizierte Diagramme den unbedarften Leser einschüchtern kann, zeigt diese "Erklärung" aus dem Buch von Dierck-Ekkehard Liebscher:

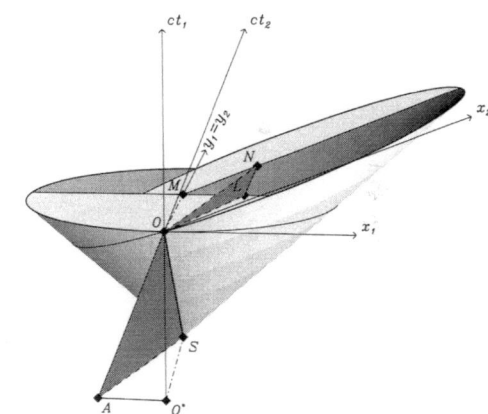

Die Aberration des Sternenlichts
(James Bradley 1725)

Steht ein Stern genau im Zenit (senkrecht über dem Beobachter), muss das Fernrohr dennoch geneigt werden, damit der Strom der Lichtteilchen das Fernrohr ungehindert durchlaufen kann. Grund ist die Bewegung der Erde im Raum. Der Neigungswinkel des Fernrohrs hängt ausschließlich von Geschwindigkeit und Bewegungsrichtung der Erde ab, nicht von Geschwindigkeit und Bewegungsrichtung des Sterns. Erklären kann man den Effekt am besten durch das "Tröpfchenmodell des Lichts": Die herabregnenden Lichtteilchen (Fotonen) werden mit Regentropfen verglichen, die vom Fenster eines Eisenbahnzugs beobachtet werden:

Steht der Zug, erscheint der Regen senkrecht (linkes Bild). Fährt der Zug nach links (rechtes Bild), scheinen die Tropfen schräg zu fallen.

*Noch besser veranschaulichen kann man sich den Effekt durch die Wirkung der "Rosinenbomber", die bei der Blockade Berlins 1949 eingesetzt wurden. Damals warfen die Amerikaner Nahrungsmittel und andere Hilfsgüter von fliegenden Flugzeugen ab. Die Bewohner Berlins mussten sie nur auffangen. Wichtig: **Unabhängig von Bewegung und Geschwindigkeit des Flugzeugs** fallen abgeworfene Gegenstände **immer senkrecht nach unten**, niemals schräg!*

*Fall 1: Flugzeug bewegt, **Fänger in Ruhe**:*

Die Teilchen fallen auf jeden Fall senkrecht nach unten.

*Fall 2: Status des Flugzeugs egal, **Fänger in Bewegung**:*

Die Neigung des Auffanggeräts (hier: Eimer, in der Astronomie: Teleskop) ist nur abhängig von der Geschwindigkeit des Beobachters relativ zum Abwurfpunkt. Ob sich die Quelle der abgeworfenen Objekte (Flugzeug oder Stern) bewegt oder still steht, ist egal: Die **Relativgeschwindigkeit** zwischen Beobachter und Flugzeug (= Stern) **hat keine Bedeutung**.

Ableitung der Aberrationsformel:

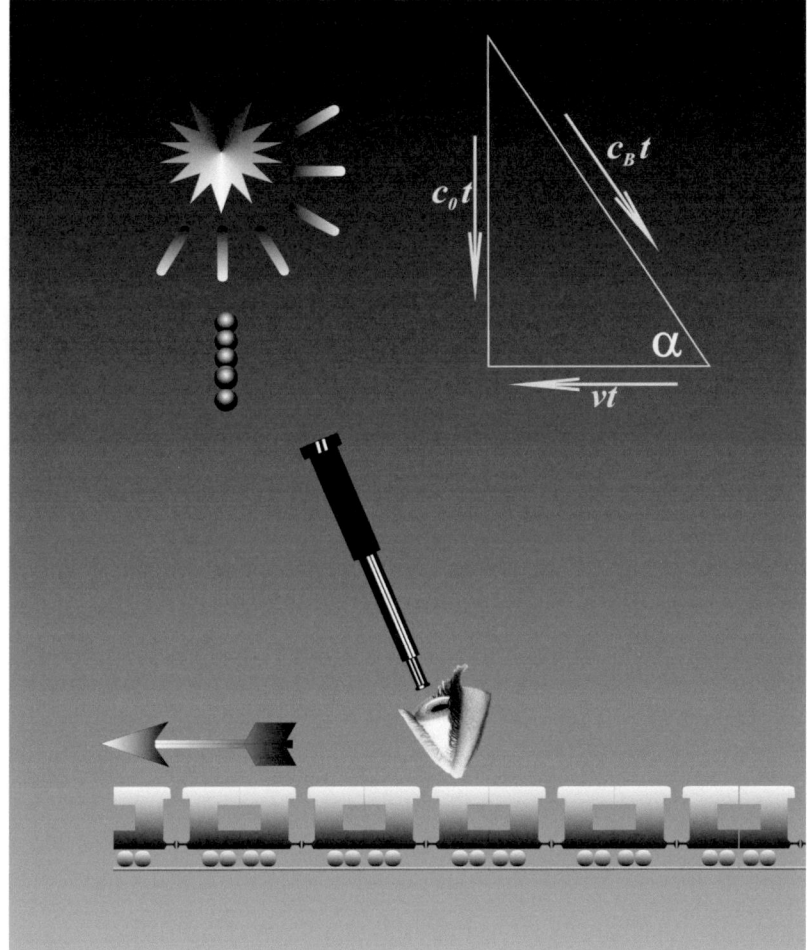

Es gilt:

c_0 = *echte Lichtgeschwindigkeit*
c_B = *beobachtete Lichtgeschwindigkeit*
v = *Geschwindigkeit der Erde*

$$\boxed{tan\ \alpha = c_0/v \quad oder \quad sin\ \alpha = c_0/\sqrt{(c_0^2+v^2)}}$$

Da sich der Beobachter auf den Stern zubewegt, ist $c_B > c_0$.
Nach der Relativitätstheorie muss aber stets gelten: $c_B = c_0$. Zudem ist das Relativitätsprinzip hier verletzt, denn es kommt <u>nicht</u> auf die Relativgeschwindigkeit Erde-Stern an! Das zeigen die beiden folgenden Vergleiche:

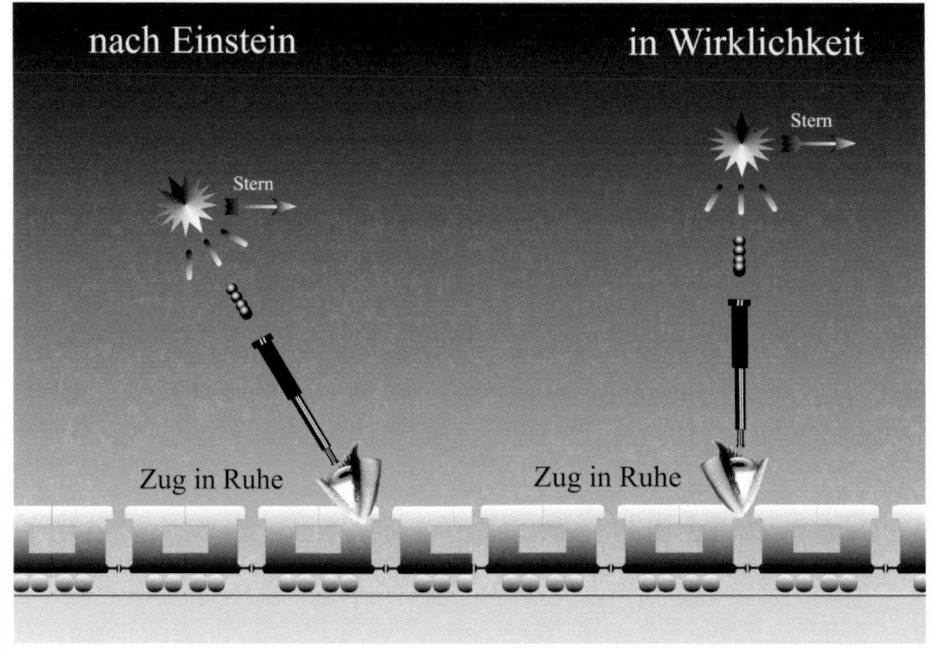

*Angenommen, **der Zug ruht**, aber **der Stern bewegt sich** nach rechts. Für die Aberration hat das keine Folgen, für die Relativitätstheorie aber schon, denn die Relativgeschwindigkeit = v, und nur diese zählt.*

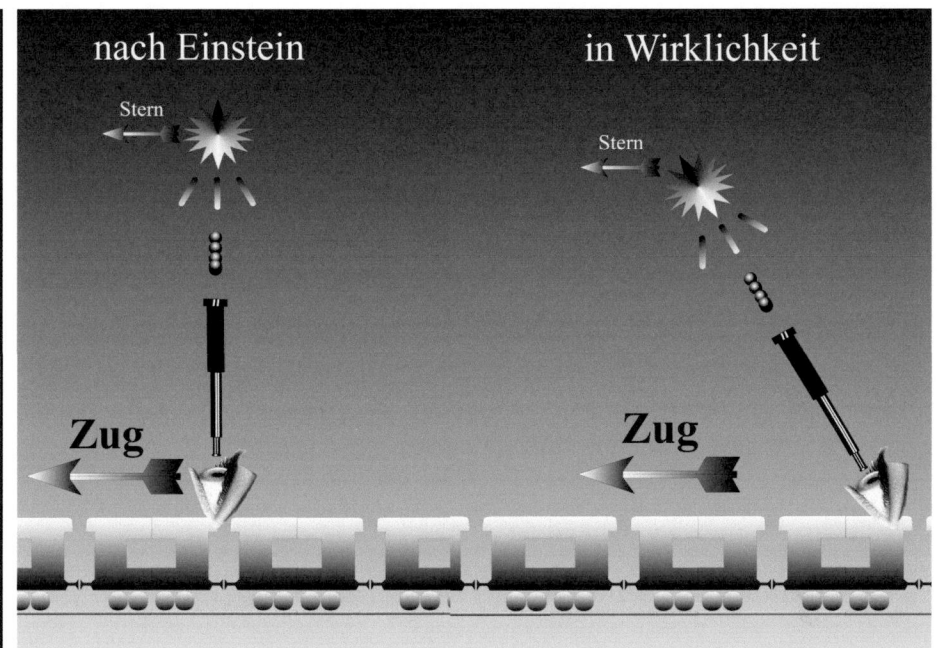

Angenommen, **Zug und Stern bewegen sich** mit gleicher Geschwindigkeit nach links. Für die Aberration ist die Geschwindigkeit des Sterns belanglos, nur die des Zugs (also der Erde) zählt. Da der Zug sich hier bewegt, kommt es zur Erscheinung der Aberration, also der (scheinbaren) Ablenkung des Sternenlichts.

Für die Relativitätstheorie dagegen beträgt die einzig relevante Relativgeschwindigkeit jetzt (v-v) = 0, es gibt also keine Aberration!

Natürlich müssen bei Berechnungen innerhalb der Relativitätstheorie Raumstauchung, Zeitdehnung und relativistisches Geschwindigkeitsadditionstheorem berücksichtigt werden. Das ergibt eine Formel, die

(a) kompliziert ist,

(b) keine Erklärung liefert, und zudem

(c) die Wirklichkeit falsch wiedergibt.

Das Einstein-Minkowskische vierdimensionale Raum-Zeit-Kontinuum

Insofern sich die Gesetze der Mathematik auf die Wirklichkeit beziehen, sind sie nicht sicher; insofern sie sicher sind, beziehen sie sich nicht auf die Wirklichkeit. Albert Einstein

Die Idee, die Zeit als eine vierte Dimension zu betrachten, ist nicht neu. Gegen Ende des 19. Jahrhunderts war sie weit verbreitet. HERBERT GEORGE WELLS (1866 - 1946) verwendet sie in seinem Roman "Die Zeitmaschine" (1895), mit dem er seine Karriere als Science-Fiction-Schriftsteller begann. Auch manche Mathematiker liebäugelten mit der Idee. Zwischen Gedanke und Ausführung herrschte allerdings eine große Lücke. Denn: Ist so etwas überhaupt möglich?

In einem Stück des österreichischen Biedermeier-Satirikers JOHANN NESTROY (1801–1862) leert ein Knecht seine Ernte-Eimer unterschiedslos in den Keller. Vom Bauern zur Rede gestellt erfährt er, dass er nicht einfach Kraut und Rüben durcheinander werfen könne wie Kraut und Rüben; der korrekte Vorgang sei vielmehr so: das Kraut komme durch diese Falltür, die Rüben durch jene. Durch eine Rutsche nach jeder Falltür mischen sich dann die beiden Erdfrüchte wiederum von selbst. Das Ergebnis ist also das gleiche wie beim Knecht, aber rein formal wurde säuberlich getrennt.

Indes, fragt man einen Schüler: Wieviel sind drei Äpfel und eine Birne, so wird er, falls er seine Lektion gelernt hat, antworten: Äpfel und Birnen kann man nicht zusammenzählen. Richtig. Raum und Zeit kann man auch nicht zusammenzählen. Die Mathematiker tun es doch, mit einem Trick. Wir wollen ausnahmsweise nicht Einstein die Schuld daran geben, obwohl er sich später zu dem Konzept des Mathematikers HERMANN MINKOWSKI (1864–1909) bekannte:

Von Stund' an sollen Raum für sich und Zeit für sich völlig zu Schatten herabsinken und nur noch eine Art Union der beiden soll Selbständigkeit bewahren. (Minkowski in einem Vortrag auf der 80. Naturforscher-Versammlung zu Köln, 21. 9. 1908)

Die Idee war, wie gesagt, nicht neu. Schon HEINRICH HERTZ hatte sie (wie so manche andere Idee zu den Relativitätstheorien) vorweggenommen.

MENYHÉRT PALÁGYI, ein ungarisch-jüdischer Philosoph, Mathematiker, Physiker, Literatur- und Erkenntnistheoretiker, hatte diese Idee schon 1901 in seinem Buch "Neue Theorie des Raumes und der Zeit", inklusive der "magischen Formel" von Minkowski. Wikipedia schreibt über ihn:

"... eine „Raumzeitlehre", welche eine gewisse äußerliche Ähnlichkeit mit dem Raumzeitformalismus von Henri Poincaré und Hermann Minkowski im Rahmen der speziellen Relativitätstheorie hatte (z. B. die imaginäre Zeitkoordinate it als vierte Dimension). Um 1914 warf er Albert Einstein und Minkowski gar Plagiat vor." Allerdings war Palágyis Universum kein statisches Blockuniversum (wie bei Einstein und Minkowski), sondern Raum und Zeit flossen entlang ihrer jeweiligen Achsen.

Schließlich HENRI POINCARÉ: Er hat diese Idee auf seine nüchtern-skeptische Art kritisiert. In seinem Buch "Wissenschaft und Hypothese" aus dem Jahr 1904 schreibt er:

Es scheint in der Tat möglich, unsere Physik in die Sprache einer vierdimensionalen Geometrie zu übertragen, aber eine solche Übertragung versuchen hieße sich zu viel Arbeit um zu geringen Gewinn zu machen.

Allerdings hatte er auch gezeigt, dass die Transformationen der Relativitätstheorie durch eine einfache Drehung in einer vierdimensionalen, nicht-euklidischen, aber flachen Welt zusammengefasst werden können. Doch für Poincaré war diese Welt zu unanschaulich! Deswegen gab er sie wieder auf.

Einstein war auch erst dagegen, seine Spezielle Relativitätstheorie (SRT) von 1905 gleich so radikal zu verfremden, zumal eine Verschmelzung von Raum und Zeit in dieser Theorie gar nicht nötig war. Zudem fand er, "Seit die Mathematiker die SRT in die Hand genommen haben, verstehe ich sie nicht mehr." Aber später freundete er sich mit dieser Idee an, und seitdem ist die Welt vierdimensional, 3 x Raum, 1 x Zeit, letztere den Raumkoordinaten mehr oder minder gleichgestellt.

Nun kann man aber Raum und Zeit nicht einfach addieren. Man kann sie aber ineinander überführen durch die Formel für die Geschwindigkeit: v=s/t, was in den Lehrbüchern aber nie erwähnt wird. Dazu braucht man eine Einheitsgeschwindigkeit, und dafür bietet sich die Lichtgeschwindigkeit im Vakuum an, Symbol: c. Sie meinte Minkowski in dem erwähnten Vortrag, als er sagte:

Man kann danach das Wesen meiner Theorie mathematisch sehr prägnant in die mystische Formel kleiden:

$$3 \times 10^5 \, km = \sqrt{-1} \, sec$$

(Auf Deutsch: 300.000 Kilometer sind gleich der Wurzel aus minus eins Sekunden). Die Wurzel aus -1 brauchte Einstein für seine Metrik, in der eine Kugelwelle immer kugelförmig bleibt, jedenfalls auch für den bewegten Beobachter. Diese Gleichsetzung führt zu einer ungeheuren praktischen Diskrepanz in den Einheiten auf den Raum-Achsen im Vergleich zur Zeit-Achse (oder umgekehrt). Normalerweise rechnen wir in *cm* (Raum) und *sec* (Zeit).

Jetzt gibt es zwei Möglichkeiten:

(a) Wir nehmen die Sekunde als Einheit auf der Zeit-Achse. Dann ist die Einheit der Raumachsen gleich 300.000 Kilometer (der Weg des Lichts in einer Sekunde), multipliziert mit der Wurzel aus -1. Wer etwas in Sekunden misst, verwendet höchst selten Hunderttausende von Kilometern als Maßstab - das ist kosmischen Ereignissen vorbehalten.

Oder: (b) Wir nehmen den Zentimeter als Einheit auf den Raum-Achsen. Dann ist die Einheit der Zeitachse gleich 30 Pikosekunden, also 30 Billionstel Sekunden, multipliziert mit der Wurzel aus -1. Wer etwas in Zentimetern misst, verwendet höchst selten solche Zeitmaße - die sind atomaren Vorgängen vorbehalten.

Wie gesagt: theoretisch denkbar, praktisch unmöglich. Vor allem: Zwischen Raum und Zeit gibt es immer noch gewaltige Unterschiede, wie z.B.:

(1) Der **Raum** hat *drei Dimensionen*, die erweitert oder reduziert werden können. In der Erzählung "Flatland" aus dem Jahr 1880 schildert der Autor EDWIN A. ABBOTT auf witzige Weise die Abenteuer zweidimensionaler Wesen, die das Eindringen eines dreidimensionalen Kegels in ihre Welt beobachten und zu begreifen versuchen. Zahlreiche SF-Geschichten spielen in einer vierten Dimension. Mathematische und physikalische Zufallswege können sich in ein, zwei oder drei Dimensionen abspielen, mit unterschiedlichen Gesetzen; und man hat sogar zweidimensionale Teilchen postuliert und "Anyonen" getauft.

Im Gegensatz dazu hat die **Zeit** *nur eine Dimension*, die nicht geändert werden kann, da es bei zwei Zeitachsen die üblichen Zeitparadoxa geben könnte.

(2) Im **Raum** können wir uns *frei bewegen*, in der **Zeit** *nicht*. Grund sind die Zeitreise-Paradoxa. Der Raum ist eine Art *Gefäß*, in dem man alles einbetten kann. Die Zeit ist ein konstanter *Fluss*, der alles mitreisst. Der Raum hat keine bevorzugte Richtung, die Zeit schon.

(3) Der **Raum** wird auf *eine* Methode mit starren Messstäben vermessen, die **Zeit** grundsätzlich auf *zwei* verschiedene Arten: durch Abzählen gleicher Perioden (Penduluhr), oder durch Messen eines Prozesses, der zu Ende geht (Sanduhr). Nur im zweiten Prozess ist die Richtung der Zeit erkennbar.

(4) Raum und Zeit sind *voneinander unabhängig*: Ein Raum ohne Zeit ist denkbar (alles erstarrt). Eine Zeit ohne Raum ist auch denkbar (Entwicklung eines Gedankens).

(5) Raum und Zeit sind in der Physik *nicht gleichberechtigt*. Alle Kräfte brauchen die zweite Ableitung nach dem Raum. Dagegen kann die Zeit gar nicht abgeleitet werden (Kräfte), oder einmal (Strömung), oder zweimal (Welle).

Minkowski war reiner Mathematiker, im Gegensatz beispielsweise zu Poincaré oder Hilbert, die beide sehr an den Grundlagen der Physik interessiert waren und auch physikalisch denken konnten (und wollten). Minkowski dagegen argumentierte rein abstrakt. So sagte er beispielsweise über das physikalische Relativitätsprinzip:

"*Für diese Gleichungen ist die Kovarianz unter einer Lorentz-Transformation eine rein mathematische Angelegenheit, die ich das Relativitätstheorem nenne. Dieses Theorem hängt im Wesentlichen von der Form der Differentialgleichung für die Wellenfortpflanzung mit Lichtgeschwindigkeit ab.*" (Math. Ann. 68, 1910)

Alles nur formal bedingt und gerechtfertigt. Minkowskis 4D-Welt - von Einstein auch in seine Allgemeine Relativitätstheorie übernommen - erklärt nichts und mystifiziert vieles. Trotzdem ist sie in der modernen Physik fest verankert. Sie hat Geistesflüge wie die "String-Theorien" ermöglicht und gibt vielen theoretischen Physikern und Mathematikern Beschäftigung und Brot. Und sie verdeckt etwa anderes, nämlich die vom philosophischen Standpunkt eminent wichtige Unterscheidung zwischen einer *physikalischen Größe* (in unserem Fall: Raum, oder Zeit) und *ihrer Messung* (durch Maßstäbe bzw. Uhren). Einstein setzt die Messung mit der Größe gleich, mit seltsamen Folgen.

Minkowskiwelt und Lichtkegel

Der deutsche Mathematiker Hermann Minkowski hat Raum und Zeit in einer vierdimensionalen, flachen, aber nicht-euklidischen Welt zusammengefasst. Im einfachsten Fall sieht diese Welt (auf zwei Dimensionen reduziert) so aus:

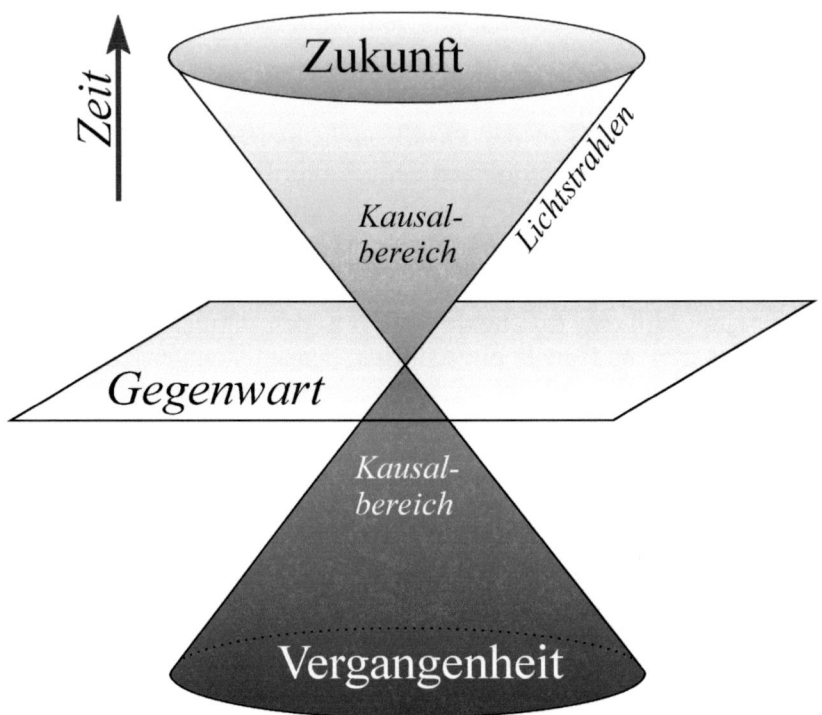

Minkowskis Welt wird dargestellt durch einen vierdimensionalen Doppelkegel. Zu den drei Raumachsen kommt die Zeitachse, wobei einer Sekunde 300.000 Kilometern entspricht. "Weltpunkte" (= Ereignisse) außerhalb des Kegels sind kausal nicht verknüpft.

Die Grundlagen der
Speziellen Relativitätstheorie

Der Weg zu einer Theorie, einer Ideologie, einer Partei oder Religion, ist nie so geradlinig, wie er in den Geschichtsbüchern dargestellt wird. Das haben wir im geschichtlichen Überblick für die SRT gezeigt, und bei der ART wird die Sache noch krummliniger. Steht die Theorie einmal, ist es leicht, sie aus allgemeinen Prinzipien abzuleiten und ihre innere Logik offen zu legen. Das wollen wir jetzt tun.

Gleich zu Beginn: Alle Formeln der SRT - und es sind deren nur wenige - gelten ausschließlich für **Inertialsysteme**, das sind Systeme ohne Kräfte, in denen nur gleichförmig-gradlinige Bewegungen möglich sind. Aber da fängt der Streit schon an: Wie ist es mit Kreisbahnen? Der Betrag der Geschwindigkeit des Monds um die Erde ist zwar konstant, nicht aber ihre Richtung. Wählt man den Kreis genügend groß, wird seine Krümmung genügend klein, er nähert sich immer mehr einer Geraden. Wo liegt die Grenze für die Anwendbarkeit der Formeln?

Glücklicherweise hat sich der Meister selbst dazu geäußert: Die Zerlegung einer Kreisbahn in gradlinige Abschnitte á la Archimedes ist in der SRT erlaubt. Sofern, das sei hinzugefügt, die Ergebnisse der Untersuchung mit den Prinzipien der SRT übereinstimmen (Hafele-Keating-Experiment), nicht hingegen, wenn sie der SRT widersprechen (Sagnac-Effekt, Ehrenfestsche Scheibe). Die Größe des Kreises oder die Möglichkeit einer "Linearisierung" (die wir beim Sagnac-Effekt kennenlernen werden) spielt dabei keine Rolle. Was zählt, ist die "Orthodoxität" der Resultate: Bestätigen sie die SRT oder nicht? Wenn nicht, wurde falsch gerechnet oder nicht alles berücksichtigt. Insbesondere die "Gleichzeitigkeit" von Ereignissen wurde falsch angesetzt, Uhren wurden nicht korrekt synchronisiert.

Aber egal. Die Grundlagen, wie sie in der Praxis angewandt werden, sehen für die SRT so aus (in Klammern die Entdecker/Erfinder des Prinzips). Erst die **Postulate**:

Relativitäts-Prinzip (Poincaré, Lorentz):

Nur die Relativ-Geschwindigkeit zwischen zwei Bezugssystemen (Beobachtern) kann bestimmt werden. In beiden Systemen sind die gleichen Erscheinungen beobachtbar.

Konstanz der Lichtgeschwindigkeit (Einstein):

Die Lichtgeschwindigkeit (im Vakuum) ist für jeden Beobachter (in jedem Bezugssystem) gleich c_0, unabhängig von der Geschwindigkeit der Lichtquelle oder des Beobachters.

Synchronisierung von Uhren (Poincaré, Einstein)

Uhren müssen synchronisier werden, nur dann ist eine "Gleichzeitigkeit" feststellbar. Die Verfahren dazu sind beliebig (durch Konvention festgelegt). Bei allen diesen Verfahren muss die Zweiweg-Lichtgeschwindigkeit konstant und gleich c_0 sein.

Und jetzt die **Formeln**, mit dem Gamma-Faktor

$$\gamma = \frac{1}{\sqrt{1 - (v/c)^2}}$$

(LK) Lorentzkontraktion (Raumstauchung, Maßstabsverkürzung) in Längsrichtung der Bewegung (Fitzgerald, Lorentz): $L' = L/\gamma$

(ZD) Zeit-Dilatation (Zeitdehnung, Uhrenverlangsamung) (Voigt, Poincaré):

$t' = t \cdot \gamma$

(MZ) Massenzunahme (Kaufmann, Bucherer): $m' = m \cdot \gamma$

(GA) Geschwindigkeits-Addition (Lorentz, Einstein):

$$v = \frac{v_1 + v_2}{1 + \dfrac{v_1 v_2}{c^2}}$$

Entscheidend ist, dass *alle* diese Effekte beachtet werden müssen, wenn die SRT auf bestimmte Erscheinungen angewendet wird. Das bedeutet:

- Bei einem (schnell bewegten) *Objekt im Weltall* müssen LK und ZD beachtet werden.

- Bei *zwei zueinander bewegten Objekten* (wie etwa beim Doppler-Effekt) muss zusätzlich noch GA beachtet werden.

- Bei der Untersuchung von *Elementarteilchen*, sei es in der Natur (Myonenzerfall) oder in Beschleunigerringen, muss auch noch MZ beachtet werden.

Es ist wichtig, sich dies immer vor Augen zu halten, denn ohne die gemeinsame Anwendung von LK und ZD stimmt GA nicht, und außerdem wird der Sinn der SRT, das Michelson-Morley-Phänomen zu erklären, hinfällig. Das betont auch Wikipedia in einem Artikel über ein spezielles Experiment (Kennedy-Thorndike, 1932): "*Das Experiment bestätigte, dass **neben der Längenkontraktion auch die Zeitdilatation** angenommen werden muss.*" Leider wird gegen diese Regel oft genug verstoßen, indem beispielsweise nur die ZD berechnet wird, nicht aber die LK oder die MZ. Das werden wir im Einzelfall bei der Besprechung diverser Tests der SRT darlegen.

Im Zusammenhang mit den Postulaten und Formeln steht auch die **Abschaffung des Äthers** als Trägermedium der elektromagnetischen Wellen. Diese Tatsache könnte man an den Anfang der SRT-Postulate stellen. Denn wenn es keinen Äther, also kein absolutes Bezugssystem mehr gibt, dann stellt sich die Frage: Wogegen wird die Lichtgeschwindigkeit gemessen? Welches Bezugssystem verwenden wir, wenn wir sagen: Die Lichtgeschwindigkeit hat einen bestimmten Wert?

Einstein hatte, wie alle Physiker, einen stark ausgeprägten Sinn für Symmetrien. Er hatte zudem, wie alle liberal gesinnten Geister, einen starken Sinn für Demokratie, also für die Gleichberechtigung aller Menschen und ihrer Standpunkte. Deswegen war es ihm weder theoretisch noch psychologisch möglich, irgendein Bezugssystem vor einem anderen auszuzeichnen. Das Ergebnis dieser Denkweise: Jeder kann sich selbst als Mittelpunkt der Welt, als Ruhepol des Universums, als allgemein gültigen Bezugsrahmen sehen. Also muss auch die Lichtgeschwindigkeit für jeden Betrachter die gleiche sein, egal, wie schnell dieser sich mit dem oder gegen das Licht bewegt.

Schließlich hat der Mathematiker HERMANN MINKOWSKI Raum und Zeit zu einer Einheit zusammengefasst, der **vierdimensionalen Raumzeit.** Das bedeutet: Raum und Zeit sind gleichberechtigt und können sogar ihre Rollen vertauschen. Hauptbestandteil dieser Minkowski-Welt ist das Minkowski-Diagramm mit dem Lichtkegel. Offizielle Definition dieser vierdimensionalen Raumzeit (aus Wikipedia): "*Der Minkowski-Raum ist ein vierdimensionaler reeller Vektorraum, auf dem das Skalarprodukt nicht durch den üblichen Ausdruck, sondern durch eine nichtausgeartete Bilinearform vom Index 1 gegeben ist. Diese ist also nicht positiv definit.*" Aha!

Was folgt nun aus den Postulaten?

Die **Konstanz der Lichtgeschwindigkeit** bedeutet: Kommt in einer Formel ein Ausdruck der Form (c+v) vor (Beispiele: Doppler-Effekt, Aberration, Sagnac-Versuch), ist dies mit der SRT nicht vereinbar. Denn hier kann keine Geschwindigkeit größer als c sein (sonst liefern die Formeln unsinnige Ergebnisse). Also muss der Effekt mit Hilfsmaßnahmen erklärt bzw. errechnet werden.

Das **Relativitäts-Prinzip** führt im Zusammenhang mit der Lorentz-Kontraktion und der Zeit-Dilatation zu den bekannten (und - trotz gegenteiliger Beteuerungen - bis heute nicht gelösten) Widersprüchen, die euphemistisch als "Paradoxa" bezeichnet werden. Ein Paradoxon ist eine überraschende, aber nicht notwendigerweise falsche Behauptung. Ein (logischer) Widerspruch führt dazu, dass innerhalb der Theorie, in welcher der Widerspruch auftaucht, jede beliebige Behauptung und natürlich auch ihr Gegenteil bewiesen werden kann.

Die **Synchronisierung von Uhren** ist heutzutage im Globalen Positionierungssystem üblich und stellte nie ein Problem dar, auch nicht in der Anfangszeit der Festlegung von Zonenzeiten und Eisenbahnfahrplänen. In der SRT wird sie oft als Argument gegen Einwände gebraucht, in der Form: Sie haben falsch synchronisiert und die (nicht vorhandene) Gleichzeitigkeit der Ereignisse nicht bedacht.

Die **vierdimensionale Raumzeit** zusammen mit den von Minkowski erfundenen und nach ihm benannten Diagrammen ("Lichtkegel" etc.) führt zu einer unnötigen Komplizierung der Formeln und der gesamten Darstellung, die nun vollends unübersichtlich wird. Auch Einstein lehnte sie zunächst ab, fand sie dann aber so nützlich, dass er darauf seine nächste Theorie, die Allgemeine Relativitätstheorie (ART) aufbaute.

$$x_1 = x, \quad x_2 = y, \quad x_3 = z, \quad x_0 = ict, \quad s^2 = -\Sigma x_i^2$$

Die Grundformeln der SRT

Sie können sehr einfach aus dem Michelson-Morley-Versuch abgeleitet werden, wenn man fordert (was das Experiment ergab):

$$\Delta t(longitudinal) = \Delta t(transversal) = 0$$

(keine Laufzeitunterschiede des Lichts in den beiden Armen des Teleskops). Mit

$$\gamma = \frac{1}{\sqrt{1 - (v/c)^2}}$$

ist der Zeitunterschied im transversalen Arm genau gleich γt, sodass die Annahme einer Zeit-Verlangsamung (Zeitdehnung, Zeit-Dilatation) genau diesen Wert kompensiert:

$$t' = t/\gamma = \frac{t}{\sqrt{1 - (v/c)^2}}$$

Setzt man diesen Wert in die Beziehung beim longitudinalen Arm ein, erhält man eine Raum-Stauchung (Längen-Schrumpfung. Lorentz-Kontraktion) der Größe

$$L' = L\gamma = L\sqrt{1 - (v/c)^2}$$

Historisch war es umgekehrt: Erst gingen die Forscher von einer Veränderung der räumlichen Ausmaße aus (Fitzgerald: Dehnung des Arms senkrecht zur Bewegungsrichtung, Lorentz: Schrumpfung des Arms in Bewegungsrichtung), woraus sich dann analog die Zeitdehnung ableiten lässt.

Relativistische Geschwindigkeits-Addition: Anstelle von $v_{gesamt} = v_1 + v_2$ tritt das Gesetz

$$v = \frac{v_1 + v_2}{1 + \frac{v_1 v_2}{c^2}}$$

Die Geschwindigkeitsabhängigkeit der Masse sowie die berühmte Formel $E = mc^2$ sind rein kinematisch (allein durch Bewegungen) nicht ableitbar. Dazu braucht man energetische Überlegungen, sowie Kräfte und Impulse.

Die relative Ermordung des Alfred G.: ein Märchen

Der Franz/is mir/von ganz allein/ins Messer g'rennt.
Kurt Sowinetz: Notwehrtango

Hohes Gericht! Meinem Mandanten, Herrn Joseph K. aus L., wird kaltblütiger Mord an seinem Kompagnon Alfred G. vorgeworfen. Die Staatsanwaltschaft behauptet, mein Mandant hätte Herrn G. ein Messer in die Brust gerammt, woraufhin dieser allzu früh und unfreiwillig aus dem Leben geschieden wäre. Zur Verteidigung meines Mandanten muss ich feststellen, dass es genau umgekehrt war: Das Opfer rannte von sich aus ins Messer, das mein Mandant zufällig in der Hand hielt.

Diese Darstellung ist absurd.

Nicht so absurd, hohes Gericht, wie der Staatsanwalt meint. Denn jegliche Bewegung ist relativ, und so könnte es genauso gut umgekehrt gewesen sein: Die Geschwindigkeit des Angeklagten war gleich null, die seines Gegenübers dagegen viel zu hoch.

Völliger Unsinn.

Nicht so. Diese Erkenntnis ist die Grundlage der Relativitätstheorie, die bekanntlich, wie Sie alle wissen, vom größten Genie des 20. Jahrhunderts geschaffen wurde. Sie werden doch nicht an dieser Theorie zweifeln, Herr Staatsanwalt?

An der Theorie nicht, wohl aber an ihrer Anwendung.

Hohes Gericht! Die Theorie kann in jedem Inertialsystem angewandt werden, das sind Systeme ohne Beschleunigung. Und mein Mandant hat den Tod des Verstorbenen in keiner Weise beschleunigt.

Das war ja wohl auch nicht nötig. Außerdem hat er sehr wohl seine Hand, die das Messer hielt, zu Beginn enorm beschleunigt, sonst wäre es nicht so tief eingedrungen.

Hohes Gericht, eine eventuelle Anfangsbeschleunigung spielt keine Rolle. Es geht um die Tat an sich, die durch das Postulat der Relativbewegung meinem Mandanten nicht ausreichend zugeordnet werden kann.

Diesen Unsinn kann ich mir nicht länger anhören. Als nächstes behauptet mein Kollege von der Verteidigung vielleicht auch noch, der Zug verlässt gar nicht den Bahnhof, sondern dieser wird den Passagieren unter den Rädern weggezogen! (unterdrückt ein unpassendes Lachen)

Hohes Gericht, genau das hat unser Herr Dr. Einstein in einer seiner populären Schriften gesagt. Da Sie mir aber nicht glauben, werde ich einen Zeugen vorladen lassen. Da unser allseits verehrter Herr Professor Einstein bedauerlicherweise nicht mehr unter den Lebenden weilt, habe ich ersatzweise seinen eifrigsten Vertreter in Deutschland, Herrn Markus Pössel, als Zeugen der Verteidigung vorgeladen. Herr Pössel -

Um es kurz zu machen: Der Angeklagte wurde trotzdem verurteilt. Das Gericht hatte nämlich von der Verteidigung verlangt, die besagte Relativitätstheorie zu beweisen. Was dieser nicht restlos und für alle überzeugend gelang. Der Fall wird derzeit vom Europäischen Gerichtshof verhandelt.

(Für diejenigen, die es nicht wissen: Einen solchen Fall hat es tatsächlich in ähnlicher Form gegeben. Der britische Holocaustleugner David Irving verklagte im November 1995 vor einem Londoner Gericht die Autorin Deborah Lipstadt wegen Verleumdung. Das Gericht verlangte daraufhin von der Beklagten, die Existenz des Holocaust nachzuweisen!)

Der Heiland und sein Prophet

(A) Eddington, der Verkünder

Wer die Wahrheit nicht weiß, der ist bloß ein Dummkopf. Aber wer sie weiß und sie eine Lüge nennt, der ist ein Verbrecher! Bertolt Brecht: Leben des Galilei

Eine Theorie setzt sich durch, wenn sie
> (1) vernünftig ist,
> (2) mathematisch einwandfrei, und
> (3) die Fakten korrekt wiedergibt.

Stimmt's? Schön wär's. Zumindest für die Relativitätstheorien trifft keines dieser Kriterien zu. Sie sind unvernünftig, voll mathematischer Unregelmäßigkeiten, und ihre Voraussagen widersprechen zum Teil der Wirklichkeit. Warum aber haben sie sich durchgesetzt?

Um diese Frage beantworten zu können, müssen wir uns ins Gebiet der Religionshistorie begeben. Wie setzt sich eine Religion durch? Am Beispiel des Christentums können wir zumindest *ein* Muster erkennen: Neben dem Heiland oder Erlöser braucht es auch eine Person, welche die Ideen des Erlösers überall bekannt macht - einen Propheten. Im Christentum war es der Römer Paulus, der den Juden Jesus und seine Lehre weltbekannt machte. Für die Relativitätstheorien (die zunehmend zu einer Art Religion mutierten) war es der Brite ARTHUR EDDINGTON, der den Juden Einstein und seine Lehre weltbekannt machte. Der Vergleich mit Paulus stammt keineswegs von mir. In dem Buch "Albert Einstein als Philosoph und Naturforscher" (Hrsg. Schilpp) schreibt Nobelpreisträger Arnold Sommerfeld über Eddington: *Der große, jetzt schon verstorbene Astronom Sir Arthur Eddington wurde begeisterter **Apostel** der Einsteinschen Lehre ...* [Hervorhebung von mir]

Aber warum hat Eddington, der Apostel, Einstein, den Prediger, zu einem Erlöser hochstilisiert? Die Gründe sind erschreckend: Eddington war Rassist! Und deswegen fälschte er Daten und setzte seine ganze Autorität für die Anerkennung seiner Ersatzreligion ein.

Der verblüffte Leser wird jetzt fragen: Wieso setzt sich ein Rassist für einen Juden ein? Üblicherweise lehnen Rassisten bestimmte Volksgruppen, Rassen oder Religionen als minderwertig ab. Der Leser sollte indes nicht vergessen, dass jeglicher Rassismus immer zwei Seiten hat und die Welt polar betrachtet: Es gibt Unterrassen und Übermenschen. Zu den Übermenschen zählen Mitglieder der eigenen Rasse (wie immer die auch definiert ist), zu den Untermenschen andere, die ebenso willkürlich festgelegt werden. Für die Nazis waren die Deutschen Übermenschen, aber auch Germanen und die mythischen Arier. Der Rest der Menschheit gehört zu den Untermenschen.

Schauen wir uns erst die dunkle Seite des hochgeachteten britischen Gelehrten an, um seinen Charakter besser zu verstehen. Dabei stütze ich mich auf das Buch von Arthur I. Miller: "Der Krieg der Astronomen". Eddington hatte ein paar Vermutungen über kollabierende Sterne, die von einem jungen indischen Astronomen mathematisch bestätigt wurden. SUBRAHMANYAN CHANDRASEKHAR (1910-1995) hatte mathematisch bewiesen, dass Eddingtons Vermutung bezüglich des Schwerkraft-Zusammenbruchs von Sternen (Stichwort: Schwarze Löcher) richtig ist. Daher hätte dieser über Chandras Beweis hocherfreut sein müssen. Stattdessen nutzte der die Sitzung der Royal Astronomical Society am 11. Januar 1935 ohne Vorwarnung dazu, Chandras Ergebnis zynisch und gnadenlos zu verreißen. Dieses Ereignis überschattete das Leben beider Männer und behinderte den astrophysikalischen Fortschritt auf Jahrzehnte hinaus. Es zerstörte die Karriere des jungen indischen Astronomen, und wäre Eddington nicht gestorben, Chandrasekhar könnte immer noch auf seine Anerkennung warten.

Was bewog den namhaftesten Astrophysiker der Welt, diesem jungen Inder so übel mitzuspielen? Eddingtons scharfe Zunge war berüchtigt, und er griff auch andere Wissenschaftler grob und zynisch an. Doch bei Chandra waren die Gründe für Eddingtons Kritik zunächst "rätselhaft". Nicht nur "zunächst". Dabei ist die Ablehnung des Astronomen einfach erklärbar.

Grund 1: Ein dunkelhäutiger Inder, Angehöriger des von den Briten beherrschten Subkontinents "Indien", musste untermenschlich sein, sonst wäre die ganze Weltherrschaft der Briten sinnlos. Vergessen wir nicht: Der Rassismus nahm in England seinen Anfang. Hitler erwarb seine Ideen von dem englischen rassistischen Schriftsteller Houston Stewart Chamberlain!

Grund 2: Bei den gottähnlichen Visionen des britischen Gelehrten konnte nur *einer* die Wahrheit erkennen: er selbst. Oder ein "Übermensch." Aber wie reagierten die anderen Wissenschaftler? Miller beschreibt das so:

"Ein Blick auf die nickenden Köpfe und begeisterten Gesichter zeigte [Chandrasekhar], dass die Zuhörer geschlossen hinter Eddington standen. Wie war das möglich? Noch wenige Stunden zuvor hatte sein Freund McCrea ihm zugestimmt. Jetzt aber flüsterte er ihm zu: "Klingt plausibel, was Eddington sagt." Was ging da vor sich? Warum stand keiner auf und sagte Eddington, dass er völlig falsch lag? Also erhob sich Chandra, um sich zu verteidigen. Wie vor den Kopf geschlagen musste er zur Kenntnis nehmen, dass Präsident Stratton ihm keine Gelegenheit zu einer Antwort gewährte. Stattdessen beendete er den ersten Akt des Chandra-Eddington-Streits mit den dürren Worten: "Die Argumente dieses Artikels müssen sorgfältig geprüft werden, bevor wir sie weiter erörtern können." Ohne weitere Umstände leitete er daraufhin das nächste Referat ein."

Und weiter: *"Chandra erinnerte sich, dass [der Physiker Edward Arthur] Milne an diesem Freitagabend im Zug auf der Rückfahrt nach Cambridge gesagt hatte: "Mein Bauch sagt mir, dass Eddington Recht hat." Woraufhin Chandra erwiderte: "Mir wäre es lieber, wenn Sie ein anderes Organ sprechen ließen". Wenig später schrieb Milne, er werde Chandras Theorie ignorieren, auch wenn sie richtig sei."*

So viel zur Objektivität der Wissenschaftler. Jetzt zur anderen Seite. So sehr Eddington die Inder verachtete, so sehr bewunderte er das auserwählte Volk der Bibel. Denn die Bibel war dem gläubigen Quäker noch wichtiger als die Schriften Newtons. Diese Bewunderung für das "auserwählte Volk" gibt es auch heute noch bei den strenggläubigen christlich-fundamentalistischen Amerikanern. Einstein gehörte zu diesem auserwählten Volk, auch wenn dieser sich selbst keineswegs so sah. Dass sich Einstein später öffentlich zum Judentum bekannte, lag weniger an seiner Überzeugung, sondern an der fatalen Entwicklung in Nazi-Deutschland.

Natürlich gab es auch andere Gründe für Eddingtons seltsame Salven und Salute. Chandras Erkenntnisse hätten womöglich Eddingtons eigener Lieblingstheorie - einer mystischen Zahlenspekulation - den Garaus gemacht, während Einstein genau das versuchte, was Eddington wollte, aber nicht erreichte: eine Theorie, die alles erklärt; eine Weltformel magischen Inhalts, die alles abdeckt; eine Spielerei mit Zahlen oder Symbolen, die keinen Raum lässt für profane Gedanken; eine allumfassende Allmacht des Geistes, die Gottes Werk in den Schatten stellt. Das ist beiden nicht gelungen, aber ein schöner Traum blieb es für beide, und vielleicht verehrte Eddington Einstein deswegen, als ebenbürtigen Geist mit dem gleichen Ziel: die Unterwerfung der Natur unter eine Formel oder eine Reihe mystischer Zahlen.

So wurde Eddington zum Heilsverkünder einer Lehre, die zwar nicht von ihm stammte, wohl aber von einem anscheinend Halbgott-ähnlichen Individuum.

(B) Einstein, der Erlöser

> *GALILEI: Ich glaube an den Menschen, und das heißt, ich glaube an seine Vernunft! Ohne diesen Glauben würde ich nicht die Kraft haben. am Morgen aus meinem Bett aufzustehen.*

> *SAGREDO: Ich glaube nicht an sie. Vierzig Jahre unter den Menschen haben mich gelehrt, dass sie der Vernunft nicht zugänglich sind.*

> *Bertolt Brecht: Leben des Galilei*

So weit zum "Paulus" der Relativitätstheorien. Wie aber steht es mit dem Propheten selbst? Wie wurden er und seine Lehren aufgenommen? Wann kam der Durchbruch? Wenn wir uns anschauen, wie die Relativitätstheorien akzeptiert wurden und warum sie erhalten blieben, drängt sich erst recht das Bild vom Erlöser auf. Diese Geschichte sieht in etwa so aus (siehe Lit. Bartusiak, p. 4):

Der Physiker RAINER WEIß vom renommierten MIT in den USA sagte über seine Motivation, am Projekt LIGO zur Überprüfung der Allgemeinen Relativitätstheorie mit zu arbeiten:

Die Anbetung Einsteins ist der einzige Grund, warum wir hier sind.

(Das könnte so aussehen:)

Allerdings: Weiß meinte nicht seine eigene hohe Meinung von Einstein, sondern die Tatsache, dass man mit seinem Namen Milliarden vom Kongress bekommt, um das Projekt "Suche nach Gravitationswellen" starten zu können. "Hätten wir denen gesagt" so Weiß, "wir wollen Heisenbergs Unschärferelation überprüfen, hätten wir nichts gekriegt." Die Anbetung Einsteins durch die Öffentlichkeit, das öffnet Tür und Tore (und Geldhähne).

Indes, Anbetung, weswegen? Weil Einstein als Erlöser daherkam. Dabei betonte er selbst die Gefahren eines (in der Wissenschaft unüblichen) Glaubens an Autoritäten in einem Brief an seinen Freund Jost Winteler vom 8. Juli 1901: *Autoritätsdusel ist der größte Feind der Wahrheit.*

Einsteins gute Beziehungen zu Gott drücken sich am besten in der Antwort an Max Planck aus, als dieser fragte: Was wäre geschehen, wenn Eddingtons Daten Einstein *nicht* bestätigt hätten? *"Da könnt' mir halt der liebe Gott leid tun, die Theorie stimmt doch."* Dies bedeutet nach Margaret Wertheimer, *nichts anderes, als dass er mit der allgemeinen Relativitätstheorie den Schöpfungsplan entdeckt hatte, den Gott hätte verwenden sollen.*

Und sie fährt fort:

In den letzten Jahren wird Einstein zunehmend als Gestalt gewordener wissenschaftlicher Hohepriester betrachtet. ... Seit Einsteins Tod ist ein Personenkult entstanden, der ihm die Züge eines Heiligen verlieh. Zahllose Artikel und Biographien zeichnen das Bild eines sanften Genies, das sich für den Weltfrieden engagierte, sich über den Rassismus empörte und die Bienen beschützte. ... Als der "heilige Wissenschaftler" ist er zum perfekten Werbemaskottchen für die gegenwärtige Physik geworden.

Als sein Ruhm etabliert war, wurde er selbst zu einem physikalischen Übergott, zu einer Autoritätsperson, an dessen Worten niemand zu zweifeln erlaubt war (sofern die Orthodoxie diese Worte billigte). Aber wie kam es dazu? Da war die geistige Verwirrung über Äther und Experimente. Da kam ein Mann, der die leidenden Denker von all ihren Übeln erlöste. Er fegte alle Probleme hinweg, indem er sagte: Es gibt keinen Äther, und Licht ist absolut. Und der Meister versprach seinen Jüngern die Seligkeit im Jenseits - im Jenseits physikalisch erfassbarer Wirklichkeit, dort, wo man nichts mehr messen kann, wo der Physiker die Niederungen der Verifikation verlassen darf, um sich nur noch dem reinen Denken hinzugeben, wo nichts mehr zählt außer Originalität, Exklusivität und Unverständlichkeit.

Und irgendwann wurden die letzten kritischen Denker ausgeschaltet. Wie, das beschreibt der Philosoph und Anhänger des Wiener Kreises ERNST TOPITSCH so:

Um sich der Einwände jener wenigen, welche die Klarheit und wissenschaftliche Strenge lieben, zu entledigen, wird man zweckmäßigerweise voll Verachtung von der Enge ihres Geistes sprechen, die sie daran hindert, die Tiefe der gegebenen Definition zu verstehen und zu würdigen. Dann wird jeder, der als intelligent gelten will, wohlweislich vermeiden, sich in so schlechte Gesellschaft zu begeben, und wird - mit geschlossenen Augen und ohne sich zu verstehen - die betreffenden Dimensionen annehmen.

Wer abweichender Meinung war, wurde, wie in der Kirche, exkommuniziert. Der irische Physik-Professor ALFRED O'RAHILLY war von der unkritischen, fraglosen Akzeptanz der Relativitätstheorien und vom Dogmatismus ihrer Anhänger sehr irritiert. Seiner Meinung nach herrscht in der Wissenschaft eine strengere Orthodoxie als in der Theologie. O'Rahilly musste es wissen - er war Physiker und Priester zugleich!

Dazu kommt, dass berühmte und anerkannte Koryphäen den Meister lobten. Neben dem eifrigsten Verfechter, seinem "Paulus" ARTHUR EDDINGTON in England, schlossen sich andere Theoretiker ihm an, denn das ganze System war, mathematisch und begrifflich gesehen, bestechend einfach, eben wie eine Religion: Alles folgt aus einigen wenigen Prinzipien, für alles ist eine Erklärung da. Die äußere Welt der Wirren wird durch innere Einheit im Zaum gehalten. Die **Weltformel** liegt in der Luft; ist sie einmal gefunden, wird sie alles erklären und die Menschheit von allen Übeln erlösen.

Einstein, der Erlöser - das wusste er selbst sehr genau. In einem Brief an ARNOLD SOMMERFELD vom 14.1.1908 stellte er nüchtern fest:

Wenn uns nicht das Michelson-Morley'sche Experiment in die größte Verlegenheit gebracht hätte, hätte niemand die Relativitätstheorie als eine Erlösung empfunden.

Und er selbst wusste sehr wohl über seine Verehrung Bescheid und mokierte sich darüber. In einem Interview mit einer holländischen Zeitschrift aus dem Jahre 1921 sagte er:

Es erscheint mir unfair und sogar geschmacklos, einige Individuen zur grenzenlosen Bewunderung auszuwählen und ihnen übermenschliche Kräfte des Geistes und Charakters zuzuschreiben. Das war mein Schicksal, und der Gegensatz zwischen der öffentlichen Bewunderung meiner Kräfte und meinen Errungenschaften in der Wirklichkeit ist einfach grotesk.

Jedoch: Kritik an seinen Theorien war nicht statthaft. Seine eigene Unfehlbarkeit hat er in seinen "autobiografischen Notizen" so deklariert:

Der Standpunkt, nach dem eine Theorie kritisiert werden darf, betrifft nicht die Beziehung zum Beobachtungsmaterial, sondern hat mit den Voraussetzungen der Theorie selbst zu tun.

Also: Ein Vergleich mit Beobachtungsdaten, die eine (seine) Theorie widerlegen könnten, ist unstatthaft. Vielmehr müssen seine Theorien mit sich selbst verglichen werden - und das kann nur der Meister oder einer seiner ehrerbietigen Schüler.

So wurde Einstein auch noch zum Heiligen erhoben. Der Ausdruck stammt übrigens von seinem großen Bewunderer und Biografen ABRAHAM PAIS. Der bezeichnete den 6.11.1919 als

den Tag, an dem Einstein kanonisiert (= zum Heiligen erhoben) *wurde.*

Da, wo ein - und nur *ein* - Erlöser den Ton angibt (auch wenn er selbst gar nicht mehr aktiv ist oder dies gewollt hätte), da etabliert sich eine Kirche in Seinem Namen, und mit ihr eine Inquisition. Die ist auch in Falle der Einsteinschen Theorien zu beobachten. So gilt:

- An der University of Berkeley in Kalifornien werden alle Einstein-Kritiker mit einer höchst seltsamen Begründung hinaus geworfen: Antisemitismus. Einen besonders krassen Fall besprechen wir im Kapitel "Wie Geschichte verfälscht wird": Da wurde einem, der nur Fragen stellte, welche die RTs überhaupt nicht in Zweifel zogen, offiziell in einer Wissenschaftszeitschrift geantwortet: *Sie sind paranoid (leiden an Verfolgungswahn) und antisemitisch.* Und das war's.

- Der Herausgeber der "Annalen der Physik" ließ einem Einstein-Kritiker schriftlich mitteilen: "*Die Herausgeber haben einstimmig beschlossen, keinerlei Artikel zu veröffentlichen, ja nicht einmal zu diskutieren, die vorgeben, Beweise gegen die spezielle Relativitätstheorie gefunden zu haben.*" Ist das Wissenschaft?

In der Zeit, als der Kommunismus noch eine gewisse Macht ausübte, musste jegliche Publikation in seinem Machtbereich mit den Worten beginnen: "Wie schon Marx/Engels und/oder Lenin/Stalin bemerkten ..." Bei Publikationen über die Relativitätstheorien ist es ähnlich: Es fängt an mit "Wie schon Einstein bemerkte" und endet mit "womit wieder einmal Einsteins Formeln bewiesen wurden." Und wer sich nicht daran hält oder gar explizit Zweifel äußert, wird "exkommuniziert", als Ketzer gebrandmarkt und aus der Gemeinschaft der Wissenschaftler ausgeschlossen.

Der Tag der Erlösung war jener Tag, da Eddington seine angebliche Bestätigung der Einsteinschen Voraussagen bezüglich der Sternpositionen bei einer Sonnenfinsternis präsentierte, wo, laut ALFRED NORTH WHITEHEAD (Mathematiker und Philosoph), eine Atmosfäre herrschte

wie bei einem griechischen Drama: Wir waren der Chor ... Ein großes
geistiges Abenteuer war zuletzt sicher an der Küste gelandet. [siehe Lit.
McCausland]

So werden Heilige gemacht, zu deren Lebzeiten, und die Naturwissenschaft -
insbesondere die Physik - erweist sich als im tiefsten Grunde religiös. Doch
im Gegensatz zur Kirche glaubt die Wissenschaft nicht an den *Einen* Gott,
sondern an viele, und das macht unbescheiden und öffnet dem Götzendienst
Tür und Tor. So konnte einer, der wie der Inbegriff des stillen Gelehrten
aussieht, mit weißen Haaren und verträumten Blick, zum Wissenschaftler des
Jahrhunderts gewählt werden, auch wenn er nur ein rücksichtsloser Träumer
war. Und ein anderer, der dessen krause Fantasien noch ein wenig krauser
machte, wird ebenfalls als eine Art Heiliger der Physik verehrt, nur weil er im
Rollstuhl saß und nicht mehr reden konnte. Und wir dachten immer,
Wissenschaft und Religion wären Gegensätze!

Wie sehr der Mann mit den wirren weißen Haaren auch heute noch als Heiliger
verehrt wird, zeigt ein Artikel, der im "Scientific American" im Juli 2018
erschien. Dort heißt es:

Albert Einsteins unglaublich erfolgreiche Allgemeine Relativitätstheorie, die
erklärt, wie Schwerkraft funktioniert.

Das ist kompletter Unsinn. Die Rückführung von Kräften auf eine Raum-Zeit-
Krümmung erklärt nicht nur nichts, sie mystifiziert etwas, das wir täglich
erleben (aber immer noch nicht in ihren Ursachen begreifen). Und auch wenn
der Autor feststellt:

Es stellt sich heraus: Einstein hatte wieder mal Recht, und es wird immer
schwieriger, ihn zu widerlegen.

verbreitet er nur Unsinn. Denn nach dem Popperschen Wissenschaftskriterium
kann eine Theorie niemals verifiziert (für wahr erklärt), wohl aber durch eine
einzige Tatsache falsifiziert (widerlegt) werden. So gesehen können hundert
Tatsachen für Einsteins Formeln sprechen, die Theorie wird dadurch nicht
wahrer. Und auch Lobhudeleien der Art

Der stetige Erfolg der Allgemeinen Relativitätstheorie muss als eine der
unglaublichsten geistigen Errungenschaften unserer Rasse gefeiert werden.

machen die Theorie nicht "wahrer", auch wenn das derzeit verpönte Wort "Rasse" durch "Population, Spezies, Menschheit", was auch immer, ersetzt wird.

Vielleicht wurde mit diesen Ausführungen klar, wie sich wirklichkeitsferne Ideen durchsetzen konnten. Warum aber konnten sie sich halten, gerade in der Wissenschaft, die ja auf Selbstkorrektur aufgebaut ist und wo die Regulierung, die ständige Überprüfung durch andere Wissenschaftler, angeblich so gut funktioniert? Hat auch hier der Meister Recht, wenn er sagt:

Die Majorität der Dummen ist unüberwindbar und für alle Zeiten gesichert.

Besteht auch die Welt der Wissenschaft aus Schafen? Merke:

Um ein tadelloses Mitglied einer Schafherde sein zu können, muss man vor allem ein Schaf sein. (Albert Einstein).

Ein Grund für die Schwierigkeit, auf die Widersprüche der Einsteinschen Thesen hinzuweisen, liegt in dem, was ich die "Haiderisierung der Wissenschaft" nennen möchte. JÖRG HAIDER war ein österreichischer Politiker, der durch seine antisemitischen und neonazistischen Sprüche sein Volk entzückte und das Ausland verärgerte, bis es von der EU an den Rand gedrängt und in vielfältiger Weise boykottiert wurde. Doch dieser Haider war nie zu fassen. Warf man ihm eine seiner Äußerungen in der Öffentlichkeit vor, konterte er als erstes mit dem Ausspruch: *Das habe ich nicht gesagt.* Konnte man ihm das Zitat nachweisen, konterte er mit: *Das habe ich nicht so gemeint.* Konnte man ihm schließlich nachweisen, dass er es sehr wohl so gemeint hatte, konterte er mit dem Ausspruch: *Das war damals so, jetzt bin ich anderer Meinung.*

So ähnlich geht es Einstein-Kritikern, und das macht sie so frustriert:

- Werfen sie Einstein vor, bei ihm würden Raum und Zeit sich verändern, steht in seinen Schriften: *Ich rede nur von Uhren und Maßstäben, nicht von Raum und Zeit als solchen.* Doch an andere Stelle steht: *Wir brauchen eine neue Auffassung von Raum und Zeit an sich.*

- Wollen sie ihn auf den Äther festlegen, sagt er: In meiner Speziellen Relativitätstheorie gibt es keinen, in meiner Allgemeinen Relativitätstheorie aber schon.

- Will man ihm einen Widerspruch nachweisen, sagt er: In meiner Theorie gibt es nur geradlinig-gleichförmige Bewegungen. Passt das Experiment aber in seine Vorstellungen, sagt er: Jede krummlinige Bewegung kann in beliebig viele geradlinige Bewegungen zerlegt werden.

Wie kann man mit einem Menschen, der sich einem durch seine widersprüchlichen Aussagen ständig aalglatt entzieht, irgend etwas Negatives nachweisen? Zu jeder Aussage gibt es eine Gegenaussage, zu jeder Formel kann auch ihr Gegenteil abgeleitet werden. Da soll man nicht frustriert sein und, im Gefolge dieses Gemütszustands, gelegentlich ausfällig werden!

Aber es gibt noch einen anderen Grund, warum die Anerkennung logischer Fehler und physikalischer Ungereimtheiten den Wissenschaftlern fast unmöglich ist. Denken Sie an Friedrich den Großen, der versuchte, die Folter als Mittel der Wahrheitsfindung abzuschaffen. Der Widerstand der Juristen war immens, selbst der absolute Herrscher musste jahrelang dagegen kämpfen. Der Grund: Die Juristen sagten, wenn das so ist, haben wir uns jahrhundertlang geirrt, sind einem Irrglauben aufgesessen, hatten nicht die Geisteskraft (oder den Mut) zuzugeben, dass wir die ganze Zeit falsch lagen. Und so ein Urteil kann niemand ertragen.

Ähnlich bei den Relativitätstheorien: Würden die Wissenschaftler jetzt zugeben, dass in diesen Theorien viel hohler Schwamm und wenig Substanz, viel Widersprüchliches und wenig Konkretes, viel Unmögliches und wenig Brauchbares steckt, dass mathematischer Zuckerguss die logischen Risse, physikalischen Löcher, mathematischen Akrobatikkünste und unvernünftigen Behauptungen verdecken, dann wären die Fachgelehrten blamiert, und sie müssten die Frage beantworten: Warum habt ihr das nicht früher bemerkt? Andere taten das ja auch. Und ihr? Wart ihr Anbeter, welche die Augen verschlossen, wart ihr Schafe, die den Autoritäten nachliefen, hab ihr euch dumm gestellt, die Widersprüche ignoriert, verleugnet, verdrängt?

Aber vielleicht sehe ich das alles viel zu eng. Vielleicht sollte ich mir die Auffassung zu eigen machen, die der Physiker JEAN-MARC LÉVY-LEBLOND in der renommierten Zeitschrift NATURE vor kurzem vertrat. Der Artikel beginnt mit der trivialen Feststellung "Wissenschaftler haben mit Tatsachen zu tun" und endet mit dem Zitat des Dichters JEAN COCTEAU:

Dichtung ist eine Lüge, welche die Wahrheit erzählt.

So weit so gut, aber nun kommt der Hammer. Der Autor beschließt seinen Artikel mit den Worten:

Das gleiche gilt auch für die Wissenschaft.

Wissenschaft als Märchenkunst - weit haben wir es gebracht! Vielleicht sollte ich den sachlichen Teil dieses Buchs streichen und es nur noch mit Märchen füllen. Obwohl, wo ist der Unterschied?

(C) Caruso, der Berühmte

Wie bei dem Mann im Märchen alles zu Gold wurde, was er berührte, so wird bei mir alles zum Zeitungsgeschrei. Einstein an Max Born, 9. September 1920

Was haben Einstein und Caruso gemeinsam? Sie wurden in einem Augenblick berühmt bzw. das Gegenteil, auf Grund einer Verwechslung, frei nach dem Motto: Keiner ist so berühmt, wie er glaubt. Erst zum Sänger:

Der berühmte Tenor Enrico Caruso fuhr einmal durch die USA und hatte eine Autopanne. So suchte er ein Farmhaus mitten in der Prärie auf und bat um Hilfe. Auf die Frage, wer er denn sei, entgegnete er: Caruso. Da rief der Farmer, ganz aus dem Häuschen, seine Frau: Komm schnell, wir haben einen hohen Gast! Bei uns ist Caruso, der weltberühmte Robinson Crusoe!

Das war natürlich eine Anekdote, aber so etwas Ähnliches hat sich in der Realität zugetragen. Am 3. April 1921 stieg ein gewisser Albert Einstein in New York an Land und wurde, laut übereinstimmenden Berichten aller großen Zeitungen, von Zehntausenden Menschen bejubelt. So bekannt war das Genie, dass sich die Menschen extra versammelt hatten, um ihn zu sehen und zu begrüßen. Und so wurde Einstein in den USA zu einer Legende; berühmt war er ja vorher schon, wenn auch noch nicht so recht in Amerika. Da die Reporter die Menschenmassen gesehen hatten, war es auch so.

Oder doch nicht? Der Wissenschaftshistoriker MARSHALL MISSNER (Department of Philosophy, University of Wisconsin) nahm sich die Sache vor und las auch andere Zeitungen - jüdische (siehe Lit. Barabási). Und da ergab sich ein ganz anderes Bild. Die "Massen" waren hauptsächlich New Yorker Juden, die auf **Chaim Weizmann** warteten, den Führer der zionistischen Bewegung, die einen eigenen Staat für die Juden forderte. Und dem jubelten sie zu. Allerdings hatte Weizmann in seinem Gefolge auch noch ein paar Unterstützer, die man in Europa kannte. Darunter auch ein gewisser Dr. Einstein, von den jüdischen Zeitungen nur am Rande, in einer Fußnote oder am Ende des Artikels erwähnt.

Fazit: Auch der Augenschein kann trügen.

Warum Widersprüche tödlich sind
... zumindest für mathematisch-wissenschaftliche Theorien

Allgemein erhält man gemäß dem Relativitätsprinzip aus jeder richtigen Beziehung zwischen "gestrichenen" und "ungestrichenen" Größen wieder eine richtige Beziehung, wenn man die ungestrichenen durch die entsprechenden gestrichenen Zeichen ersetzt.
Albert Einstein: Über das Relativitätsprinzip (1907)

(A) **Aus einem logischen Widerspruch kann**, das beweisen die Mathematiker, **jede beliebige Aussage abgeleitet werden - und** damit natürlich auch **ihr Gegenteil.** Was dazu führt, dass die betreffende Theorie sinnlos wird, denn Theorien sind dazu da, die wahren Aussagen von den anderen (falschen, sinnlosen) abzugrenzen.

Hier der einfache Beweis an Hand eines einfachen Beispiels:

Nehmen Sie die Arithmetik der ganzen Zahlen und fügen Sie folgendes - offensichtlich falsche - Axiom hinzu: $0 = 1$

Die Arithmetik enthält jetzt einen Widerspruch, denn natürlich gilt dort immer noch: $0=0$, aber auch, ab jetzt, $0=1$. Nun können Sie jede beliebige Behauptung beweisen, z.B. $28 = 17$. Das geht ganz einfach. Sie schreiben:

$$28 - 17 = 28 - 17$$

Jetzt multiplizieren Sie die linke Seite mit 1, die rechte mit 0 (die beiden Zahlen sind ja seit neuestem identisch). So erhalten Sie

28 - 17 = 0, oder 28 = 17

Was zu beweisen war.

(B) Die SRT ist widersprüchlich. Auch hier ist der Beweis äußerst einfach.

Wir setzen nur zweierlei voraus:

(1) **Es gibt einen Effekt** bei hohen Geschwindigkeiten (sonst wäre die Theorie überflüssig).

(2) **Der Effekt ist reziprok** (nach dem Relativitätsprinzip), also sehen zwei Beobachter das Gleiche, sonst wäre die Relativitätstheorie nicht "relativ" und die eine Geschwindigkeit würde sich in irgendeiner Weise vor der anderen auszeichnen.

Dann kann man die Größen im ruhenden System mit x, die im dazu bewegten System mit x' bezeichnen, wobei es egal ist, ob x eine Länge oder eine Zeit bezeichnet. Nun gilt also:

(A) $x' = k \cdot x$,

mit k ungleich 1 nach Voraussetzung (1) (sonst gäbe es keine Effekte). Nach Voraussetzung (2) gilt aber auch umgekehrt

(B) $x = k \cdot x'$

Setzt man x aus Gleichung (B) in Gleichung (A) ein, dann erhält man: $x' = k^2 x'$ oder $k^2 = 1$ oder $k = 1$, was Voraussetzung (1) und unserer Annahme widerspricht! Also enthält die SRT **entweder einen Widerspruch, oder es gibt gar keine Effekte.**

Und nun zu den zahlreichen Widersprüchen der SRT.

Der Widersprüche Erster Teil:

Die Lorentzkontraktion (Raumstauchung)

"Du magst das Unsinn nennen" sagte die Schwarze Königin. "Aber <u>ich</u> habe
schon Unsinn gehört, dagegen ist das so logisch wie das Einmaleins."
Lewis Carroll: Alice hinter den Spiegeln

Fast wünschte man, die Lorentz-Transformation wäre nie erfunden worden;
ständig wird sie angewandt, ohne dass auf ihre Bedeutung geachtet wird.
Sir Arthur Eddington (1937)

(A) Das Gartenzaun-Paradoxon

Das Paradoxon, besser gesagt: der Widerspruch, fungierte ursprünglich als "Garagenparadoxon" und wurde in einem Lehrbuch von Wolfgang Rindler ("Essential relativity") 1977 beschrieben. Von Rindler stammt auch das hübsche Panzer-Paradoxon, das wir im Anschluss daran schildern. Mit dem Gartenzaun-Paradoxon kombinieren wir diesen Widerspruch mit dem "Maßstabsparadoxon" (Ulrich E. Schröder: Spezielle Relativitätstheorie, 2005).

Wir konstruieren einen Gartenzaun, frei nach dem Gedicht von Christian Morgenstern:

> *Es war einmal ein Gartenzaun*
> *mit Zwischenraum, so groß*
> *dass eine Kugel*
> *war gut durchzuhaun ...*

Stellen wir uns einen ganz gewöhnlichen Gartenzaun vor. Naja, nicht ganz gewöhnlich. Er soll unendlich lang sein, doch wem das zu lang ist, der kann ihn in Gedanken einfach nur "beliebig lang" machen. In der Praxis macht das keinen Unterschied. Seine Latten sollen 10 cm breit sein, die Zwischenräume etwas größer, sagen wir 15 cm. Nun besorgen wir uns noch eine Kugel von 10 cm Durchmesser. Sie passt also gut durch die Zwischenräume. Und wenn wir uns vor den Zaun stellen, können wir ohne Probleme die Kugel durch irgendeinen Zwischenraum auf die andere Seite des Zauns werfen. Entlang dem Zaun, ziemlich dicht an ihm dran, verlaufen Gleise, die so lang sind wie der Zaun. Auf ihnen verkehrt der *Einstein-Express*, ein Zug der besonderen Art. Er wurde von Albert Einstein zur Illustration seiner Ideen erdacht. Das Besondere an ihm: Er kommt in seiner Geschwindigkeit nahe an die des Lichts heran.

Der Einstein-Zug: unendlich lange Schienen. Links daneben der Gartenzaun mit Zwischenraum.

Wir steigen in den Zug und fahren langsam los. Immer noch können wir unsere Kugel problemlos durch die Lücken des Zauns werfen; wir müssen nur den Ablenkwinkel durch die Eigengeschwindigkeit berücksichtigen. Der aber wird, wie es so schön heißt, "vernachlässigbar klein", wenn wir den Zug sehr nahe am Zaun vorbeifahren lassen.

Und jetzt geben wir Gas und beschleunigen auf eine Geschwindigkeit nahe der Lichtgeschwindigkeit. Und siehe da: nun können wir die Kugel nicht mehr auf die andere Seite des Zaunes werfen, denn gemäß der Längenkontraktion der Speziellen Relativitätstheorie zieht sich der Zaun - und damit auch sein Zwischenraum - zusammen: Die Kugel passt nicht mehr durch (siehe Kasten).

Das ist an sich noch nicht verwunderlich, denn wir können nicht erwarten, dass unter extremen Verhältnissen die gleichen Bedingungen herrschen wie im Alltag. Doch jetzt machen wir etwas ganz Einfaches: Wir wechseln den Standpunkt. Statt mitzufahren hocken wir jetzt hinter dem Zaun und drücken dem Schaffner des Einstein-Zuges die Kugel in die Hand, mit der Auflage, sie bei hoher Geschwindigkeit durch den Zaun zu werfen. Und das geht ohne weiteres: Denn nach dem Einsteinschen Relativitätsprinzip erleben wir hinter dem Zaun das gleiche wie vorhin im Zug: Der Zug und alles, was in ihm mitfährt, schrumpft in Längsrichtung zusammen. Die Kugel wird also dünner und passt nun problemlos durch die Lücken des Zauns.

Was ist da geschehen? Hat das Wechseln des Standpunkts etwas möglich gemacht, was vorher unmöglich war? Nein, wir haben falsch gedacht. Das zumindest sagen die Kenner der Materie: In Wirklichkeit müssen wir berücksichtigen, dass sich die Kugeln vor dem Durchgang durch den Gartenzaunzwischenraum *drehen*. Nach Sexl/Schmidt sieht das so aus:

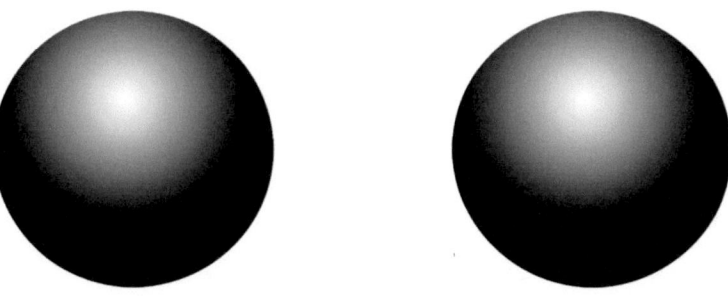

Eine Einstein-Lorentz-Kugel: links: Original, rechts: gedreht. Beachte den Unterschied!

Das Gartenzaun-Paradoxon

Der Einstein-Zug trägt eine Kugel, die gerade noch durch die Lücken des "unendlich nahen" Gartenzauns passt. Man kann im Ruhezustand die Kugel gut durch die Lücke werfen. Da es sich um ein in der Speziellen Relativitätstheorie sehr beliebtes Gedanken-Experiment handelt, ist ein Durchwurf der Kugel (es kann ja auch ein Lichtstrahl sein) jederzeit möglich, egal, wie die beiden Objekte - Zug und Zaun - sich relativ zueinander bewegen. Hier der Ruhezustand:

Der Einstein-Zug in Ruhe: Wie man sieht, passt die Kugel genau durch den Zwischenraum.

Im bewegten Zustand gibt es zwei Möglichkeiten:

(a) Der Zug rast an "ruhenden" Beobachtern (hinter dem Zaun) vorüber.

(b) Der Beobachter (auf dem Zug) rast am Zaun vorüber.

Beide Zustände sind nach dem Relativitätsprinzip gleichberechtigt. Also darf sich an grundlegenden physikalischen Tatsachen nichts ändern. Die Situationen sehen im Einzelnen so aus: (relativistische Effekte (= Längenkontraktion) in rot):

*Der Zug bei hoher Geschwindigkeit, **vom Zaun aus gesehen**, also vom ruhenden Betrachter. Durch die Längen-Kontraktion erscheint der vorbei flitzende Zug gestaucht, die Kugel passt gut durch.*

*Der Zaun bei hoher Geschwindigkeit, **vom Zug aus gesehen**. Durch die Längen-Kontraktion erscheint der vorbei flitzende Zaun gestaucht - die Kugel passt nicht mehr durch, obwohl sich an der Situation nichts geändert hat!*

Was sagen die Fachleute dazu? Hier ein Ausschnitt aus dem Buch von Sexl & Schmidt:

Im Bild bewegt sich ein Eisenbahnwagen mit großer Geschwindigkeit v nach rechts. Welches Bild sieht ein Mann, an dem der Wagen vorüberfährt? Um das Problem zu vereinfachen, soll der Beobachter weit von den Gleisen entfernt stehen. Dann brauchen wir nur parallele Lichtstrahlen zu betrachten. Zur Konstruktion des Bildes benutzen wir das von den vier Ecken A, B, C und D des Wagens ausgesendete Licht.

Da die Ecken A und B vom Beobachter weiter entfernt sind als die Ecken C und D, muss das von ihnen kommende Licht zu einem früheren Zeitpunkt ausgesendet werden. Das von B kommende Licht gelangt jedoch nicht in das Auge des Beobachters, da es durch die Bewegung des Wagens auf dessen Stirnseite auftrifft. Anders das von A kommende Licht. Es durchläuft die Strecke, die der Breite b des Wagens entspricht, in der Zeit $\Delta t = b/c$. In dieser Zeit ist der Wagen um die Strecke $\Delta s = v\Delta t = v/c \cdot b$ weitergefahren. Das Licht, das nun von den Ecken C und D ausgesendet wird, gelangt zugleich mit dem von A kommenden Licht in das Auge des Beobachters. Dieser würde demnach, ohne Berücksichtigung der Lorentz-Kontraktion, das im Bild dargestellte, verzerrte Bild des Wagens sehen.

Die seltsamen Argumentationen der Einsteinkritikerkritiker, also derjenigen, die Einsteins Ideen verteidigen, haben mich zu einer kleinen Geschichte angeregt:

Die seltsamen Vorfälle in der Bar zum Krummen Aasgeier

Die Bar, wo sich das unglaubliche Ereignis abspielte, das ich jetzt erzählen will, hat ihren Namen von einem ausgestopften Adler, der über der Tür hängt. Nicht, dass dieser krumm oder gar ein Geier gewesen wäre - das erste der vielen Seltsamkeiten dieses Etablissements - , aber der Inhaber versicherte glaubwürdig, wenn sein Stammgast, ein stiller Gelehrter mit Pfeife und wirren weißen Haaren, die Bar betrete, dann bögen sich nicht nur die Balken, sondern das ganze Universum krümme sich in sich selbst (was auch immer das heißen soll), und der Adler mache dann seinem Namen alle Ehre.

Vor einiger Zeit also saß ich friedlich am Tresen und schlürfte mein Bier, Marke "Michelson und Morley". Der Herr mit den wirren weißen Haaren war auch da. Er hockte still in einer Ecke, die Pfeife im Mund, und kritzelte irgendwelche Sachen auf seinen Bierdeckel. Die friedliche Idylle wurde unterbrochen, als ein riesiger Typ zur Tür hereinkam, dessen Auftreten allein Übles verkündete. Der Mann suchte Streit, das sah man seinem Gesicht auch an. Und so kam es: Er bahnte sich seinen Weg zur Theke und schubste einen stillen kleinen Mann beiseite, der gerade versuchte, einen Zollstab zwischen zwei Salzstreuern durchzuschieben, die zu nahe beieinander standen. Er hätte sie nur ein Stück auseinanderschieben müssen, doch darauf angesprochen, murmelte er nur, mit Hilfe eines Lorentzkontrakts müsse das auch so gehen, wenn er sich nur entsprechend beeile. Keiner wusste, was er damit meinte, aber da er immer pünktlich seine Zeche zahlte und niemand belästigte, ließ man ihn gewähren.

Damit war's jetzt vorbei. Der Rüpel fegte die Utensilien des stillen Zollstabmanipulierers rücksichtslos beiseite. Die Salzstreuer flogen durch die Luft, das Bierglas (samt Inhalt) in dessen Schoß. Als der kleine Mann protestierte und auf seinen ruinierten Rock verwies, sah ihn der Grobian nur schweigend an, nahm sein eigenes Bierglas und blies seinem Gegenüber den Schaum ins Gesicht.

Nun dachten wir alle, es wäre Zeit für den kleinen Mann, sich aus dem Staub zu machen, bevor er selbst zu solchem wurde. Doch was tat der? Statt sich noch kleiner zu machen oder sich zu verkrümeln (oder selbst zu Krümeln zu werden), richtete er sich zu voller Größe auf, was bedeutet, dass er dem Rüpel bis zum Gürtel reichte. Dann sagte er mit freundlicher Stimme: Haben Sie schon was vom Relativitätsprinzip gehört?

Der Grobian schnaubte verächtlich durch seine überdimensionierten Nasenlöcher und hob an, den Kleinen aufzuheben, ihn also mit einer Hand am Kragen zu packen und ihn über den Tresen zu werfen. Aber der kam ihm zuvor, machte einen erstaunlich agilen Satz über die Bar, sich dabei auf seinen Zollstab stützend, zwinkerte dabei dem Herrn mit den wirren weißen Haaren zu, und landete hinter den aufgestellten Gläsern. Dabei rief er etwas, das wie "Gartenzaun-Parade" (oder so ähnlich) klang, was umso mehr verwunderte, als in der Bar verständlicherweise weder ein Garten noch ein Zaun zu sehen war noch eine Parade abgehalten wurde. Und jetzt geschah das Seltsame: Statt dass er im Abgrund zwischen Tresen und Glaskästen untertauchte, war er plötzlich so groß wie der Grobian. Gleichzeitig schrumpfte dieser zu Barhockergröße zusammen. Seinen Blick kann ich nicht beschreiben - sowas von ungläubig und irritiert hab ich noch nie gesehen.

"Was ist denn hier los?" piepste der geschrumpfte Grobian mit Fistelstimme. "Lorentzkontrakt" rief der gar nicht mehr so kleine Mann mit dem Maßstab, und der Herr mit den weißen Haaren murmelte irgendwas Unverständliches. "Was, was haben Sie denn gemacht?" fragte stammelnd der Barkeeper. "Standpunktwechsel" sagte der Mann mit dem Maßstab, und dann ergoss sich ein Schwall von fantasievollen Fachbegriffen über die verblüfft schweigende Mehrheit der Barbesucher. Was sie bedeuteten, weiß ich nicht, und wohl niemand sonst, außer - "Wenn ihr nicht versteht, was ich sage" meinte der so unerwartet Großgewordene, "dann fragt doch den da." Und er deutete mit seinem Maßstab, Sie haben's erraten, auf den Herrn mit dem wirren Haarschopf. Der aber war beschäftigt, indem er irgendwelche Sachen auf seinen Bierdeckel kritzelte.

Was soll ich sagen. Ich hab die Sache erst viel später begriffen, das mit dem Gartenzaun-Paradoxon und den "gleichberechtigten Inertialsystemen", wie der Fachausdruck wohl lautet. Was, ins Vulgär-Wissenschaftliche übersetzt, heißen soll: Wie du mir, so ich dir. Also: Nicht nur Größen sind austauschbar, auch Gemeinheiten. Irgendwie eine seltsame Moral, aber wer fragt denn danach.

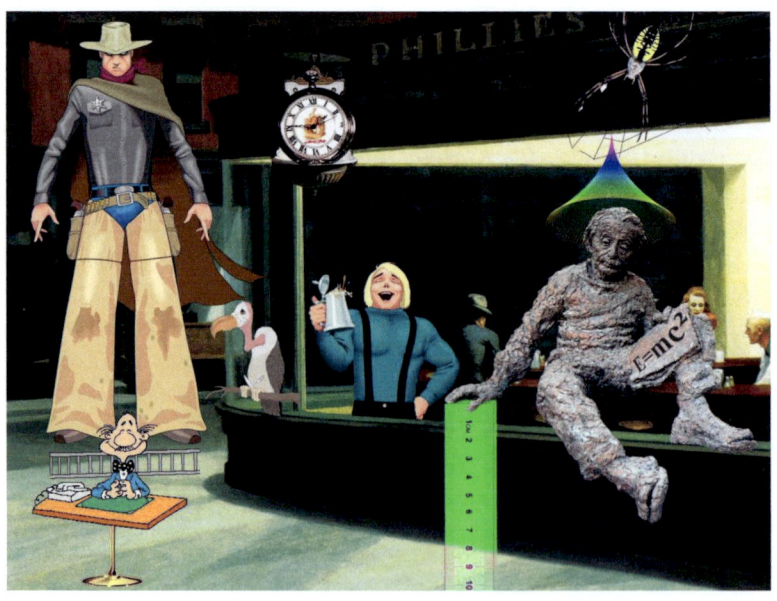

(B) Einsteins Panzer

Peter Rösch, Physiklehrer mit Vorliebe für alte Physikbücher, hat in einem Lehrbuch dieses wunderbare Beispiel gefunden, welches die Längenverkürzung so herrlich anschaulich schildert. Hier also eine Aufgabe aus dem Buch "Metzler-Physik", Verlag J. B. Metzler, Stuttgart, 2. Aufl. 1988, Seite 350, Aufgabe *8/43, übernommen von Rindler, Wolfgang: Length Contraction Paradox. In: Am. J. Phys.. 29, Nr. 6, 1961. Es handelt sich um eine Sternchen-Aufgabe (höherer Schwierigkeitsgrad, für Leistungskurse). Die Lösung findet sich im zugehörigen Lehrerband auf S. 294.

Einsteins Panzer: Die Aufgabe

Ist es möglich, mit einem 15 m langen Panzer einen 10 m breiten Graben mit einer Geschwindigkeit von v = 0,8 c zu überqueren? Aus der Sicht des Panzerfahrers ist der Graben auf 6 m kontrahiert, und die Mitte des Panzers, dort sei der Schwerpunkt, steht noch fest auf der einen Seite, wenn die Vorderkante des Panzers die andere Grabenseite erreicht. Aus der Sicht der Verteidiger ist der Panzer auf 9 m kontrahiert. Er schwebt also einen Moment frei in der Luft und müsste in den Graben fallen! Wie löst sich dieser Widerspruch?

Einsteins Panzer: Die Lösung

Natürlich fällt der Panzer in den Graben, da er aus der Sicht der Verteidiger für einen Moment frei schwebt. Wie erklärt sich dieser Sachverhalt aus der Sicht des Panzerfahrers? Mit der Lorentz-Transformation zeigt Rindler, dass sich der Panzer in dem kontrahierten Panzer biegt. Anschaulich hilft hier ein Minkowski-Diagramm. In der Abbildung (hier nicht wiedergegeben) sind das Ruhsystem I des Panzers und das relativ dazu nach links bewegte System I' des Grabens gezeichnet. Wir betrachten das Ereignis E (t = 0; die Panzerspitze fährt über den Grabenrand) und nehmen an, die zwischenmolekularen Kräfte im Panzer übertragen sich mit Lichtgeschwindigkeit. Nach 16 2/3 Sekunden hat erst ein Drittel des Panzers Kenntnis von dem Ereignis E und nur dieses Drittel kann demnach Kräfte ausüben und den über dem Graben befindlichen Teil halten. Das Diagramm zeigt, dass sich bereits 80% dieses Drittels über den Graben befindet. Der Panzer kann demnach nicht starr bleiben, sondern biegt sich von Anfang an (parabelförmig) in den Graben.

Alles klar? Nicht? Das fanden auch andere. So hat sich Frau *Jocelyne Lopez*, Mitstreiterin in Sachen "Wahrheit", an die Sache gemacht und einen Kommentar verfasst, in welchem sie auf ihre unnachahmliche Weise kristallklare Logik mit menschlicher Anteilnahme verknüpft. Hier also ihr Kommentar:

Einsteins Panzer: Was fühlt der Panzer?

(mit freundlicher Genehmigung von Frau Jocelyne Lopez)

1) Wenn ein "Drittel des Panzers" plötzlich "Kenntnis von dem Ereignis" bekommt, kann es natürlich nicht untätig bleiben. Sie würden auch nicht als Drittel eines Menschen dabei untätig bleiben, oder?

2) Also mobilisiert das erste Drittel seine zwischenmolekularen Kräfte und schickt sie mit Lichtgeschwindigkeit zu den zwei letzten Dritteln, die noch keine Ahnung von nix haben, obwohl sich diese in einem festen Medium ohnedies nur mit Schallgeschwindigkeit ausbreiten können.

3) Wenn schon 80% des ersten Drittels sich über den Graben befinden, dann können die 20% der zwei anderen Drittel nicht untätig bleiben, zumal sie mit großer Besorgnis von der Notsituation der zwischenmolekularen Verhältnisse des ersten Drittels mit Lichtgeschwindigkeit Kenntnis genommen haben. Die sind ja solidarisch mit dem ersten Drittel, versteht sich, oder? Sie würden schließlich auch solidarisch mit Ihrem ersten Drittel sein, wenn es in eine zwischenmolekulare Notsituation gerät, nicht?

4) Also entscheiden die zwei letzten Drittel einstimmig, dass der ganze Panzer unmöglich starr in dieser Notsituation bleiben soll, was fatal für alle drei Drittel zusammen wäre.

5) Sie biegen sich also "von Anfang an", also noch bevor sie alle drei "Kenntnis vom Ereignis" genommen haben (man merke hier den rettenden Einsatz des Rückwärtslaufs der Zeit) schön "parabelförmig" (man merke hier den rettenden Einsatz von Parabeln bzw. Zauberkräften) und biegen sich elegant in den 6 m bzw. 9 m breiten Graben, der die ganze Zeit gar keine Ahnung von dem Drama der 3/3 des Panzers, der 3/3 des Panzerfahrers und der 3/3 des Verteidigers hatte und auch nicht von der Veränderungen der 3/3 seiner eigenen Breite, und ganz brav mit seinen 3/3 die ganze Zeit 10 m breit geblieben ist.

6) So erklärt man mit der Relativitätstheorie für jeden nachvollziehbar, wie ein 15 m langer Panzer in einem 10 m breiten Graben fällt, elegant mathematisch parabelförmig verbogen.

(C) Die Ehrenfestsche Scheibe

PAUL EHRENFEST (1880 - 1933) wies 1909 seinen Freund Einstein darauf hin, dass nach dessen Theorie eine **rotierende Scheibe nicht existieren** könne. Zwar entspreche eine Drehbewegung nicht den Voraussetzungen der SRT (die nur geradlinige Bewegungen zulässt), doch hatte Einstein selbst dies zugelassen, indem er einen Kreis in einen Polygonzug verwandelte, also den runden Umfang durch beliebig viele gerade Stücke annäherte.

Einstein war über Ehrenfests Scheibe schockiert, denn dessen Einwände stimmten. Er veröffentlichte in einer Fachzeitschrift ein paar Gegenargumente und verschaffte seinem Freund den begehrten Posten eines Professors in den Niederlanden.

Das "Ehrenfestsche Paradoxon" sieht so aus (siehe nebenstehende Abbildung). Alles, was sich bewegt, zieht sich nach den Regeln der SRT zusammen ("Längen- oder Lorentzkontraktion"). Das gilt natürlich auch für den gesamten *Umfang* einer Scheibe, wenn sie sich rasch dreht. Wenn der Umfang, also das Rad, kleiner wird, müsste sich die Scheibe verbiegen, was man aber verhindern kann, wenn man statt der Scheibe einen langen Zylinder aus einem festen Material nimmt. Wie aber kann sich etwas verbiegen, ohne sich zu verbiegen?

Darauf gibt es nur eine vernünftige Antwort: Es geht nicht, die Theorie ist Unsinn. Und was sagte der Meister dazu?

In einem Briefwechsel mit dem kroatischen Mathematiker VLADIMIR VARIĆAK legte Einstein seinen festen Standpunkt in der bei ihm üblichen Klarheit dar:

Die Frage, ob die Lorentz-Verkürzung wirklich besteht oder nicht, ist irreführend. Sie besteht nämlich nicht "wirklich", insofern sie für einen mitbewegten Beobachter nicht existiert; sie besteht aber "wirklich", d. h. in solcher Weise, daß sie prinzipiell durch physikalische Mittel nachgewiesen werden könnte, für einen nicht mitbewegten Beobachter.

Die relativistische Kontraktion ist einerseits scheinbar, da ein (auf dem Scheibenrand) mitgeführter Beobachter sie nicht wahrnehmen kann. Der sieht ja auch nur den Mittelpunkt, und wie soll der kontrahieren. Andrerseits ist sie real, weil ein (im Mittelpunkt der Scheibe) ruhender Beobachter sie sehen kann. Woraufhin Varićak sich rächte und einen Artikel publizierte, in dem er behauptete, die Lorentzkontraktion sei ein rein psychologischer Effekt. Das wiederum ärgerte Einstein, doch seine Freunde sprangen ein, und jeder fand eine andere Erklärung:

- MAX PLANCK meinte, man müsse die **Elastizität der Körper** berücksichtigen. Kommentar: Völliger Unsinn: Die Lorentzkontraktion hat mit der Beschaffenheit der Körper überhaupt nichts zu tun.

- MAX VON LAUE ging einen Schritt weiter und behauptete: Auf Grund der von *Max Born* gelieferten Definition eines starren Körpers **kann es keine starren Körper geben.** Natürlich glaubt das niemand, denn der alltägliche Augenschein überzeugt selbst einen Blinden, dass starre Körper wie Felsen oder Gläser existieren. Schlimmer noch: Die gesamte Spezielle Relativitätstheorie stützt sich darauf, dass es starre Körper gibt! "Starrer Körper" ist derjenige Ausdruck, den Einstein am häufigsten verwendet. Diese Körper dienen als Maßstäbe, ohne sie geht nichts.

- Die Mathematiker GUSTAV HERGLOTZ und FRITZ NOETHER zeigten, dass eine feste Scheibe im Bornschen Sinn gar nicht beschleunigt werden kann. Auf Grund der Lorentz-Kontraktion **kann es** also **keine Drehbewegungen** in der Welt **geben.**

- Der Mathematiker THEODOR KALUZA schließlich gab zu Protokoll: Das Paradoxon löst sich auf, wenn die **Geometrie der rotierenden Scheibe nichteuklidisch** ist. Aber was, wenn ich es nicht schaffe, eine nichteuklidische Scheibe zu konstruieren? Wie macht man das überhaupt?

- Der Meister selbst (Brief Einsteins an den Philosophen und Mathematiker Joseph Petzold, August 1919): **Eine Scheibe kann nicht nur nicht rotieren, sie kann nicht einmal in Rotation versetzt werden, da sie infolge der Lorentz-Kontraktion zerbrechen müsste.** Kommentar: überflüssig.

Nun gut, man könnte sich damit trösten, dass das Ganze ja nur ein Gedankenexperiment ist, das mit der Wirklichkeit nichts zu tun hat. Stimmt aber nicht! Im Jahre 1973 führte THOMAS E. PHIPPS ein Experiment mit einer rotierenden Scheibe durch und reichte die Arbeit NATURE ein. Sie wurde abgelehnt und dafür in einer kleinen italienischen Fachzeitschrift veröffentlicht. Phipps hatte eine Scheibe in hohe Rotation versetzt, ihren Zustand mit Blitzlicht fotografiert und versucht, herauszufinden, ob sich eine Krümmung nach den Formeln der Relativitätstheorie ergibt. Es ergab sich keine. Die Längen-Kontraktion der Speziellen Relativitätstheorie ist reine Fiktion.

Was sagt Wikipedia dazu? Folgendes:

*"Eine Scheibe kann nicht wie ein „starrer Körper" vom ruhenden Zustand in Rotation versetzt werden, folglich **existieren keine starren Körper**. Und auch durch sorgfältig gewählte Kräfte, die an jeden Punkt des Körpers angreifen, lässt sich nur in ausgewählten Fällen eine Verformung vermeiden.*

*Gewöhnliche Materialien werden [bei Beschleunigung] unterschiedlichen Deformationen unterworfen sein, welche von der Beschaffenheit der Materialien abhängig sind. Ob die Scheibe im rotierenden Zustand größer oder kleiner ist als in Ruhe, **hängt nicht** nur **von der Längenkontraktion**, sondern auch von Zentrifugalkräften und mechanischen Spannungen **ab."**

(... die in den Formeln SRT aber überhaupt nicht vorkommen!)

Da wollen wir doch lieber Einsteins eigene Erklärung goutieren, die da lautet:

Es seien zwei (ruhend verglichen) gleichlange Stäbe A' B' und A" B", welche längs der X-Achse eines beschleunigungsfreien Koordinatensystems in der X-Achse paralleler, gleichsinniger Orientierung gleiten können. A' B' und A" B" sollen aneinander vorbeigleiten, wobei A' B' im Sinne der positiven, A" B" im Sinne der negativen X-Achse mit beliebig großer konstanter Geschwindigkeit bewegt sei. Dabei begegnen sich die Endpunkte A' und A" in einem Punkte A*, die Endpunkte B' und B" in einem Punkte B* der X-Achse. Die Entfernung A*B* ist dann nach der Relativitätstheorie kleiner als die Länge eines jeden *der Stäbe A' B' und A"B", was mit einem der Stäbe konstatiert werden kann, indem derselbe im Zustand der Ruhe an der Strecke A*B* angelegt wird.*

Kommentar: *Sehen Sie, so einfach ist es, und man kann sich's doch nicht merken!* (KARL VALENTIN)

(D) Ringe im All

Wenn wir schon bei Scheiben sind, machen wir daraus einen Ring, besser gesagt: drei davon, in unterschiedlichen Farben. Diese Ringe, in unterschiedlichen Größen, versetzen wir in einen erdnahen Orbit, sodass sie konzentrische Kreise bilden.

Um die Ringe bzw. schlauchförmigen Raumstationen gut voneinander unterscheiden zu können, haben wir sie unterschiedlich eingefärbt: die äußerste (größte) in blau-gelb, die mittlere in weiß-schwarz, die innerste (kleinste) in rot-grün. Das Ganze sieht dann so aus wie in *Bild 0*.

Nun versetzen wir die Ringe in schnelle Drehungen, und zwar den äußersten (blau-gelben) nach rechts (Geschwindigkeit = -V, nahe Lichtgeschwindigkeit), den innersten (rot-grün) mit der gleichen hohen Geschwindigkeit nach links. Der mittlere Ring, sozusagen die Beobachtungsstation, bleibt in Ruhe.

An dieser physikalischen Situation ändern wir in den folgenden Bildern nichts. Wir lassen nur das Ganze von drei verschiedenen Beobachtern schildern, d.h., wir versetzen einen Beobachter der Reihe nach auf alle drei Ringe. Durch die relativistische Lorentzkontraktion ändert sich das Bild auf erstaunliche Weise (siehe die folgenden Abbildungen samt Erklärungen).

Ich fand diese Darstellung auf einer russischen Webseite. Die Erscheinungen sind keineswegs so theoretisch-fantastisch, wie sie erscheinen. Denn die SRT wird auch auf mit nahe Lichtgeschwindigkeit beschleunigte Teilchen in Beschleunigerringen angewandt. Ersetzt man die "Ringe im All" durch "Speicherring + Beobachter außerhalb", dann haben wir eine im Labor überprüfbare Situation vor uns. Mit absurden Konsequenzen.

Ringe im All: so sieht's aus

Ausgangspunkt ist folgende Anordnung dreier ringförmiger Raumstationen im Weltall:

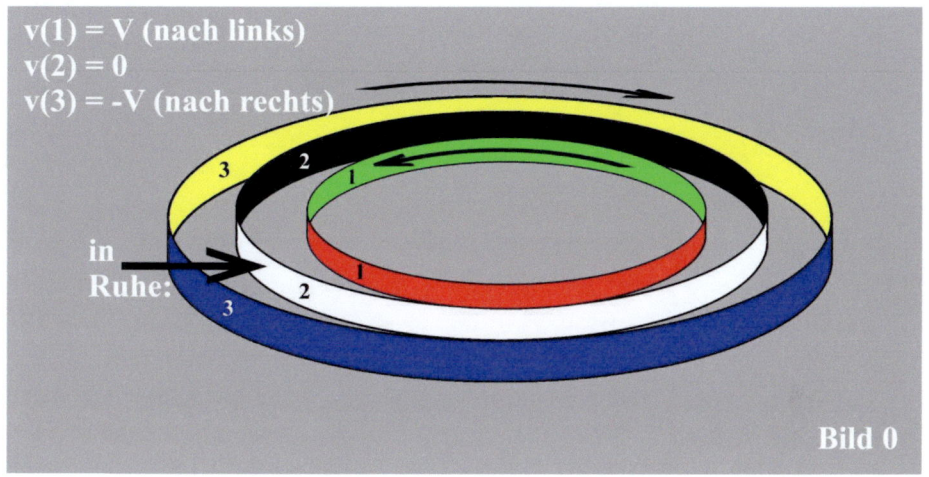

Der innere Ring (rot-grün, 1) dreht sich mit hoher Geschwindigkeit linksherum. Der mittlere Ring (weiß-schwarz, 2) steht still, relativ zur Erde. Und der äußere Ring (blau-gelb, 3) dreht sich mit hoher Geschwindigkeit rechts herum. Ein (stationärer = ruhender) Beobachter auf der Erde sieht alles so, wie oben gezeigt.

Achten Sie auf die Reihenfolge der Ringe und ihre Farben, beides wird sich gleich ändern!

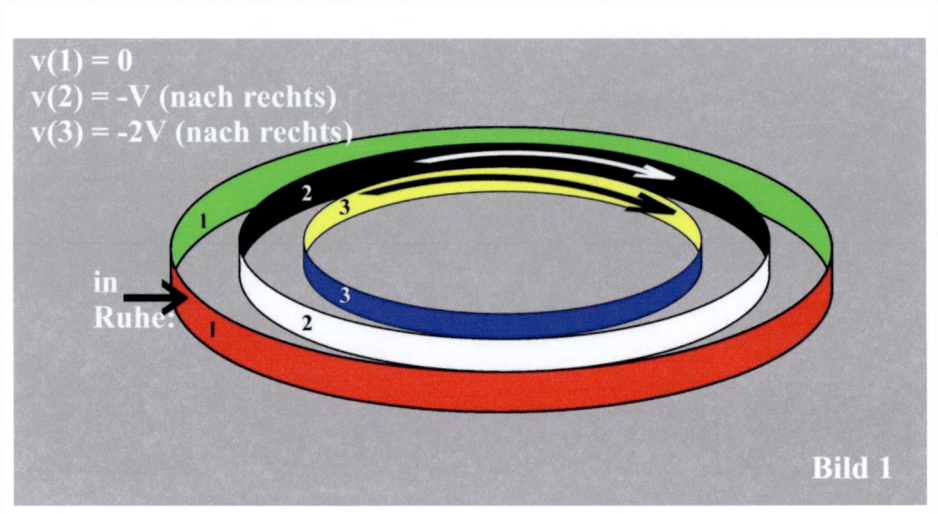

v(1) = 0
v(2) = -V (nach rechts)
v(3) = -2V (nach rechts)

in Ruhe:

Bild 1

Jetzt schicken wir den Beobachter auf den innersten Ring (rot-grün, 1). Relativ zu ihm dreht sich Ring 2 (weiß-schwarz) mit der Geschwindigkeit V nach rechts und Ring 3 (blau-gelb) mit der Geschwindigkeit 2V, ebenfalls nach rechts. Wegen der Längenkontraktion schrumpft also 2 zusammen und 3 noch mehr. Mit anderen Worten: Die Ringe haben ihre Reihenfolge getauscht, ohne Kräfte, und ohne einander zu durchdringen!

Der "ruhende" Beobachter sieht jetzt nur einen Ring, und zwar **innen** und in **weiß**.

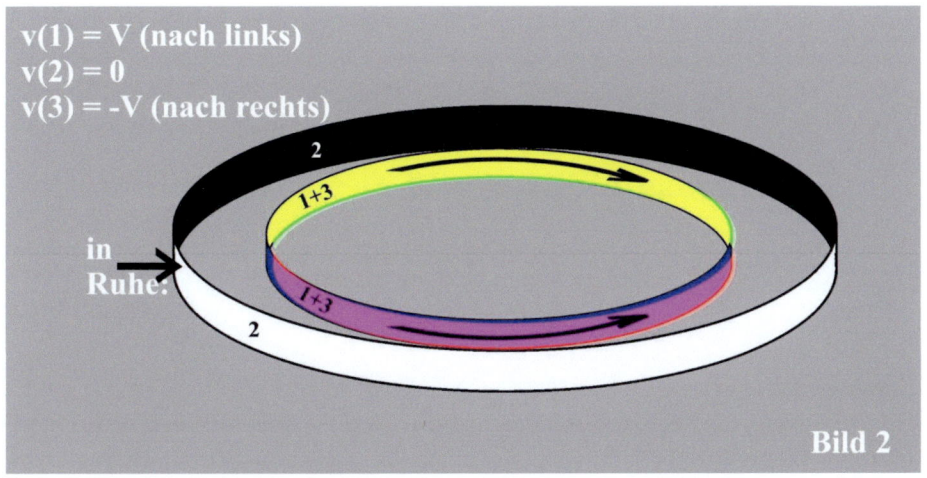

v(1) = V (nach links)
v(2) = 0
v(3) = -V (nach rechts)

in Ruhe:

Bild 2

Wir schicken den Beobachter jetzt auf den mittleren (weiß-schwarzen) Ring. Der rot-grüne und der blau-gelbe Ring rotieren, relativ zu ihm, mit der Geschwindigkeit V, allerdings in entgegengesetzten Richtungen. Das aber ist für die Längenkontraktion belanglos, da v dort quadratisch vorkommt und damit sein Vorzeichen verliert. Also kontrahieren beide Ringe auf die gleiche Weise. Sie liegen jetzt innerhalb von Ring 2 auf der gleichen Bahn - sie nehmen den gleichen Platz ein!

Der "ruhende" Beobachter sieht jetzt nur einen Ring, und zwar **innen** und in **rot + blau = violett**.

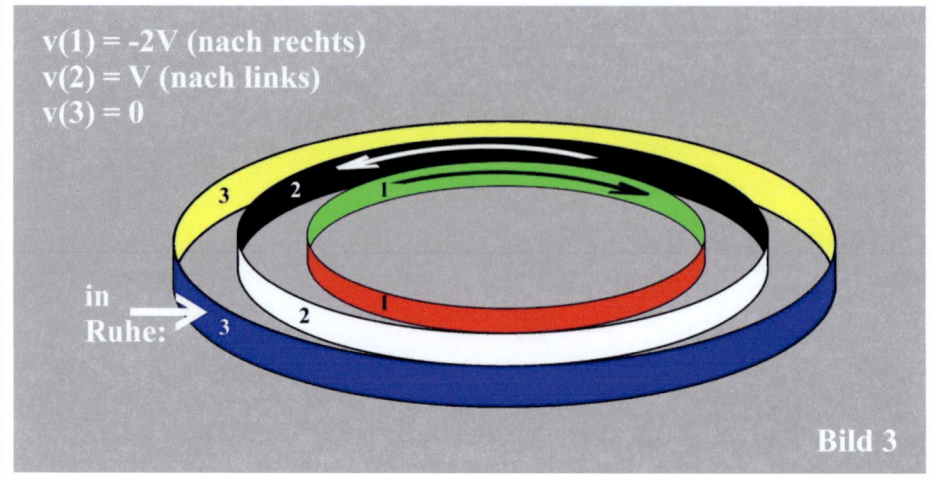

$v(1) = -2V$ (nach rechts)
$v(2) = V$ (nach links)
$v(3) = 0$

in Ruhe:

Bild 3

Zuletzt schicken wir den Beobachter auf den äußersten (blau-gelben) Ring. Der innerste Ring (1, rot-grün) hat bezüglich Ring 3 (blau-gelb) die höchste Relativgeschwindigkeit und kontrahiert daher am stärksten. Der mittlere Ring (2, weiß-schwarz) kontrahiert schwächer. So ergibt sich obiges Bild, das zufällig mit dem Ausgangsbild übereinstimmt.

Der "ruhende" Beobachter sieht jetzt nur einen Ring, und zwar wieder **innen** und in **weiß**.

Frage: Wie können die rotierenden Ringe ihren Ort wechseln, nur auf Grund ihrer Relativgeschwindigkeiten und ohne einander zu durchdringen? Und wenn das Ganze nur "scheinbar" ist, wozu dann der ganze Formelaufwand?

(E) Das Bellsche Raumschiff-Paradoxon

Dieses "Paradoxon" (wie üblich, ein handfester logischer Widerspruch) wurde erstmals von E. Dewan und M. Beran (1959) beschrieben und auch gelöst (nach Wikipedia). Es erlangte größere Bekanntheit durch die Beschreibung von JOHN BELL (1976). Wie üblich handelt es sich um ein Gedankenexperiment mit der Lorentz-Kontraktion: Zwei Raumschiffe sind durch ein dünnes Seil miteinander verbunden. Nach einigen Beschleunigungsmanövern (genau beschrieben im entsprechenden Wikipedia-Artikel) stellt sich die Frage: Reißt das Seil oder nicht? Infolge der Lorentz-Kontraktion zieht es sich zusammen und müsste reißen. Weil aber alles schrumpft, müsste es ganz bleiben.

Wikipedias Lösung sieht so aus (die Formeln will ich Ihnen ersparen):

Nix kapitto? Begreifen Sie doch: Die Ursache für das Reißen oder Nicht-Reißen des Seils ist eine Rotation des Koordinatensystems in einem vierdimensionalen nichteuklidischen Raum mittels der Lorentz-Transformation.

Bei einer Diskussion des Paradoxons im CERN-Café widersprach ein namhafter Experimentalphysiker dieser Lösung, und auch in der anschließenden Umfrage in der Theorie-Abteilung des CERN war eine Mehrheit spontan der Meinung, das Seil werde *nicht* reißen. Aber die meisten Veröffentlichungen stimmen überein, dass das Seil reißen wird. Ja was nun? Wissenschaftliche Wahrheiten werden durch Mehrheitsbeschluss herbeigeführt?

Matsuda und Kinoshita, zwei Anhänger der Nicht-Reiß-Hypothese, schlossen in einer Publikation aus dem Jahr 2004 mit der Feststellung, dass es selbst nach hundert Jahren Relativitätstheorie immer noch Physiker gebe, welche die wirkliche Bedeutung der Längenkontraktion nicht verstanden hätten. Also auf Deutsch: Die Hälfte der Physiker ist klug, die andere Hälfte doof. Und die Laien sowieso.

Damit wollen wir die Reihe der Paradoxa beenden. Was die Lorentz-Kontraktion wirklich bedeutet, finden Sie in der Fachliteratur. Um Ihnen die Mühe zu ersparen, habe ich auf den folgenden Seiten alles zusammen getragen, was dort zu finden ist. Jetzt können Sie sich endlich eine eigene Meinung bilden!

Die Lorentz-Kontraktion ist:

- scheinbar:

"Wir setzen voraus, dass die Länge eines Maßstabs sowie die Ganggeschwindigkeit einer Uhr dadurch **keine dauernde Änderung** erleiden, dass sie in Bewegung gesetzt und wieder zur Ruhe gebracht werden." (Einstein 1907)

"... nur eine Folge der Betrachtungsweise, **keine Veränderung einer physikalischen Realität**." (Max Born 1969)

- wirklich:

"Die Lorentzkontraktion **ist real** und wird durch die elastischen Kräfte des Körpers bedingt. Die Zeitdilatation dagegen ist nicht real, weil sie wegen ihrer Reziprozität zu Widersprüchen führt." (Max von Laue 1913)

"Die Lorentz-Kontraktion ist **beobachtbar**." (Pauli 1921)

"... hat die Beobachtung den Beweis dafür erbracht, daß **ein Stab seine Länge wirklich ändert**." (Einstein 1938)

"Die Lorentz-Transformation bedeutet ... **das tatsächliche Verhalten** bewegter Maßstäbe und Uhren" (Einstein 1949)

"Die Lorentz-Kontraktion ist ein **reales Phänomen**." (Arzelies 1966)

"... **real** in jeder Hinsicht, aber am Stab ändert sich nichts ... "(Rindler 2001)

"... dass im Ruhezustand sphärische Schwerionen bei relativistischen Geschwindigkeiten in Bewegungsrichtung **die Form flacher Scheiben** bzw. Pfannkuchen ("pancakes") annehmen" (Wikipedia)

- scheinbar & wirklich oder weder noch, je nach Bedarf:

"**Die Frage**, ob die Lorentz-Verkürzung wirklich besteht oder nicht, **ist irreführend**. Sie besteht nämlich nicht „wirklich", insofern sie für einen mitbewegten Beobachter nicht existiert; sie besteht aber „wirklich", d. h. in solcher Weise, daß sie prinzipiell durch physikalische Mittel nachgewiesen werden könnte." (Einstein 1911)

"Die Verkürzung ist **echt**, aber sie ist **nicht** wirklich **echt**." (Eddington 1928)

"... **nicht** in dem Sinne **real**, dass damit eine mechanische Verformung und Stauchung von Körpern verbunden ist. Das bedeutet jedoch **nicht**, dass diese **nur scheinbar** vorhanden ist." (Sexl & Schmidt 1978)

"Bewegte Objekte erscheinen bei visueller Beobachtung oder bei fotografischen Aufnahmen **nicht kontrahiert, sondern gedreht**." (Sexl & Schmidt 1978)

"... die Frage, ob die Längenkontraktion "real" oder "scheinbar" ist, betrifft eher die Wortwahl, denn in der Relativitätstheorie ist das Verhältnis von Ruhelänge und kontrahierter Länge **operational unzweideutig definiert**." (Wikipedia)

- **von Gott gesandt**:

"Die LK ist nicht etwa als Folge von Widerständen im Äther [zu betrachten], sondern rein als **Geschenk von oben**" (Hermann Minkowski 1908)

Was Experten sagen

(1) Die Lorentz-Fitzgerald-Kontraktion ist real, kann aber nicht gemessen werden.

(2) Die Lorentz-Fitzgerald-Kontraktion ist fiktiv, kann aber unter Umständen gemessen werden.

(3) Die Lorentz-Fitzgerald-Kontraktion kann niemals gemessen werden, weil uns eine gütige Natur davor bewahrt, Einstein zu widerlegen.

(4) Die Lorentz-Fitzgerald-Kontraktion geschieht um den Faktor "gamma" (= Wurzel aus 1 - (v/c)^2).

(5) Der Faktor der Lorentz-Fitzgerald-Kontraktion ist größer als gamma.

(6) Der Faktor der Lorentz-Fitzgerald-Kontraktion ist kleiner als gamma.

(7) Der Faktor der Lorentz-Fitzgerald-Kontraktion ist gleich 1.

(8) Der Faktor der Lorentz-Fitzgerald-Kontraktion ist mal kleiner, mal größer, mal gleich, mal überhaupt nicht gleich gamma. Es hängt vom Standpunkt ab.

(9) Ein Experiment stellte fest, dass es keine Lorentz-Fitzgerald-Kontraktion gibt.

(10) Eine Neu-Interpretation des gleichen Experiments stellte fest, dass es sehr wohl eine Lorentz-Fitzgerald-Kontraktion gibt, vorausgesetzt, die Atome des Maßstabs verbiegen sich elliptisch.

Konkret:

Es begann mit JAMES TERRELL vom Los Alamos Scientific Laboratory, der bereits 1959 zeigte, dass sich ein Meterstab bei hohen Geschwindigkeiten nicht verkürzt, nur scheinbar verdreht. Die Lorentzkontraktion **bleibt unsichtbar**. Stimmt nicht, behauptete C. W. SHERWIN von der Universität von Illinois in Urbana 1961: Die Lorentzkontraktion **ist sichtbar**. DELBERT LARSON dagegen, ein Designer für den "Superconducting Supercollider", interpretiert das Experiment von Sherwin dahingehend, dass eine Lorentzkontraktion **nicht sichtbar** ist, ja **nicht einmal existiert** (Es sind die gleichen Daten!). Ganz anders HSIAO-BAI AI vom Institut für Kernforschung in Shanghai: Der direkte **Nachweis der Lorentzkontraktion ist möglich** (so der Titel seines Artikels). Unsinn, meint A. GAMBA 1966: **Niemand wird je die Lorentzkontraktion beobachten**. Quatsch, meint ROBERT D. KLAUBER von der Universität in Fairfield, Iowa. Natürlich kann man sie **sehen, aber nicht messen** (oder war es umgekehrt?). Allerdings: Das Ausmaß der Lorentzkontraktion ist anhängig vom Standpunkt des Betrachters. Je nachdem, wo der Beobachter steht, sieht er den Meterstab kürzer, gleich lang oder länger. Es hängt außerdem davon ab, wie die Uhren synchronisiert werden, auch das ist ziemlich willkürlich.

Zum Abschluss das "Zitat des Jahrhunderts" der Physiker BERNHARD ROTHENSTEIN und IOAN DAMIAN von der Politehnica Universität in Rumänien (2005):

"Die Realität der Lorentzkontraktion ist das Ergebnis der Tatsache, dass die Natur uns vor Ergebnissen schützt, die das heilige Prinzip der Relativität verletzen."

Der Fluch der Größe: ein Märchen

Es war einmal, in einem fernen Land, da lebte ein König, dem eine böse Fee Folgendes geweissagt hatte: Wenn sein Sohn ab dem Jahr, da er die Herrschaft übernehme, auch nur einen Zentimeter größer oder kleiner werde, dann würde sein ganzes Reich zugrunde gehen. Der König nahm die Weissagung ernst, und als sein Sohn mit 21 das Reich erbte, da dachte der König, jetzt könne nichts mehr geschehen, denn mit 21 sei man ausgewachsen, und dessen Größe würde nun ein Leben lang die gleiche bleiben.

Doch der Sohn, einer neuen und gut genährten Generation angehörend, wuchs weiter, und das durfte nicht sein. Als erstes erfuhr dies der königliche Maßnehmer, der, wie jedes Jahr, des jungen Herrschers Größe vermaß und dabei feststellte, dass dieser um einen Zentimeter gewachsen sei. Als der alte König davon erfuhr, ließ er den Maßnehmer sofort in den Kerker werfen und kurz danach köpfen. Sein Leichnam wurde in den Fluss namens "Äther" geworfen, damit niemand das Schreckliche erführe. Indes, gemessen werden musste, und das Wachstum des jungen Königs war unübersehbar. Was tun?

Der Hofnarr erkundete als erster die Wahrheit und rannte zum Kämmerer, ihm die Sache zu erklären. Dieser war ein ebenso kluger wie praktischer Mensch, und er fand eine Lösung, die unterschiedliche Größe des Königs zum Verschwinden zu bringen: Er befahl, den jungen König heimlich zu vermessen und alle Maßstäbe jedes Jahr entsprechend zu verlängern oder (später, als der König zu schrumpfen begann) wieder zu verkürzen.

Und so geschah es, und niemand merkte etwas. Die Weisen im Lande, die den Schwindel kannten, hofften, dass der neue Herrscher irgendwann den Unsinn aufgeben würde. Sie hoffen immer noch, bis jetzt vergebens.

Der Widersprüche Zweiter Teil:

Die Zeitdilatation

(Uhren-Verlangsamung)

Manche Ideen sind so absurd, dass nur ein Intellektueller
an sie glauben kann. George Orwell

Vorspiel: Flammarions Reise ins All

In dem von Paul Arthur Schilpp 1949 herausgegebenen Sammelband "Autobiographisches" schildert Einstein seinen Jugendtraum, die Reise auf einem Lichtstrahl:

Wenn ich einem Lichtstrahl nacheile mit der Geschwindigkeit c, so sollte ich einen solchen Lichtstrahl als ruhendes elektromagnetisches Feld wahrnehmen (also als eingefrorenen Wellenzug). Eine fantastische Idee, würdig eines Jahrhundert-Genies? Gewiss; aber sie ist viel älter.

Schon vor über 150 Jahren hat sich der französische Astronom und Science-Fiction-Schriftsteller CAMILLE FLAMMARION (1842-1925) des Problems einer Reise mit nahezu Lichtgeschwindigkeit angenommen und es in seiner Erzählung "Lumen" (1867) auf sehr anschauliche Weise geschildert. Die Zeitverlangsamung geht dabei so:

Wenn du die Erde verließest in dem Moment, da ein Blitz herniederfährt, und wenn du eine Stunde lang oder länger mit dem Licht reisen würdest, dann würdest du den Blitz so lange sehen, wie du auf ihn schaust. ... Wenn du aber nicht genau mit Lichtgeschwindigkeit reist, sondern ein wenig langsamer, würdest du Folgendes sehen: Angenommen, die ganze Reise währt eine Minute und der Blitz ein Tausendstel Sekunde. Dann siehst du den Blitz 60.000 mal. ... In der ersten Minute könntest du den Beginn des Blitzes sehen und ihn anschließend analysieren bis zu seinem Ende. Du würdest die Abfolge des Blitzes in seiner Dauer 60.000 mal verlängert wahrnehmen. Welche Möglichkeiten gäbe es dir, den Blitz in Ruhe zu studieren! Welche Welt jenseits dessen, was die unvollkommenen Augen der Sterblichen zu sehen bekommen!

Als ob er die Relativitätstheorien vorausgeahnt hätte, schreibt er noch:

Der Tag wird kommen, da die Physik im Licht das Prinzip einer jeden Bewegung erkennen wird.

Das Zwillings-Paradoxon

Die Widersprüche, die sich aus der Lorentzkontraktion ergeben, werden in der Literatur kaum erwähnt oder gar diskutiert. Die Raumstauchung wurde auch nie richtig gemessen. Zudem scheint sie virtuell zu sein: Sobald der Körper zur Ruhe kommt, ist nichts mehr davon zu bemerken. Selbst wenn man annimmt, sie sei real (wie es Lorentz tat), kann man sich vorstellen, dass der gestauchte Körper sich in Ruhe wieder "erholt", zumal ja nur der leere Raum von dieser Kontraktion beeinflusst wird, nicht die Teile des Körpers selbst.

Ganz anders wird die Sache mit der Zeit. Eine räumliche Veränderung können wir rückgängig machen, eine zeitliche nicht. Wenn die Zeit sich dehnt, kann diese Dehnung nicht mehr durch eine "Zeitstauchung" (= die Zeit vergeht schneller) kompensiert werden. Alle während hoher Geschwindigkeiten erfolgten relativistischen Effekte bezüglich der Zeit müssen auch nach Stillstand des Körpers nachweisbar sein. Und das gibt Probleme.

PAUL LANGEVIN (1872–1946) formulierte diese Probleme 1911 mit seinem berühmten **Zwillings-Paradoxon**. In seiner einfachsten Form sieht es so aus:

Von zwei gleich alten Zwillingen startet einer auf eine große Reise durchs Weltall, bei der sein Raumschiff nahezu Lichtgeschwindigkeit erreicht. Auf Grund der Einsteinschen "Zeit-Dilatation" (= Zeit-Dehnung) altert dieser Zwilling weniger als sein Bruder - aber das gilt für jeden der beiden! Denn in den Einsteinschen Formeln geht nur die Relativgeschwindigkeit ein, und die ist für jeden Zwilling die gleiche.

Wer von den beiden bleibt nun jünger? Solange die beiden einander nie mehr begegnen, ist die Frage müßig. Aber: Kommt der Raumfahrer zurück auf die Erde, kann die Frage eindeutig geklärt werden. Bloß: Wer ist nun weniger gealtert?

Die Anhänger Einsteins (und dieser selbst) gingen von einer Asymmetrie der Situation aus. Der Raumfahrer fährt fort und kommt zurück, sein Bruder auf der Erde aber tut nichts. Daraus schlossen sie - ungerechtfertigterweise - , dass der Weltraumbruder jünger geblieben ist. Einige Autoren versuchen gar, die Allgemeine Relativitätstheorie zu beschwören, um die Situation aufzulösen: Weil der Raumfahrer irgendwann beschleunigen und verzögern muss, ist seine Situation anders als die des Bruders auf der Erde. Indes: Die Allgemeine Relativitätstheorie sagt keinerlei Zeitdehnungseffekte voraus, und Einstein selbst lehnte diesen Erklärungsversuch zunächst ab. Zudem können Beschleunigungen theoretisch so minimal gehalten werden, dass ihr Effekt nicht ins Gewicht fällt.

Einstein selbst fühlte sich bemüßigt, dazu ausführlich Stellung zu beziehen. In dem "Dialog über Einwände gegen die Relativitätstheorie" (Die Naturwissenschaften 6 (48), 29. November 1918) diskutiert er mit einem fiktiven Kritiker das Problem. Zunächst gibt Einstein gleich zweimal zu:

"*Seit die spezielle Relativitätstheorie aufgestellt ist, hat deren Ergebnis über den verzögernden Einfluß der Bewegung auf den Gang einer Uhr stets Widerspruch hervorgerufen, und zwar — wie mir scheint — mit gutem Grunde.*" Und weiter: "*Es kann doch von den gläubigsten Anhängern der Theorie nicht behauptet werden, daß von zwei nebeneinander ruhend angeordneten Uhren jede gegenüber der anderen nachgehe.*"

Wie wahr! Warum geschieht es dann doch? Einstein gab den Ton für alle künftigen Lösungsversuche vor, indem er zwei absolut gleichberechtigte Bezugssysteme vergleicht, erstaunlicherweise aber zu der Erkenntnis kommt, dass beim zweiten System "*ein im Sinne der negativen x-Achse gerichtetes*

Gravitationsfeld [entsteht], in welchem die Uhr U1 so lange beschleunigt fällt, bis sie die Geschwindigkeit v angenommen hat." Denn *"Nach der allgemeinen Relativitätstheorie geht nämlich eine Uhr desto schneller, je höher das Gravitations-Potential an dem Orte ist, an dem sie sich befindet."*

erstes Koordinatensystem: gravitationsfrei (gleichförmig bewegt)

zweites Koordinatensystem: mit Gravitation. Wo kommt sie her?

Aber wie real ist das Gravitationsfeld? Darauf gibt Einstein in dem genannten "Dialog" eine seiner typischen Antworten. Sie ist so typisch, dass ich sie hier **fett gedruckt** wiedergebe:

"Man kann deshalb weder sagen, das Gravitationsfeld an einer Stelle sei etwas „Reales", noch es sei etwas „bloß Fiktives"."

Woraus folgt: *"Durch diese Betrachtung wird das angeführte Paradoxon vollständig aufgeklärt."*

Jedoch: Woher kommt das Schwerkraftfeld? Die Zeitdehnung durch Gravitation hängt von der Länge der durchlaufenen Strecke ab, doch die kann beliebig gewählt werden. Wo sind die exakten Berechnungen? Vor allem: Was ist, wenn wir die Situation völlig symmetrisch und völlig beschleunigungsfrei betrachten? Zum Beispiel so:

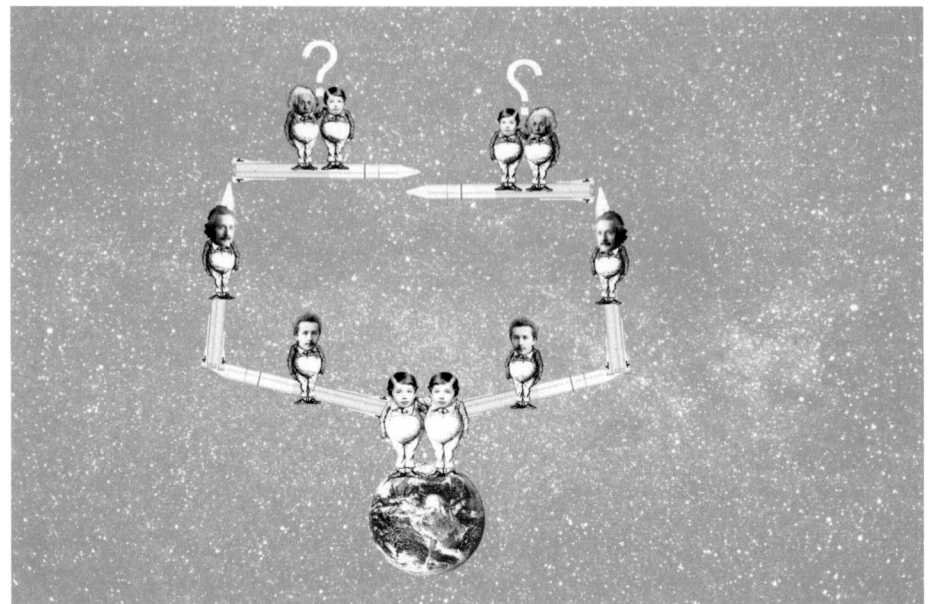

- Beide starten von der Erde in entgegengesetzte Richtungen, beschleunigen auf nahezu Lichtgeschwindigkeit und begegnen einander im All, wo sie wieder abbremsen und einander begrüßen.

oder:

- Die Uhren werden erst dann eingeschaltet, wenn die Beschleunigung vorbei ist. Dann gelten nur die Gesetze der SRT.

oder:

- Selbst der asymmetrische Fall kommt ohne Beschleunigung aus, wenn Zwilling B seine Zeit einem bereits gestarteten Raumschiff mit einem dritten Beobachter C übermittelt, der sie dann ans Ziel bringt.

oder:

- Wenn die Raumschiffe nicht mehr beschleunigen, sondern gegeneinander rasen, werden in beiden Raumschiffen Kinder geboren ("Generationenraumschiff"). Der Einfluss der Beschleunigung ist also völlig außer Kraft gesetzt.

oder:

- Statt der Raumschiffe verwenden wir Laserstrahlen, die in einem Bose-Einstein-Kondensat abgebremst und durch Dispersion zueinander gebogen werden.

oder:

- Mehrere Raumschiffe starten gleichzeitig vom gleichen Punkt. Mithin sind sie auch synchronisiert, der Einwand einer "falschen" Gleichzeitigkeit entfällt. Jetzt hat jeder Raumfahrer unterschiedliches Alter, je nachdem, welches Raumschiff er gerade anschaut.

Fassen wir zusammen: Gemäß den Formeln und Postulaten der speziellen Relativitätstheorie altern beide Zwillinge jeweils weniger im Vergleich zum anderen. Da dies logisch unmöglich ist, enthält die SRT (mindestens) einen logischen Widerspruch. Aus der Mathematik ist bekannt, dass aus einer widersprüchlichen Theorie *jede beliebige Aussage* abgeleitet werden kann, also zu jeder Aussage auch ihr logisches Gegenteil.

Mit anderen Worten: Die SRT ist als Theorie *absolut unbrauchbar*. Jede beliebige Aussage ist mit ihr ableitbar - das Gegenteil auch. Jedes Experiment dient ihrer Bestätigung oder, wahlweise, Widerlegung, jedes Gegen-Experiment auch. Die Erfahrung zeigt, dass genau das mit ihrer Hilfe auch geschehen ist!

Das Zwillings-Paradoxon, grafisch:

In einem Raum-Zeit-Diagramm (nach Minkowski) wird die Situation immer asymmetrisch dargestellt:

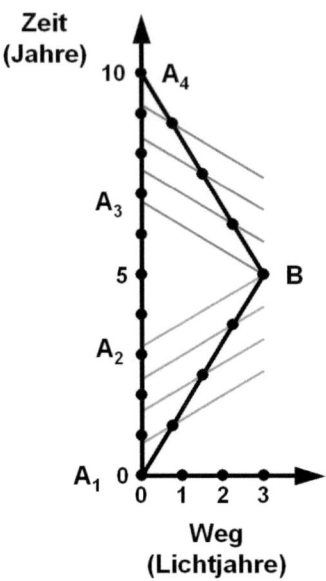

Es kann aber genausogut streng symmetrisch erfolgen, mit scharfem Umkehrpunkt oder stetig:

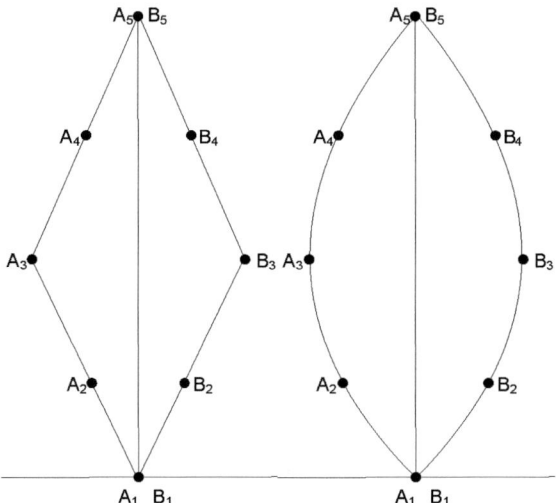

Und wem das zu unanschaulich ist: Die Zwillinge starten am gleichen Ort zur gleichen Zeit, in entgegengesetzte Richtungen. Zur gleichen Zeit kehren sie um und begegnen einander an einem festgelegten Punkt (oben). Frage: Wer von beiden ist nun jünger - Oder sind beide jünger als der andere ???

Der große Visionär und Satiriker H. G. Wells hat sich schon 1904 in seinem Roman "Die Riesen kommen!" über die "Diagrammitis" der damaligen Naturforscher lustig gemacht:

Professor Redwood gehörte zu jenen Wissenschaftlern, die auf Zeichnungen und Kurven schwören. Man kennt die Art des wissenschaftlichen Aufsatzes, die ich meine. Es ist ein Aufsatz, der weder Hand noch Fuß hat, und am Schluss kommen fünf oder sechs gefaltete Zeichnungen, die man öffnen kann, und die eigentümliche Zickzacklinien zeigen, übertriebene Blitze oder gewundene, unerklärliche Dinge, die man „gestreckte Kurven" nennt, auf Ordinaten gestellt und in Abszissen wurzelnd, und dergleichen mehr. Man zerbricht sich lange den Kopf darüber und kommt zu dem argwöhnischen Schluss, dass man sie nicht nur selber nicht versteht, sondern dass auch der Autor sie nicht versteht.

Wie das Zwillings-Paradoxon aufgelöst wird - eine Auswahl

* = Nobelpreisträger

Einstein*(1905): Das Zeitparadoxon wird ausschließlich durch die Spezielle Relativitätstheorie (durch Relativgeschwindigkeiten) aufgelöst.
Albert Einstein: Zur Elektrodynamik bewegter Körper, S. 905

Einstein*(1918): Das Zeitparadoxon wird ausschließlich durch die Allgemeine Relativitätstheorie (durch Beschleunigungen) aufgelöst.
Albert Einstein: Dialog über Einwände gegen die Relativitätstheorie. Die Naturwissenschaften 6 (48), 29. November 1918, S. 697-702

Langevin (1911): Jeder der Zwillinge altert 200 mal langsamer im Vergleich zu seinem Bruder. Dennoch altert nur einer von beiden langsamer.
Paul Langevin: "L'evolution de l'espace et du temps", Scientia 10, 31-54 (1911)

Max von Laue*(1912): Schuld an der asymmetrischen Alterung ist eine verbogene Weltlinie, die sich vom Punkt A aus in zwei unterschiedliche Weltlinien aufspaltet.
Max von Laue: Zwei Einwände gegen die Relativitätstheorie und ihre Widerlegung. Physik. Zeitschr. XIII, 1912, S. 118-119

Eddington (1920): Da ist ein Paradoxon jenseits der Vorstellungskraft von Dean Swift [Gullivers Reisen]. Es ist zu absurd für eine Geschichte, eine solche Idee findet sich nur in den nüchternen Seiten der Wissenschaft.
Arthur Eddington: Space, Time and Gravitation. Cambridge University Press 1920

Pauli*(1921): Beschleunigung hat keinen Einfluss. Beschleunigung hat doch einen Einfluss.
Wolfgang Pauli: Die Relativitätstheorie. Berlin 1921, S. 558

Born*(1922): Die ART erklärt alles.
Max Born: Die Relativitätstheorie Einsteins und ihre physikalischen Grundlagen. Berlin 1922, S. 195

d'Abro (1927): Die Relativitätstheorie liefert keine bestimmten Zeiten, also gibt es keine Widersprüche. Niemand soll sich darüber wundern.

A. d'Abro, The Evolution of Scientific Thought from Newton to Einstein, Boni & Liveright, 1927, p. 237

Lovejoy (1931): Paul lebt in beiden Welten, sein Körper ist doppelt, er ist gleichzeitig jung und alt. Das Gleiche gilt für Peter. [Lovejoy ist der einzige, der eine symmetrische Versuchsanordnung vorschlägt.]
Arthur Oncken Lovejoy: The Paradox of the Time-Retarding Journey. Philosophical Review 40 (1931), 48-68, und Vol. 40, No. 2, Mar., 1931, 152-167

Tolman (1934): Die ART erklärt alles.
Richard C. Tolman: Relativity, Thermodynamics and Cosmology. Oxford University Press 1934

Milne (1948): Jeder Punkt im Universum hat eine einzigartige Geschwindigkeit, die von der Bewegung seines heimischen Galaxienhaufens abhängt.
Milne, Edward Arthur: Kinematical Relativity. Clarendon, Oxford 1948

Milne & Whitrow (1949): Es gibt kein Paradoxon.
Milne, E.A., Whitrow, G.J.: On the So-called "Clock Paradox" of Special Relativity. Phil. Mag 40 (1949), 1244

McCrea (1951): Es gibt kein Paradoxon. Alles kann vollständig mit SRT gelöst werden.
W. H. McCrea: The Clock Paradox in Relativity Theory. Letter, NATURE April 28, 1951 VOL. 167, p.680

Infeld (1953): Man muss zwischen periodischen und aperiodischen Uhren unterscheiden.
Leopold Infeld: Clocks, Rigid Rods and Relativity Theory. American Journal of Physics 11, p. 219-222 (August 1943)

Fremlin (1957): Die Zwillinge altern asymmetrisch auf Grund des Doppler-Effekts.
Fremlin. J. H.: Relativity and Space Travel. Nature 180, 499 (1957)

Crampin et al (1959): Man muss die richtige Formel für Beschleunigungen wählen: $(x+1/a)^2-t^2=1/a^2$. Die wahre Zeit zur Synchronisation des Ganzen ist

dann 2/a*ln(1+aX), was eine hyperbolische Weltlinie bedeutet, mit gleicher Asymptote für alle Punkt, die ... usw.
Crampin J.,McCrea, W.H., McNally, D.: A Class of Transformations in Special Relativity. Proc Roy. Soc. A, 252, 156 (1959)

Bondi (1964): Das Paradoxon verschwindet durch Anwendung des reziproken k-Kalküls, wobei vier Beobachter (Alice, Bob, Carol, Dave) ihre Uhren ständig synchronisieren, also verstellen.
Hermann Bondi: Relativity and Common Sense (1964)

Fock (1964): Eine Rechnung zeigt, dass A's Uhr langsamer geht als die von B, und umgekehrt. Erklärung durch die ART.
V. Fock: The Theory of Space, Time and Gravitation. Pergammon, New York 1964, pp 234-237

Marder (1971): "Die Lösung der SRT zeigt überzeugend, dass es kein Paradoxon gibt." "Wir werden uns daran gewöhnen."
L Marder: Time and the Space-Traveller. Univ. of Pennsylvania Press 1971

Holstein & Swift (1972): Trotz Abwesenheit von Beschleunigungen altert einer mehr als der andere. Es gibt eine beinahe allgemeine Übereinstimmung über das Ergebnis eines Versuchs, würde er denn ausgeführt.
Barry R. Holstein and Arthur R. Swift: The Relativity Twins in Free Fall. American Journal of Physics 40, 746 (1972)

Muller (1972): Durch Berechnung des relativen Alters der Zwillinge und der Beschleunigung löst sich das Paradoxon auf.
Richard A. Muller: The Twin Paradox in Special Relativity. American Journal of Physics 40, 966 (1972)

James Terrell (1972): Einstein hatte Recht in seiner ersten Veröffentlichung (SRT). Das Problem ist selbstverständlich nur lösbar mit Beschleunigungen (ART).
James Terrell: The clock "paradox" - majority view, Physics today, January 1972 p. 9

Markley (1973): Zwei Uhren drehen sich gegenläufig in einem rotierenden, ungeladenen Schwarzen Loch ("Kerr-Metrik"). Der Unterschied im Gang der Uhren ist aber zu klein, um gemessen werden zu können.

Markley, F. Landis: Relativity twins in the Kerr metric. American Journal of Physics 41, 1246 (1973)

Durso & Nicholson (1973): Das asymmetrische Altern im freien Fall kann durch hinreichend sensible Experimente vorausgesagt werden, welche asymmetrische Gezeitenkräfte in ihren lokalen Bezugssystemen beobachten.
John W. Durso and Howard W. Nicholson Jr.: Non-Uniform Gravitational Fields and Clock Paradoxes. American Journal of Physics 41, 1078 (1973)

Brans & Stewart (1973): Es gibt keine offenbaren kinematischen, dynamischen oder geometrischen Unterschiede zwischen den Zwillingen, und dennoch kann man experimentell feststellen, dass die bewegte Uhr langsamer läuft und die andere nicht. Die SRT gilt nicht, es gibt einen ausgezeichneten Ruhezustand.
Carl H. Brans and Dennis Ronald Stewart: Unaccelerated-Returning-Twin Paradox in Flat Space-Time. Phys. Rev. D 8, 1662 (15 September 1973)

Hall (1976): Ähnlich wie Markley: Die Zwillinge rotieren umeinander. Durch Blick aufs Universum außerhalb ihrer Welt können sie feststellen, wer von ihnen weniger altert.
Donald E. Hall: Can local measurements resolve the twin paradox in a Kerr metric? American Journal of Physics 44, 1204 (1976)

Sexl & Schmidt (1978): Der relativistische Doppler-Effekt zeigt: Es gibt kein Paradoxon.
Roman Sexl, Herbert Kurt Schmidt: Raum - Zeit - Relativität. Rowohlt, Hamburg 1978

Perrin (1979): Die Lösung liegt in der Berechnung der Beschleunigung durch die Einsteinschen Feldgleichungen sowie der Geodätischen des reisenden Zwillings.
Robert Perrin: Twin paradox: A complete treatment from the point of view of each twin. American Journal of Physics 47, 317 (1979)

Unruh (1981): Während der Zeit der Beschleunigung sieht der eine Zwilling den anderen in der Zeit rückwärts reisen.
W. G. Unruh: Parallax distance, time, and the twin ''paradox''. American Journal of Physics 49, 589 (1981)

Desloge & Philpott (1987): Die Beschleunigung hat mit der Lösung des Problems nichts zu tun, die ART ist in diesem Fall irrelevant.
Edward A. Desloge and R. J. Philpott: Uniformly accelerated reference frames in special relativity. American Journal of Physics 55, 252 (1987)

Dray (1990): Es gibt eine bevorzugte Zeitrichtung, sogar in einem Zylinder-Universum.
Tevian Dray: The twin paradox revisited. American Journal of Physics 58, 822 (1990)

Low (1990): Die Zwillinge treffen einander ohne Beschleunigung, allerdings muss das gesamte Universum berücksichtigt werden, und die Raumzeit ist nicht einfach miteinander verbunden.
R J Low: An acceleration-free version of the clock paradox. European Journal of Physics, Volume 11, Number 1, 25-27 (1990)

Price & Gruber (1996): Die Frage danach, wo denn der Altersunterschied beginnt, hat keinen Sinn.
Richard H. Price, Ronald P. Gruber: Paradoxical twins and their special relatives. American Journal of Physics 64, 1006 (1996)

Martin Gardner (1997): Der zu Hause gebliebene Zwilling bewegt sich nicht relativ zum Universum.
Martin Gardner: Relativity Simply Explained. Dover Classics 1997

Blau (1998): Durch Überlichtgeschwindigkeit in einem Zylinder-Universum sowie mit Hilfe von Koordinaten-Anstückelung wird die Sache verständlicher.
Steven K. Blau: Would a topology change allow Ms. Bright to travel backward in time? American Journal of Physics 66, 179 (1998)

Cranor et al: (2000): Die Zwillinge befinden sich auf zwei unendlich benachbarten gegenläufigen Ringen und müssen bei jeder Begegnung ihre Uhren neu synchronisieren.
Maria B. Cranor, Elizabeth M. Heider, and Richard H. Price: A circular twin paradox. American Journal of Physics 68, 1016 (2000)

Dolby & Gull (2001): Durch Anwendung der Radarzeit auf die Hyperflächen der Gleichzeitigkeit kann einiges geklärt werden.

Carl E. Dolby and Stephen F. Gull: On radar time and the twin "paradox". American Journal of Physics 69, 1257 (2001)

Hawking (2005): Obwohl es dem gesunden Menschenverstand zu widersprechen scheint, haben eine Reihe von Versuchen die Schlussfolgerung nahegelegt, dass der reisende Zwilling in der Tat jünger sein wird.
Stephen Hawking: A Brief History of Time. Bantam 2005

Unnukrishnan (2005): Das Paradoxon verschwindet, wenn man Geschwindigkeiten relativ zum kosmischen Strahlungshintergrund misst.
C. S. Unnikrishnan: On Einstein's resolution of the twin clock paradox. Current Science Vol. 89, No. 12 (25 December 2005), p. 2013

Gerard 't Hooft*(2011): Die Antwort ist geradlinig und einfach. Es gibt keine wie immer geartete Schwierigkeit mit dem Zwillingsparadoxon. Es wurde grundsätzlich mit Einsteins Theorie von 1916 (ART) gelöst. Sobald diese Theorie hinreichend sorgfältig formuliert ist, gibt es keinen Widerspruch irgendwelcher Art.
An Open Letter to the Physics Community. The Twin Paradox. http://nickoftime.guru/htmlpage3.html

Hermann Nicolai (Direktor des Albert-Einstein-Instituts in Potsdam, 2011): Es gibt kein Paradoxon. Meine Formel, die Sie in jedem Lehrbuch finden können, gibt eine eindeutige Antwort, die da lautet: Teile die Weltlinie in Abschnitte und berechne das Integral für jeden Abschnitt einzeln, um den Beitrag zur Eigenzeit zu finden. Es gibt keine 'physikalische Ursache' für die Zeitdehnung, sie ist nur ein Ergebnis der Kinematik der Raumzeit.
Response to "An Open Letter to the Physics Community The Twin Paradox", June 2012. http://nickoftime.guru/htmlpage3.html

Øyvind Grøn (2013): "I here argue that perfect inertial dragging may save the principle of relativity, and that this requires a new model of the Minkowski spacetime where the cosmic mass is represented by a massive shell with radius equal to its own Schwarzschild radius."
Ø. G. Grøn: Relativistic resolutions of the twin paradox. Current Science Vol. 92, No. 4, 25 February 2007. The twin paradox and the principle of relativity. Physica Scripta, Volume 87, Number 3 (2013)

Shuler Jr., R.L (2014): Die Lösung ist klar, aber man muss sie nur richtig erklären. Wichtig ist die Synchronisierung diverser Uhren.
Shuler Jr., R.L.: The Twins Clock Paradox History and Perspectives. Journal of Modern Physics, 2014, 5, 1062-1078

Shawn Zhu (2017): Eine Uhr läuft langsamer, die andere schneller, ähnlich wie bei einer chemischen Redox-Reaktion.
Shawn Zhu: Resolution Of The Clock Paradox – Cancelation Of Time Gain And Time Loss. Nature Physics, January 4, 2017

Benguigui (2020): Es gibt nur eine Antwort: Beschleunigung, wie in der speziellen [!] Relativitätstheorie erklärt.
Lucien Gilles Benguigui (Technion — Israel Institute of Technology, Israel): A Tale of Two Twins. The Langevin Experiment of a Traveler to a Star. October 2020

Wikipedia deutsch: Durch Einführen einer dritten Person („Drei-Brüder-Ansatz")
Wikipedia english: Durch Anwendung der Diracschen Delta-Funktion

Zusammenfassend und allgemein verständlich (alle Unklarheiten sozusagen beseitigend) muss festgestellt werden:
- Beim Zeitparadoxon muss nur die Zeitdilatation (einseitig) berücksichtig werden.
- Beim Zeitparadoxon muss nur die Zeitdilatation (beidseitig) berücksichtig werden.
- Beim Zeitparadoxon muss nur die Raumkontraktion berücksichtig werden.
- Beim Zeitparadoxon müssen Zeitdilatation und Raumkontraktion berücksichtig werden.
- Die Lösung des Zeitparadoxons liegt *nicht* in Beschleunigungen, sondern in dem Umstand, dass drei Inertialsysteme vorhanden sein müssen (Wikipedia).
- Angesichts des Relativitätsprinzips ist die Frage, wer die Situation korrekt beurteilt, prinzipiell nicht beantwortbar und daher sinnlos (Wikipedia).
- Der relativistische Doppler-Effekt bestätigt die Lösung des Zwillingsparadoxons (Sexl-Schmidt).
- Die Lösung des Zeitparadoxons liegt in der hyperbolischen pseudo-euklidischen Geometrie der vierdimensionalen Minkowskiwelt.
- Die Lösung des Zeitparadoxons liegt in der Kerr-Metrik.

Der raumfahrende Zwilling bleibt jünger, weil er:
- sich gleichförmig relativ zur Erde bewegt;
- sich beschleunigt relativ zur Erde bewegt;
- in einem Gravitationsfeld ist;
- sich auf einer nicht-geodätische Linie bewegt;
- von fernen Massen beeinflusst wird;
- von Gravitation und Bewegung beeinflusst wird;
- er näher am Lichtkegel reist;

usw. Vielleicht ist die Angelegenheit doch nicht so eindeutig, wie manche Autoren meinen. Dazu Nobelpreisträger PHILIPP LENARD:
Wenn die Widerlegung grundsätzlicher Einwände, wie man sie der allgemeinen Relativitätstheorie gemacht hat, ganze Abhandlungen erfordert und dann doch nicht befriedigt, so ist an Klarheit um diese Theorie offenbar noch viel zu wünschen übrig.
Philipp Lenard: Vorbemerkung Lenards zu Soldners: Über die Ablenkung eines Lichtstrahls von seiner geradlinigen Bewegung durch die Attraktion eines Weltkörpers, an welchem er nahe vorbeigeht. Annalen der Physik 65 (1921), 593

Der Widersprüche Dritter Teil:
Die Thomas-Präzession

Die Thomas Präzession ergibt sich aus der Nicht-Kommutativität der nicht-ausgerichteten Lorentz-Transformationen und aus der nicht-gravitativen Beschleunigung. Ciufolini & Wheeler: Gravitation and Inertia

Die Thomas-Präzession ist die Abweichung des Paralleltransports eines raumähnlichen Vektors (besonders des Drehmoments eines Gyroskops), verursacht durch die Einschränkung der Orthogonalität gegenüber dem Geschwindigkeits-Vierervektor. Sie tritt in einer flachen (nicht gekrümmten) Welt auf; ihre Ursache ist die Krümmung des Geschwindigkeitsraums. Dierck-Ekkehard Liebscher: The Geometry of Time

Die Lorentz-Transformationen bilden eine Gruppe. Wikipedia

Die Lorentz-Transformationen bilden keine Gruppe. J. Aharoni: The special theory of relativity

Wer Einsteins Stil kennt, den werden die obigen Zitate nicht überraschen. In seinen Fachschriften drückt sich Einstein manchmal ziemlich unverständlich aus, aber das mag an der Materie liegen. Dass Einstein sich selbst widerspricht, sogar in der gleichen Publikation, das kommt oft genug vor. Nur ein paar Beispiele:

- Wir sprechen von Maßstäben und Uhren, nicht von Raum und Zeit. Später dann: Wir sprechen von Raum und Zeit, nicht von Maßstäben und Uhren. Oder:

- Das Zwillingsparadoxon kann ausschließlich mit der speziellen Relativitätstheorie gelöst werden. Später dann: Das Zwillingsparadoxon kann ausschließlich mit der allgemeinen Relativitätstheorie gelöst werden. Oder:

- Die spezielle Relativitätstheorie betrifft nur gleichförmig-geradlinige Bewegungen. Später dann: In der speziellen Relativitätstheorie können auch kreisförmige Bewegungen vorkommen. Man zerlegt den Kreis in gerade Streckenabschnitte, auf die dann die Gesetzte der speziellen Relativitätstheorie angewendet werden können.

Letzteres geschah bei Einstein selbst, als er mit Hilfe der SRT versuchte, das Zwillings-Paradoxon zu aufzulösen. Das geschah auch bei Hafele und Keating, als sie zwei Flugzeuge in entgegengesetzter Richtung um die Erde schickten. Die ist, wie seit einiger Zeit bekannt, eine Kugel, und keine Scheibe.

Nun kann man einwenden: Für die Belange der SRT kann man den Flug der Flugzeuge als geradlinig-gleichförmig betrachten, und so falsch wäre das nicht. Ganz anders aber bei einer Erscheinung, die in Lehrbüchern kaum und in populären Darstellungen gar nicht zu finden ist: der Thomas-Präzession, benannt nach dem Physiker LLEWELLYN THOMAS, der den Effekt 1926 erstmals beschrieben hat. Hier handelt es sich um eine Doppel-Drehung im Raum, also eine Bewegung ähnlich einem Kreisel, wenn er zu torkeln beginnt. Sie ist ein Trägheits-Effekt mit entsprechenden Fliehkräften, der seinen festen Platz in einer Theorie hat, die keine Kräfte irgendwelcher Art kennt oder duldet, noch dazu unabhängig von Größe oder Kleinheit des Kreises. Wie kommt das?

Wie bekannt, besteht die SRT aus vielen "Postulaten", also aus Forderungen an die Natur oder an die mathematische Formulierung der Naturgesetze. VALENTIN DANCI findet in seinem Artikel "The Nineteen Postulates of

Einstein's Special Relativity Theory" (2017) gleich 19 davon, nicht nur die zwei, die am Anfang der SRT stehen. Also implizite Voraussetzungen, die zum Teil gar nicht erwähnt werden. Eine solche Forderung an die mathematische Formulierung aller Theorien ist die, dass bestimmte Operationen **Gruppencharakter** besitzen. Damit sind die Eigenschaften einer mathematischen Gruppe gemeint, Deren wichtigste: Die Operation O_1, gefolgt von Operation O_2, muss zum gleichen Ergebnis führen wie die einzige Operation $O_1 \otimes O_2$, wobei das Verknüpfungszeichen "$\otimes$" die mathematische Kombination der beiden Operationen bedeutet. Die ist in jedem Fall anders. Beispiel:

O_1 = Drehung (in der Ebene) um den Winkel α_1, O_2 = Drehung (in der Ebene) um den Winkel α_2, $\otimes$ = +. Das heißt: Dreht man einen Punkt (oder Vektor) erst um den Winkel α_1, dann um den Winkel α_2, so ist diese Operation gleichbedeutend mit einer Drehung um den Winkel $\alpha_1 + \alpha_2$. Drehungen in der Eben bilden eine Gruppe.

Die Lorentz-Transformationen, die zur Raumstauchung und Zeitdehnung führen, sollen auch eine Gruppe bilden. Zusammen mit der relativistischen Addition von Geschwindigkeiten tun sie das im allgemeinen (mit beliebigen Geschwindigkeitsrichtungen) aber *nicht*. Das heißt: Eine Lorentz-Transformation (Raumstauchung, Zeitdehnung) mit $\mathbf{v}_1$ (ein Vektor), gefolgt von einer zweiten mit $\mathbf{v}_2$ (ein anderer Vektor) in anderer Richtung, erzeugt ein Inertialsystem, das *nicht* der Lorentz-Transformation mit $\mathbf{v}_1 + \mathbf{v}_2$ (vektoriell) entspricht.

Muss es aber. Was tun? Thomas kam auf die geniale Idee, das ganze System in einer Torkelbewegung rotieren zu lassen. Siehe da, jetzt bilden die LTs wieder eine Gruppe - auf Kosten der Verständlichkeit, der Grundlagen, der Logik. Aber was soll's; Hauptsache, eine der vielen Forderungen an Natur und Mathematik ist wieder erfüllt. Denn Diese Präzessionsbewegung wird nur eingeführt, weil die Lorentz-Gruppe keine Gruppe ist. Und sie bringt eine Beschleunigung in die SRT, wo es gar keine Beschleunigungen geben kann.

Dazu kommt: Jedes Gebilde, das um ein anderes Gebilde rotiert, müsste diese Präzession - eine Drehung der Ellipsen-Halbachse - mitmachen. Das gilt für Planeten um die Sonne ebenso wie für die Bewegung der Elektronen um den Atomkern. Das Phänomen wurde nie beobachtet. Kein Wunder, würden Planeten oder Elektronen Thomas-präzessieren, gäbe es keine stabile Welt!

Der Widersprüche Vierter Teil:
Was Einstein alles sagte

"Was schert mich das Geschwätz von gestern" soll Adenauer gesagt haben, wenn man ihn wieder mal auf einen Meinungswechsel aufmerksam machte. Ähnlich dachte wohl auch Einstein, denn seine Aussagen sind so widersprüchlich wie die gesamte Theorie. Hier ein paar Beispiele [mit meinen Kurz-Kommentaren]:

Der Maßstab sowie die Koordinatenachsen sind als starre Körper aufzufassen. Dies ist erlaubt, trotzdem der starre Körper nach der Relativitätstheorie keine reale Existenz besitzen kann. (Lichtgeschwindigkeit und Statik des Gravitationsfeldes, 1912). [Also: Ich verwende in der SRT starre Körper, obwohl diese in der SRT gar nicht erlaubt sind!]

„Zeit" bedeutet hier „Zeit des ruhenden Systems" und zugleich „Zeigerstellung der bewegten Uhr, welche sich an dem Orte, von dem die Rede ist, befindet. (Zur Elektrodynamik bewegter Körper, S.896) [Also was nun: Zeit oder Uhr? Am Ruheort oder woanders?]

Oder:

... können wir annehmen, daß die Systeme K and L physikalisch genau gleichwertig sind, d. h., wenn wir annehmen, man könne das System K ebenfalls als in einem von einem Schwerefeld freien Raume befindlich annehmen; dafür müssen wir K dann aber als gleichförmig beschleunigt betrachten. (Über den Einfluß der Schwerkraft auf die Ausbreitung des Lichtes, Annalen der Physik 35 (1911), S. 899). [Also erst gleichwertig, dann nicht?]

Oder dies:

Gemäß der speziellen Relativitätstheorie haben räumliche Koordinaten und Zeit noch insofern absoluten Charakter, als sie unmittelbar durch starre Uhren und Körper meßbar sind. Sie sind aber insofern relativ, als sie vom Bewegungszustand des gewählten Inertialsystems abhängen. (Über Relativitätstheorie, Vortrag, 1921, London) [Nur nicht festlegen!]

Besonders schön das Folgende:

Die Frage, ob die Lorentz-Verkürzung wirklich besteht oder nicht, ist irreführend. Sie besteht nämlich **nicht „wirklich",** *insofern sie für einen mitbewegten Beobachter nicht existiert; sie besteht* **aber „wirklich",** *d. h. in solcher Weise, daß sie prinzipiell durch physikalische Mittel nachgewiesen werden könnte, für einen nicht mitbewegten Beobachter.* ("Zum Ehrenfestschen Paradoxon. Eine Bemerkung zu V. Variĉaks Aufsatz". In: Physikalische Zeitschrift. 12, 1911, S. 509–510)

Hier tabellarisch Einsteins Widersprüche gegen sich selbst (nur SRT):

Thema	Meinung 1	Meinung 2
Maßstäbe	Maßstab & Uhr: fix, auch bei Bewegung [1A]. Sie sind starr [2A]	Maßstab & Uhr: variabel, nicht zu gebrauchen [1B]. Sie sind nicht starr [2B]
Lorentz-Kontraktion	scheinbar [3A]	real [3B]
Zeitdilatation	wirklich [4A]	nicht vorhanden [4B]
Zwillings-Paradoxon	taucht auf, wird nicht (oder durch die SRT) gelöst [5A]	wird durch die ART gelöst [5B]
Raum	keine selbständigen Eigenschaften [6A]	besitzt selbständige Eigenschaften [6B]
Zeit	kann nicht durch Uhr ersetzt werden [7A]	ist mit "Uhr" identisch [7B]
c_0 = const.	zweifelhaft [8A]	sicher (Postulat) [8B]

1A   Über das Relativitätsprinzip und die aus demselben gezogenen Folgerungen, S. 420

1B   Die Grundlage der allgemeinen Relativitätstheorie, S. 776

2A   Über Relativitätstheorie

2B   Brief an den Philosophen und Mathematiker Joseph Petzold

3A   Über das Relativitätsprinzip und die aus demselben gezogenen Folgerungen, S. 418 unten

3B   Albert Einstein: Zum Ehrenfestschen Paradoxon. Eine Bemerkung zu V. Variĉaks Aufsatz. In: Physikalische Zeitschrift. 12, 1911, S. 509–510.

4A   Die Grundlage der allgemeinen Relativitätstheorie, S. 773

4B   Geometrie und Erfahrung

5A   Zur Elektrodynamik bewegter Körper, S. 905

5B   Dialog über Einwände gegen die Relativitätstheorie. Die Naturwissenschaften 6 (48), 29. November 1918, S. 697-702

6A   Einstein an Schwarzschild, 9.1.1916, auch: Erklärung der Periheldrehung des Merkur aus der Allgemeinen Relativitätstheorie, 1. Absatz

6B   Äther und Relativitätstheorie. Vortrag an der University of Nottingham (1930)

7A   Zur Elektrodynamik bewegter Körper, S. 893

7B   Zur Elektrodynamik bewegter Körper, S. 894 unten

8A   Über das Relativitätsprinzip und die aus demselben gezogenen Folgerungen, S. 416

8B   Zur Elektrodynamik bewegter Körper, S. 896

Eine Formel macht Furore: $E = mc^2$

Die Wahrheit muss einfach und sagbar sein: E=mc². Umberto Eco (Schriftsteller)

Die Wahrheit ist selten rein, und niemals einfach. Oscar Wilde (Schriftsteller)

Selbst wer nichts von Einstein weiß - oder wer von Physik nichts versteht - , assoziiert den stillen Gelehrten mit dieser Formel und der Entwicklung der Atombombe. Ganz so unrecht hätte er nicht. Die Formel wurde in dieser Form tatsächlich von Einstein gefunden, wenn auch nicht nur von ihm, aber sie wurde völlig anders interpretiert. Und an der Entwicklung der Atombombe war Einstein nicht beteiligt, dazu war er zu theoretisch und, laut FBI, zu unzuverlässig. Doch hat Einstein einen Brief an Präsident Roosevelt mit unterschrieben. Idee und Formulierung des Briefes stammten aber von seinem Freund LEO SZILARD (1898 - 1964). In ihm wurde der Präsident dringend zur Entwicklung einer Atombombe gedrängt, weil die - wie sich später herausstellte, durchaus berechtigte - Befürchtung bestand, die Nazis würden an einer solchen Bombe arbeiten. Kurze Zeit später wurde das "Projekt Manhatten" gegründet, die größte technische Anstrengung der Menschheit seit dem Bau der Pyramiden. Am Ende der Entwicklung stand tatsächlich jene schreckliche Bombe, die von den Initiatoren des Projekts - Szilard und Einstein - ebenso vehement wie vergeblich bekämpft wurde.

Zurück zur "Jahrhundertformel", die auch als **Masse-Energie-Äquivalent** bezeichnet wird, und zu einer anderen, die mit ihr eng verknüpft ist und aus der Speziellen Relativitätstheorie abgeleitet werden kann, aber nicht muss: der **relativistischen Massenzunahme**. Es geht zunächst um den Begriff der *Masse*.

Für Newton, dem wir die ganze klassische Physik der Bewegungen und Kräfte verdanken, war Masse etwas Unzerstörbares. Sie machte das Wesen eines Objekts oder Gegenstands aus. Für Newton galt: Masse = Volumen mal Dichte. Zudem unterschied er zwischen zwei grundverschiedenen Arten von Masse:

- Die **schwere Masse** ist für die **Anziehungskraft** zwischen zwei Körpern zuständig. Sie entspricht in gewissem Sinn der elektrischen Ladung - sie repräsentiert eine Art "gravitative" Ladung, die allerdings um 39 Zehnerpotenzen schwächer ist als ihr elektrisches Gegenstück. Die zugehörige Formel geht immer von *zwei* Massen aus:

$$\textbf{Anziehungskraft} = \textbf{G} \times \frac{\textbf{m}_1 \times \textbf{m}_2}{\textbf{r}^2}$$

$(m_1, m_2 = \text{schwere Massen } m_S)$

G ist eine universelle Konstante, die Gravitationskonstante. Setzt man m_1 = Masse eines Gegenstands, m_2 = Masse der Erde, so spricht man auch vom **Gewicht** des Gegenstands. Wie man sieht, ist das Gewicht auch von der anziehenden Masse abhängig. Der gleiche Gegenstand hat auf dem Mond nur 1/6 seines irdischen Gewichts, er wird weniger stark angezogen. Auf der Außenhülle des Jupiters wiegt er das 2,5-fache. "Gewicht" ist also immer relativ.

Die Anziehungskraft gehorcht dem dritten Newtonschen Axiom, das da lautet: *Kraft gleich Gegenkraft. Eine Kraft von Körper A auf Körper B geht immer mit einer gleich großen, aber entgegen gerichteten Kraft von Körper B auf Körper A einher.*

- Die **träge Masse** ist für den Widerstand verantwortlich, den ein Körper einer Änderung seines Bewegungszustands entgegensetzt. Ein zweiter Körper ist hier nicht nötig. Änderungen von Bewegungszuständen sind normalerweise Beschleunigungen (*b*), darum lautet die (ebenfalls von Newton aufgestellte) Formel dazu:

Trägheitswiderstand = m×b   (m = träge Masse m_T)

Das ist das zweite Newtonsche Axiom, welches dem dritten völlig widerspricht. Denn es gibt hier keine Gegenkraft, während der Trägheitswiderstand selbst von Newton als "Kraft", von Hertz und Einstein dagegen als "Pseudokraft" bezeichnet wird. Seine Ursache ist unbekannt; die Massenträgheit gehört zu den großen Rätseln der Natur. Schon Newton machte sich in seinem berühmten "Eimer-Experiment" Gedanken darüber, ob Trägheitskräfte - in diesem Fall die Fliehkraft - auch dann auftreten, wenn es im ganzen Universum keine anderen Massen gibt. Mehr dazu in meinem Buch über die Allgemeine Relativitätstheorie ("Reise ins Ungewisse").

Noch unerklärlicher ist die Tatsache, dass die schwere Masse zahlenmäßig immer gleich der trägen ist. Beide werden ja durch Kräfte gemessen, und die jeweiligen Kräfte sind gleich. Wie auch immer die endgültige Erklärung dafür: Aus theoretischen Überlegungen (aus Gedankenexperimenten mit Spiegeln) ergibt sich, dass auch Licht träge Masse besitzen muss. Und das bedeutet: Ein Körper, der Energie in Form von Licht abstrahlt - beispielsweise eine elektrisch geladene Kugel, die Radiowellen emittiert - , wird dadurch *leichter* im Sinne der Trägheit. Die ungeladene Kugel ist leichter zu beschleunigen. Eine geladene Kugel dagegen enthält mehr Energie, man braucht mehr Kraft, sie in Fahrt zu bringen, ihre träge Masse ist größer. Der Zusatzaufwand ist im Alltag zwar nicht bemerkbar, muss aber bei Kernteilchen berücksichtigt werden.

Zahlreiche Wissenschaftler vor Einstein machten sich ab 1880 Gedanken darüber, ob dieser Trägheitszuwachs mathematisch erfassbar ist, wobei sie meist von elektromagnetischen Überlegungen ausgingen. Grundlage war das Theorem von JOHN HENRY POYNTING, mit dem der Energiefluss (und damit auch der Energie-Inhalt) einer elektromagnetischen Welle berechnet werden kann. Licht besitzt demnach Energie. Unter den frühen Erforschern dieses Zusammenhangs waren:

- Joseph John Thomson (1881)
- Oliver Heaviside (1889)
- George Searle (1897)
- Wilhelm Wien (1900)
- Max Abraham (1902)
- Hendrik Lorentz (1904)
- Friedrich Hasenöhrl (1904/05)

Sie alle kamen auf einen Wert der "elektromagnetischen Masse" von 4/3 E_{em}/c^2 (E_{em} = elektromagnetische Energie). Andere Autoren errechneten das Masse-Energie-Äquivalent mit dem Faktor 1, also die Einsteinsche Formel, darunter:

- Henri Poincaré (1900)
- Olinto de Pretto (1903)

Auch Einstein ging von elektrodynamischen Überlegungen aus, fügte aber sein "Gleichzeitigkeitskonzept" hinzu und kam so auf "seine" Formel, die er allerdings, laut Urteil des Wissenschaftshistorikers (und Physikers) Max Jammer fehlerhaft ableitete, indem er das Ergebnis voraussetzte. Max Planck war 1907 offenbar er erste, der die Formel ohne Relativität und Widersprüche aus thermodynamischen Überlegungen korrekt errechnete.

Einsteins Formel in der ursprünglichen Publikation "Über einen die Erzeugung und Verwandlung des Lichts betreffenden heuristischen Gesichtspunkt" (1905) lautet so: $\mathbf{m_t = E/c^2}$, oder, noch korrekter: $\mathbf{\Delta m_t = \Delta E/c^2}$. Da c^2 eine außerordentlich große Zahl ist, wird die Änderung des Trägheitswiderstands außerordentlich gering - sie ist kaum messbar und in der Praxis bedeutungslos.

Ungefähr zur gleichen Zeit, also um 1900, machten sich die Entdecker der Radioaktivität, HENRI BECQUEREL und PIERRE und MARIE CURIE, Gedanken über den von ihnen entdeckten Prozess. Ein Stoff, der radioaktiv zerfällt (Uran, Radium, viele andere Elemente), erzeugt permanent Wärme, also Energie. Woher kommt sie? Die genannten Personen nahmen an, die Energie entstamme der Umwandlung einer minimalen Masse des Stoffs in reine Energie - gemäß der bekannten Formel. Hier wird also zum ersten Mal der Gedanke laut, die Formel in der (für uns gewohnten) umgekehrten Richtung zu lesen, nämlich als Auflösung winzigster Materieteilchen in ungeheure Energiemassen. Sie lautet dann: $\mathbf{E = m_s c^2}$. Oder auf deutsch: Materie (also das, was den unveränderlichen Kern eines Gegenstands ausmachen soll), verschwindet und taucht als Energie wieder auf. Ein Körper "zerstrahlt".

Indes: Sowohl bei der Kernspaltung (englisch *fission*) als auch bei der Kernverschmelzung (englisch *fusion*) wird allein ein **Teil der Bindungsenergie** der Atombestandteile als Energie freigesetzt. Irgendwelche Massen sind an dem Prozess nicht beteiligt, auch wenn dies oft behauptet wird, Stichwort "Massendefekt". Die Formel hat also weder mit der Atombombe ("fission") noch mit der Wasserstoffbombe ("fusion") etwas zu tun. Das kann sie auch nicht, denn sie enthält ja die *träge* Masse, und die trägt zur Energie nichts bei. Jedenfalls lehnte WERNER HEISENBERG, sicher einer der besten Kenner der Materie, die moderne Interpretation der Formel ab:

"Die Energie bei der Spaltung des Urankerns hat als Hauptursache die elektrostatische Abstoßung der zwei Teile, in die der Atomkern gespalten wird. Die Energie, die bei einer Atomexplosion frei wird, stammt also direkt aus dieser Quelle und ist nicht durch eine Verwandlung von Masse in Energie hervorgebracht." (1959)

Mit anderen Worten: Der Ersatz von "träge Masse" durch "schwere Masse" ist weder erlaubt noch nötig. Der sogenannte **Massendefekt** (ein Teil der Masse von Kernteilchen wird in Energie verwandelt) eine Chimäre. Wo die ganze Wucht der Formel indes tatsächlich zum Vorschein kommt, das ist bei der gegenseitigen **Auslöschung von Materie und Antimaterie**. Treffen ein Elektron (Materie) und sein Antiteilchen, das Positron (Antimaterie) aufeinander, vernichten sie einander in einem energiereichen Blitz von Gammastrahlen. Und auch das Umgekehrte wurde beobachtet: Gammastrahlen (also reine Energie) können spontan Materie erzeugen, nämlich ein Elektron und ein Positron zur gleichen Zeit. Da aber das Geheimnis der Antimaterie in keiner Weise gelöst ist und diese Ereignisse bisher zu selten auftraten, ist das letzte Wort noch nicht gesprochen. Möglicherweise stecken ganz andere Prozesse dahinter.

Die Formel von Poincaré-dePretto-Einstein jedenfalls kann in der Praxis kaum angewandt werden, da niemals die gesamte Masse in Energie verwandelt wird. Insofern ist sie ebenso schön wie wertlos.

Nun ja, nicht ganz. Denn mit ihrer Hilfe kann eine andere Formel abgeleitet werden, die ebenfalls Einstein zugeschrieben wird, obwohl sie mit seinen Manipulationen von Raum und Zeit nichts zu tun hat. Es ist die Formel

$$m = m_0 \cdot \gamma = \frac{m_0}{\sqrt{1 - (v/c)^2}}$$

In normaler Sprache: Bewegt sich ein Körper mit der Geschwindigkeit v, dann nimmt seine träge Masse m zu, nach dem bekannten γ-Faktor (**relativistische Massenzunahme**). Im Ruhezustand hat der Körper die **Ruhemasse** m_0. Bei Annäherung an die Lichtgeschwindigkeit wird der Trägheitswiderstand unendlich, was bedeutet, dass man kein Raumschiff wirklich auf Lichtgeschwindigkeit beschleunigen kann.

Aber: Diese Formel kann gar nicht zur SRT gehören, denn die Geschwindigkeit v der bewegten Masse muss *absolut* gemessen werden! Sonst könnte man nach dem Prinzip der Relativbewegung das bewegte Objekt genauso als ruhend betrachten, und dann ist der Effekt verschwunden. Solche Tricks sind bei Raumstauchungen vielleicht noch möglich, nicht aber bei Massen, die durch Newtons Formeln unmittelbar mit Kräften verbunden werden. Und die brauchen ein absolutes Bezugssystem - man kann sie auch nicht weg-mathematisieren.

Dazu kommt ein weiteres Problem. Wenn sich die Formel wirklich auf die Masse des Körpers bezieht (was nicht sein muss, siehe unten), dann haben wir Schwierigkeiten mit Fotonen. Denn die bewegen sich immer mit Lichtgeschwindigkeit, folglich ist ihre Masse immer gleich unendlich. Einstein behalf sich mit einem Trick: Er setzte die Ruhemasse der Fotonen gleich 0, wodurch sich, als Multiplikation mit ∞ (unendlich), irgendein endlicher Wert ergeben müsste. Oder könnte, oder sollte. Der Begriff "Masse" wird damit ziemlich sinnlos, genauso wie der Begriff "Nullwachstum".

Wie sehr sich auch die Physiker damit schwer tun, zeigt eine Dissertation aus dem Jahr 1998 (C.C. Noack: "Was ist eigentlich eine Ruhemasse?", Universität Bremen, März 1998). Darin zitiert er Einstein, der in einem Brief an L. Barnett (1948) schrieb:

Es ist nicht gut, von der Masse $M = m/\sqrt{(1-\beta^2)}$ eines bewegten Körpers zu sprechen, da für [die relativistische Masse] M keine klare Definition gegeben werden kann. Man beschränkt sich besser auf die "Ruhe-Masse" m.

Und Noack zitiert eine Anekdote eines befreundeten Physikers:

"Hängt die Masse wirklich von der Geschwindigkeit ab, Papa?" fragte mich mein Sohn nach der ersten Physikstunde im Gymnasium. Meine Antwort: "Nein!" "Naja, eigentlich doch ..." "In Wirklichkeit nicht, aber erzähl das nicht deinem Lehrer." Am nächsten Tag wählte mein Sohn das Fach "Physik" einfach ab ...

Offenbar eine sehr kluge Entscheidung. Noack selbst stellt dazu fest:

"Masse ist eine fundamentale Eigenschaft von Materie und als solche von der Wahl des Bezugssystems unabhängig." [d.h. konstant, nicht mit der

Geschwindigkeit wachsend]. Auf S. 16 heißt es dann aber: "*Nach der ART ist es die Energie-Impuls-Verteilung im Universum, die dessen Gravitationskräfte bestimmt. Hier gehen nicht die Massen, sondern die Energien (und Impulse!) ein ...*" Offenbar hat der Autor bis dahin vergessen, dass der Impuls als "Masse mal Geschwindigkeit" definiert ist, mithin die Masse sehr wohl in die Rechnungen eingeht und es also überaus wichtig wird, ob diese Masse immer den gleichen Wert hat oder mit der Geschwindigkeit eines Beobachters steigt.

Zudem ist keineswegs klar, dass die obige Formel als einzig mögliche die Wirklichkeit exakt beschreibt. Nach Max Jammer, dem großen Physik-Historiker, gab es ursprünglich *zwei* Theorien einer geschwindigkeitsabhängigen Masse: die von Einstein auf Grund von relativistischen Überlegungen (1905): $m = m_0/\sqrt{(1-\beta^2)} = m_0 \cdot \gamma$, und die viel kompliziertere von MAX ABRAHAM auf Grund elektrodynamischer Überlegungen (1903): $m = 3/4 \cdot m_0/\beta^2 ((1+\beta^2)/2\beta \cdot \ln((1+\beta)/(1-\beta))-1)$

Die experimentellen Ergebnisse sind keineswegs so eindeutig, wie sie in der Literatur dargestellt werden (Meta-Untersuchung aller Experimente durch P.S. Faragó & L. Jánossy). Es muss die Lorentzkraft, die auf ein Elektron wirkt, durch die Zentrifugalkraft kompensiert werden: $eHv = mv^2/r$

Statt m=variabel kann die Gleichung auch so geschrieben werden: $eHv \cdot \sqrt{(1-\beta^2)} = m_0 v^2/r$, sodass der Lorentzfaktor explizit angegeben wird und sich auch auf die magnetische Feldstärke beziehen kann.

Noch eine weitere Schwierigkeit soll erwähnt werden. Wegen der **Gleichheit der trägen und der schweren Masse** müsste also auch m_s (die für die Anziehungskraft verantwortliche Masse) bei Lichtgeschwindigkeit gegen ∞ gehen. Das würde bedeuten: Schnelle Elektronen im Beschleunigerring müssten aneinander kleben bleiben oder würden gar den Speicherring zerstören, wegen der ungeheuren Anziehungskraft, die sie nun plötzlich haben. Das aber wurde nie beobachtet. Also kann das Konzept der Massenzunahme irgendwie nicht stimmen. Was aber dann? Hier ein Vorschlag:

Die geschwindigkeitsabhängige Vergrößerung des Trägheitswiderstands wurde 1901 von WALTER KAUFMANN bei Versuchen mit Elektronen im Magnetfeld empirisch gefunden. Elektronen sind so leicht, dass man sie gut auf hohe Geschwindigkeiten bringen kann. In einem Magnetfeld beschreiben sie auf Grund der **Lorentzkraft** Kreisbahnen, deren Radius von der Stärke des Magnetfelds abhängt. Kaufmann beobachtete, dass der Radius immer größer wurde, je schneller die Elektronen sind. Nach der Formel für die dabei wirksame Lorentzkraft heißt dies: Der Faktor (q/m) (m = Masse, q = elektrische Ladung) nimmt ab. Das Phänomen kann man zweifach deuten:

(1) Die träge Masse der Elektronen nimmt zu.

(2) Die Ladung nimmt ab, was auch bedeuten kann: Die Wirksamkeit des Magnetfelds, das an der Ladung angreift, wird kleiner.

Beide Deutungen sind möglich, solange die gleichen Experimente nicht an ungeladenen Teilchen durchgeführt wurden (was bisher aus technischen Gründen nicht geschah). Heute wird Deutung (1) allgemein akzeptiert, doch könnte genauso Deutung (2) zutreffen. Möglicherweise nimmt die Sensibilität der Elektronen für die Einflüsse des Magnetfelds ab: Sie laufen dem Feld sozusagen davon. Wie auch immer: Hier ist noch Raum für viele Experimente - wenn die Wissenschaftler akzeptieren, dass die Angelegenheit keineswegs für alle Zeiten gelöst ist. Das allerdings meinen sie, denn der Meister hat gesprochen, und dem Meister widerspricht niemand - jedenfalls nicht ungestraft.

Bei all diesen technischen Erklärungen und Einwänden bleibt der Mythos dieser Formel ungebrochen eindrucksvoll. Der Soziologe ROLAND BARTHES hat in seinem Buch "Mythen des Alltags" über die Formel und ihren Entdecker geschrieben:

Das Universum ist ein Tresor, dessen Chiffre die Menschheit sucht. Einstein hat sie fast entdeckt; darin besteht der Einstein-Mythos. ... Die historische Gleichung $E = mc^2$ verwirklicht durch ihre unerwartete Einfachheit fast die reine Idee des Schlüssels, der mit einer gänzlich magischen Leichtigkeit ein Tor öffnet, an dem sich Jahrhunderte abmühten.

Also die Weltformel! Aber auch Einstein gelang es nach Bartels nicht, das Universum auf eine magische Formel zu reduzieren:

Zugleich Magier und Maschine, Gehirn und Gewissen, ewig Suchender und als Findender ewig unerfüllt, das Beste und das Schlimmste entfesselnd, erfüllt Einstein die widersprüchlichsten Träume, versöhnt mythisch die unendliche Macht des Menschen über die Natur und das "Verhängnis" eines Sakralen, dem er noch nicht entgehen kann.

E = mc², grafisch

Mythos: Einsteins Formel ist die Grundlage der Kernspaltung (Atombombe, Kernreaktor) und der Kernfusion (Wasserstoffbombe)

Wahrheit: Seine Formel besagt nur: Ein geladener Körper setzt seiner Beschleunigung mehr Widerstand entgegen als derselbe Körper ohne elektrische Ladung ($m_t = E/c^2$)

Was ist Masse?

Schwere Masse:

$$F = G \cdot \frac{M_s \cdot m_s}{r^2}$$

*Der Tänzer muss das **Gewicht** der Tänzerin kompensieren. Ihr Gewicht ist eine Kraft zum Mittelpunkt der Erde: m_s = schwere Masse der Tänzerin, M_s = schwere Masse der Erde.*

Träge Masse:

$$F = m_t \cdot b$$

*Die Eisläuferin muss den **Trägheitswiderstand** ihres Körpers durch Kraftaufwand überwinden. Der Trägheitswiderstand ist gleich m_t, die Kraft (von Reibungen abgesehen) unabhängig von der Wirkung der Schwerkraft. Im schwerelosen All wäre die gleiche Kraft erforderlich.*

Die Lorentzkraft

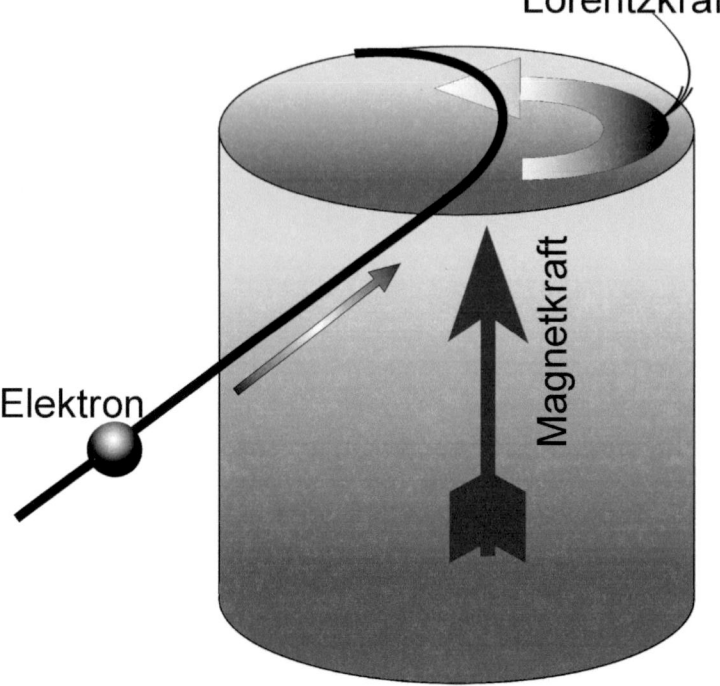

Die Lorentzkraft lenkt einen elektrisch geladenen Körper über einem Magneten auf eine kreisförmige Bahn. Der Kreisradius (r) ist umso größer, je größer Geschwindigkeit (v) und Ladung (q), und umso kleiner, je kleiner Masse (m) und die magnetische Feldstärke (B). Die Formel lautet:

$$Kraft_{Lorentz} = q \cdot (v \times B) \ (\times = \text{Vektor-Exprodukt}) = qvB,$$

wenn Geschwindigkeitsvektor und Magnetfeld (wie hier) senkrecht aufeinander stehen. B bleibt dabei konstant.

Außerdem muss gelten: Lorentzkraft = Zentrifugalkraft. Letztere hat den Wert:

$$Kraft_{Zentrifugal} = mv^2/r.$$

Gleichsetzen ergibt: $qvB = mv^2/r$, oder $\boldsymbol{r = (m/q) \cdot (v/B)}$

Wird r bei hohen ("relativistischen") Geschwindigkeiten größer, kann das zwei mathematische Gründe haben:

(a) Die Masse m wird größer. Das ist die Annahme eines relativistischen Massenzuwachses. Oder:

(b) Die Ladung q wird kleiner.

Der Körper muss dabei nicht unbedingt an Ladung verlieren. Es kann auch die "effektive" (= wirksame) Ladung geringer werden, was dadurch geschehen könnte, dass der Körper bei hohen Geschwindigkeiten unempfindlicher für das Magnetfeld wird. Der elektrisch geladene Körper läuft dem Feld sozusagen davon.

Da der Massenzuwachs-Effekt bisher noch nie an neutralen (ungeladenen) Teilchen überprüft wurde, kann (b) durchaus zutreffen, und die Hypothese einer relativistischen Massenzunahme ist überflüssig.

Geschwindigkeitsabhängigkeit der Masse

Einstein leitete seine berühmte Formel der Masse-Energie-Äquivalenz mit Hilfe der relativistischen Massenzunahme ab. Man kann aber genauso gut umgekehrt vorgehen und die Formel (1) **$E=mc^2$** als gegeben voraussetzen. In der zweiten Formel:

(2) **$E^2= p^2c^2 + E_0^2$** bedeutet E_0 die Ruhe-Energie und E die kinetische Energie; p ist der Impuls (=mv). Die Formel kann so abgeleitet werden:

$p=m\cdot v$, $E=p\cdot c$, Energie = Kraft x Weg:

$dE = F\cdot ds = dp/dt\cdot ds = ds/dt\cdot dp = v\cdot dp\ |\cdot E$

$EdE = Evdp = mc^2vdp$. Nun ist $mv = p$, also wird die rechte Seite zu $EdE = c^2pdp$. Integration (unbestimmt) mit const. $= E_0$ liefert (nach Kürzen von ½) die Gleichung (2). Ausquadrieren und umformen:

$m^2c^4 = m^2v^2c^2 + m_0^2c^4\ |{:}\ c^4 => m^2(1-(v/c)^2)=m_0^2$, und daraus

$m = m_0/\sqrt{(1-(v/c)^2)}$, also die relativistische Formel der Massenzunahme.

Beobachtungen und Versuche

Zahleiche Beobachtungen und Versuche, welche die SRT begünstigten, bestätigten oder widerlegten, schwirren durch die Literatur wie Glühwürmchen im Juli: Mal leuchten sie, mal verschwinden sie, meist sind sie nicht näher erforschbar. Wir werden hier einige wichtiger Vertreter dieser Gattung einfangen und etwas näher unter die Lupe nehmen, gemäß dem Motto: wenig, aber gründlich. Oder: Was ist dran an den Daten?

Die ersten Beobachtungen und Experimente wollten herausfinden, wie das Medium, in welchem Licht schwingt, beschaffen ist. Konkret: Ruht der Äther im All ("**stationärer Äther**") - dann gibt es einen "Ätherwind" auf der Erde (denn die steht im All ja nicht still), oder wird der Äther von der Erde mitgenommen ("**mitgeführter Äther**"), dann gibt es auf der Erde *keinen* Ätherwind. Die **Aberration des Sternenlichts** kann zwar mit dem Teilchen- oder Tröpfchenmodell gut erklärt werden, ohne Rückgriff auf ein Medium, in welchem Licht schwingt. Es geht aber auch mit dem Wellenbild. Danach muss der Äther **stationär im All** ruhen, was einen **Ätherwind** auf der Erde hervorruft, sodass die Regentropfen oder Lichtteilchen schräg zur Blickrichtung fallen.

Der Fresnel-Fizeau-Versuch, bei dem Licht durch fließendes Wasser geschickt wird, führte zur Erkenntnis: Äther wird durch fließendes Wasser zumindest **teilweise mitgenommen.** Das Michelson-Morley-Experiment schließlich führte zur Schlussfolgerung: Der Äther wird **vollständig mitgeführt,** es gibt keinen Ätherwind auf der Erde.

Klar: Da kann was nicht stimmen.

Fangen wir an mit einem *teilweise mitgeführten* Äther.

:

Der Versuch von Hippolyte Fizeau (1851)

Fizeau wollte eine Voraussage von Fresnel überprüfen, die besagte: Der "Äther" wird von fließendem Wasser zumindest teilweise mitgenommen, was Fizeau bestätigen konnte. Da die absolute Lichtgeschwindigkeit schwer bestimmbar ist, beobachtete Fizeau (wie auch Michelson-Morley) den Gangunterschied zweier Lichtstrahlen, von denen einer gespiegelt wird. Das Prinzip sieht so aus:

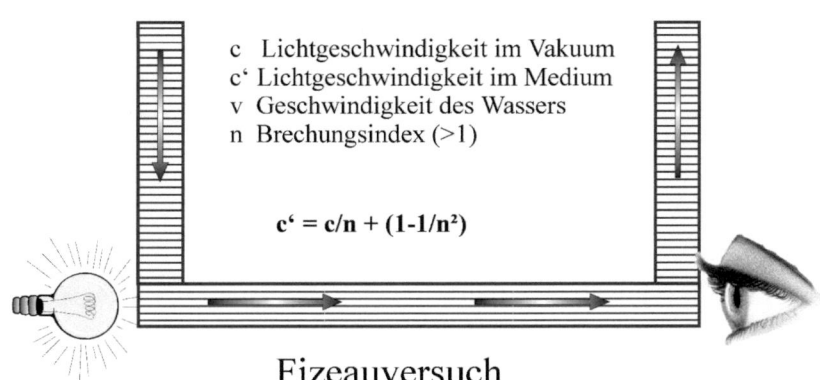

c Lichtgeschwindigkeit im Vakuum
c' Lichtgeschwindigkeit im Medium
v Geschwindigkeit des Wassers
n Brechungsindex (>1)

$$c' = c/n + (1-1/n^2)$$

Fizeauversuch

Für die Relativisten war die Formel von Fresnel-Fizeau ein Meilenstein: Durch Anwendung des relativistischen Geschwindigkeits-Additions-Theorems ergibt sich genau diese Formel. Aber sie kann ebenso gut mit Hilfe der Extinktionshypothese klassisch-quantenphysikalisch abgeleitet werden, ganz ohne Lorentz-Transformationen.

Dabei ist die Lichtgeschwindigkeit zwischen den Atomen, also im leeren Raum, immer gleich c_0, was im Folgenden "c" genannt wird. Die Absorption von Fotonen durch Atome des Mediums und ihre Re-Emission dauert. Diese Zeitverzögerungen erklären die seltsame Geschwindigkeits-Addition. Denn klassisch müsste sich c' (die Lichtgeschwindigkeit im Medium <c) mit v, der Geschwindigkeit des Mediums, zu c'±v ändern. Aber sie ändert sich weniger, nämlich mit $v(1-1/n^2)$. Früher dachte man, der Äther würde durch das strömende Medium *nur teilweise* mitgenommen. Die Erklärung ist aber viel einfacher.

Es gäbe N Verzögerungspunkte (absorbierende Atome) auf der Strecke L mit je einer Verzögerungszeit τ. Der Fresnelsche Mitführungskoeffizient n^2 ist dann die Summe aller Verzögerungen, und die Verzögerungszeit (im unbewegten Medium) beträgt $LN\tau$.

Die gemessene Lichtgeschwindigkeit im Medium c'<c ist gleich c/n, mit n>1. Also gilt:

t(Vakuum) = L/c, t(Medium) = L/c/n = (nL)/c > t(Vakuum), oder

Δt = t(Medium) - t(Vakuum) = ... = L(n-1)/c = $LN\tau$ (siehe oben), oder τ = (n-1)/(cN)

Bewegt sich das Medium mit dem Licht, gibt es weniger Hindernisse, die neue Verzögerungszeit τ' < τ. Wir müssen dabei L durch L' = L - vΔt ersetzen. Dann gilt also:

Δt = L/c + N(L-vΔt)τ' oder τ' = τ(1-β) mit β=v/c. Ausführlich:

τ' = (n-1)/(cN)·(c-v)/c

Löst man die Gleichung nach Δt auf (eine lange Rechnung) und setzt c' = L/Δt, dann erhält man mit der üblichen Vernachlässigung aller Quadrat- und höheren Terme von β sowie der Näherung 1/(1-x) = 1 + x + ... schließlich für c':

c' = c/n – v/n^2 + v = c/n + v(1-1/n^2), wie gewünscht, ganz klassisch.

Versuche zum Äther

Es geht weiter mit dem berühmten Versuch von **Michelson & Morley** aus dem Jahr 1887. Die Schlussfolgerung geht so: Ist der Äther im Weltall stationär, gibt es einen Ätherwind. "Schwimmt" das Licht *gegen* den Wind, müsste es *langsamer* werden, schwimmt es mit ihm, würde es von ihm mitgenommen und somit schneller werden. Der Ätherwind kann nur in Richtung der Fortbewegung der Erde wehen, und die ist bekannt: 30 km/sec = Umlaufgeschwindigkeit um die Sonne. Also muss man die Lichtgeschwindigkeit mit und gegen die Erdbewegung messen und die beiden Geschwindigkeiten vergleichen.

Aber Geschwindigkeiten dieser Art kann man nicht messen. Und beim Vergleich ergibt sich das Problem: Wir wissen nicht, ob Licht hin und zurück die gleiche Geschwindigkeit hat. Dazu kommt: Der Versuch nutzt Spiegel. Doch nach der *Extinktionshypothese* (Licht vergisst seine Vergangenheit bei jeder Neu-Schaffung) können gar keine Geschwindigkeiten gemessen werden, denn jeder Spiegel vernichtet das Gedächtnis des Lichts - seine Geschwindigkeit wird bei jeder Spiegelung neu geschaffen.

Aber hat der Versuch wirklich ein "Nullresultat" ergeben, wie es in den Lehrbüchern steht? Die Autoren stellen ausdrücklich fest: Im Rahmen der Messgenauigkeit ergab sich ein Ätherwind von höchstens 8-10 km/sec. Bezogen auf das erwartete Ergebnis von 30 km/sec bedeutet dies eine Abweichung von 27-33% von der Geschwindigkeit 0. Zudem haben die langjährigen und sorgfältigen Untersuchungen des ehemaligen Michelson-Mitarbeiters DAYTON MILLER einen ähnlichen Wert ergeben. Was die Sache nur noch kurioser macht, zumal wir heute wissen: Es gibt viele Fortbewegungen der Erde im Weltall in Bezug auf das absolute Ruhesystem der kosmischen Hintergrundstrahlung.

Der Versuch von Michelson-Morley (1887)

Ziel: Die Geschwindigkeit, mit der sich die Erde durch den "Äther" (= Medium des Lichts) bewegt, sollte festgestellt werden.

Konzept:

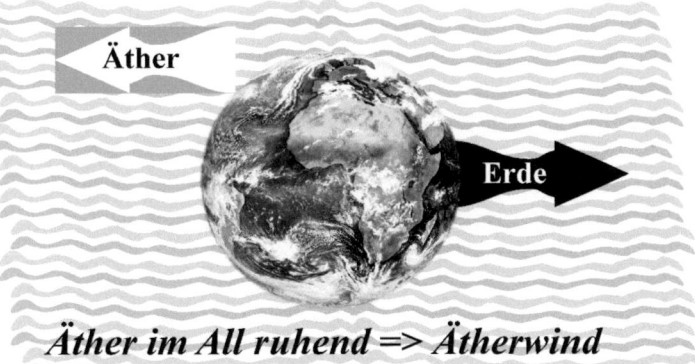

Äther

Erde

Äther im All ruhend => Ätherwind

Ruht der Äther im All, gibt es auf der Erde einen "Ätherwind", und Licht in Richtung dieses Winds (also entgegen der Erdbewegung) müsste schneller sein, Licht gegen den Ätherwind (also mit der Erde) müsste langsamer werden.

Versuchsanordnung:

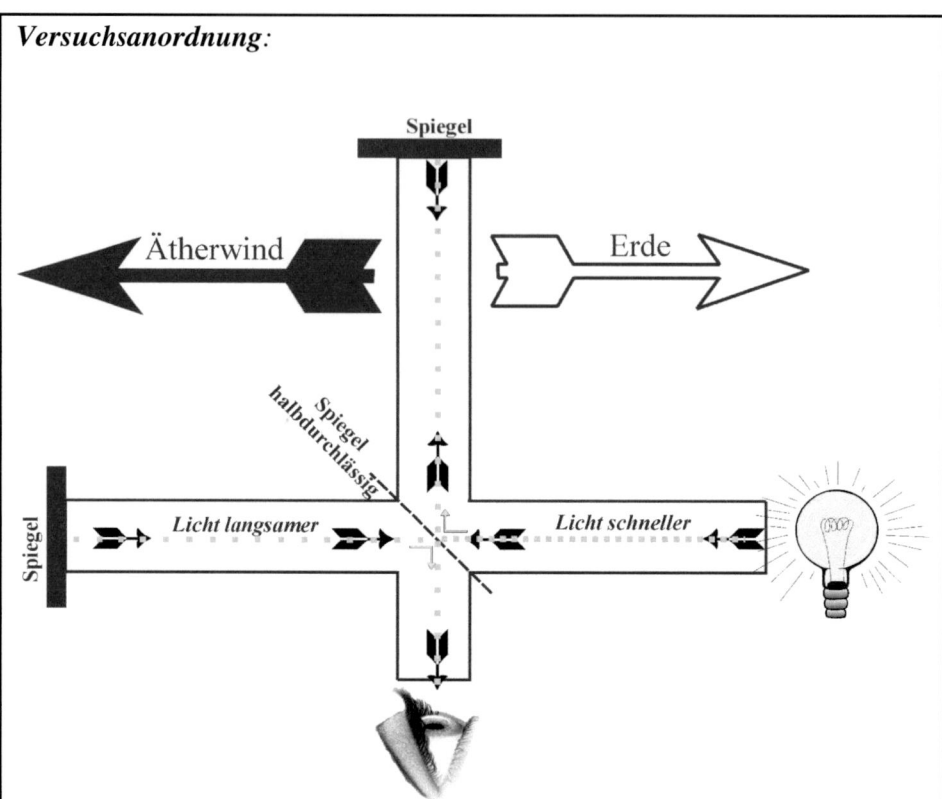

Ein Lichtstrahl (von rechts) durchläuft ein Rohr und wird in der Mitte durch einen Strahlenteiler (einen halbdurchlässigen Spiegel) in zwei Strahlen geteilt. Einer geht weiter und wird am Ende des Rohrs gespiegelt, läuft dann von der Mitte nach oben, wird oben gespiegelt, läuft nach unten und überlagert sich mit dem zweiten Strahl, der nach unten gespiegelt wurde. Ein Beobachter sucht nach "Interferenzen", also nach Zeitunterschieden der beiden Strahlen. Da die Wege gleich sind (gleich lange Rohre), könnten diese nur mit unterschiedlichen Geschwindigkeiten erklärt werden.

Berechnungen der Lichtwege:

longitudinal:

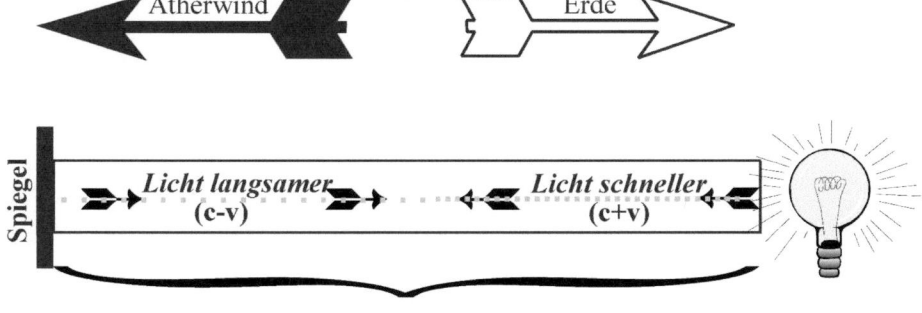

2L

Mit der Strömung des Äthers (Geschwindigkeit = v) läuft Licht schneller, entgegen die Strömung, also entgegen den Äther, langsamer. Zeiten insgesamt:

$$t = \frac{L}{c-v} + \frac{L}{c+v} = \frac{2L/c}{1 - (v/c)^2}$$

transversal ohne Ätherwind:

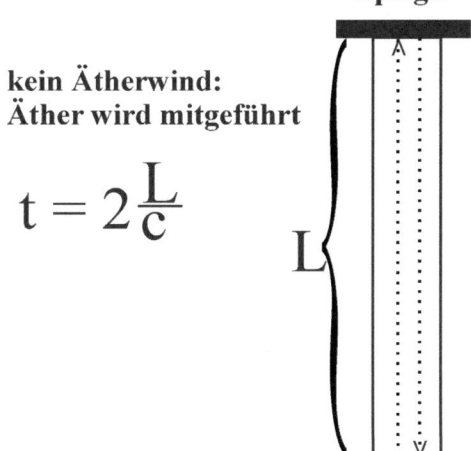

Spiegel

kein Ätherwind: Äther wird mitgeführt

$$t = 2\frac{L}{c}$$

Das Licht braucht zur Hin- und Rückreise die gleiche Zeit.

transversal mit Ätherwind:

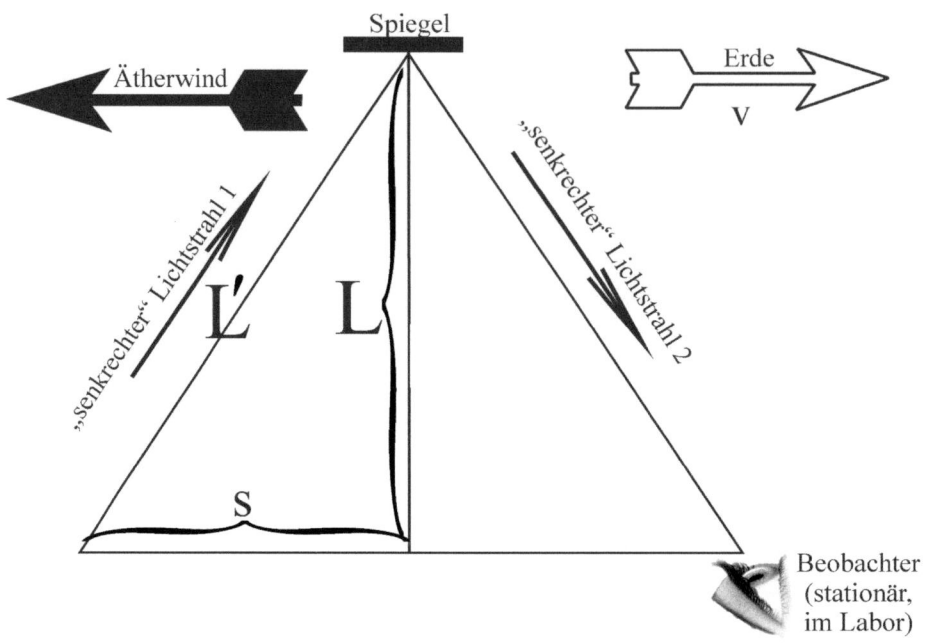

$$s = v \cdot \frac{t'}{2} \qquad L' = c \cdot \frac{t'}{2}$$

$$L'^2 = L^2 + s^2$$

$$c^2\left(\frac{t'}{2}\right)^2 = L^2 + v^2\left(\frac{t'}{2}\right)^2$$

$$t' = \left(\frac{2L}{c}\right) \cdot \frac{1}{\sqrt{1 - (v/c)^2}} = \frac{t}{\sqrt{1 - (v/c)^2}}$$

Licht durcheilt einen längeren Weg (L'), weil es vom Ätherwind (von rechts) sozusagen aus der Bahn geworfen wird, oder weil ihm der Spiegel davon läuft. t' ist größer als t, die Zeit läuft (nach dieser Theorie) langsamer.

Eigentlicher Versuch*: Die Apparatur wird um 90° gedreht, sodass der parallele Arm jetzt zum senkrechten wird, und umgekehrt. Also müsste sich eine Zeitdifferenz ergeben ("longitudinal" minus "transversal").*

Ergebnis*: Es gibt keine Zeitunterschiede, der Äther wird von der Erde mitgeführt, er ruht also in Bezug auf sie. Dies aber widerspricht anderen Erscheinungen, wie etwa der Aberration des Sternenlichts oder bestimmten elektromagnetischen Phänomenen. Danach muss der Äther im Raum ruhen, auf der Erde also einen Wind erzeugen. Was nicht der Fall ist.*

*Lösung **relativistisch***: Der Parallel-Arm der Vorrichtung verkürzt sich in Bewegungsrichtung um den Lorentzfaktor, der Transversalarm aber nicht ("Lorentz-Kontraktion").*

*Lösung **klassisch***: Keine anerkannte Lösung. Vorschläge:*

(1) Das Licht trifft nicht in den angenommenen Winkeln (90° und 45°) auf die Spiegel, da diese infolge der Fortbewegung der Erde schon ein Stück weiter sind (Marmet, Engelhardt).

(2) Licht bildet innerhalb des Fernrohrarms stehende Wellen, kann also gar nichts über die Außenwelt aussagen (Wesley).

(3) Licht ist eine Teilchen-Erscheinung und wird bei jeder Spiegelung vernichtet (absorbiert) und neu erschaffen (re-emittiert), sodass es immer mit Lichtgeschwindigkeit den Spiegel verlässt und somit seine frühere Geschwindigkeit "vergisst" (Extinktionstheorie).

(4) Unter Berücksichtigung des Impuls-Erhaltungs-Gesetzes ergibt sich ein anderes Reflexionsgesetz auf Quantendynamischer Grundlage, die Zeitdifferenz wird rein rechnerisch zu Null (Engelhardt).

(5) Die Berechnung der transversalen Zeit mit Hilfe des pythagoräischen Lehrsatzes ist zwar korrekt, aber so funktionieren Spiegelungen in der Praxis nicht (Clive Tickner).

(6) Die berechneten Interferenzen sind völlig falsch und in Wirklichkeit viel größer, da sich die Erde nicht mit 30 km/sec gegen den Äther bewegt, sondern mit der Absolutgeschwindigkeit (relativ zur kosmischen Hintergrundstrahlung) von über 500 km/sec (Hector Munera).

Unser Sonnensystem rotiert um das Zentrum unserer Milchstraße mit einer Geschwindigkeit von 267 km/sec. Die Milchstraße rast zum nächstgrößeren Galaxienhaufen, zur "Lokalen Gruppe", mit 38 km/sec. Die wiederum stürzt in den Virgo-Superhaufen mit 630 km/sec. Alle Objekte zusammen bewegen sich mit 552 km/sec relativ zur kosmischen Hintergrundstrahlung auf den "Großen Attraktor" zu, was immer das auch sein mag. Also: Welche der Geschwindigkeiten (oder welche Summe aus ihnen) dient als Vergleich zum Nullergebnis?

Die wahre Bedeutung der MM-Versuche ist heute nicht mehr klar. Sie lieferten kein Null-Ergebnis, die theoretischen Hintergründe existieren nicht mehr (es gibt keinen Äther!), die heutigen Erkenntnisse über Entstehung und Ausbreitung des Lichts (Stichwort: Quantenphysik) waren damals nicht bekannt, moderne technische Verfahren (Laser) unbekannt. Niemand beschäftigt sich mehr mit ihnen, denn Einstein hat ja schon alles geklärt.

Doch wollen wir einige Einwände zu den klassischen Interpretationen dieses wichtigen Versuchs angeben, als da sind:

- Die Berechnung der Lichtwege berücksichtigt nicht die **Fortbewegung des 45°-Spiegels**. Umfangreiche und komplizierte Berechnungen ergeben das gewünschte Null-Resultat, das aber den Versuchsergebnissen auch nicht entspricht (MARMET, ENGELHARDT).

- Es muss die **Phasengeschwindigkeit** des Lichts für die Berechnungen verwendet werden, nicht die Gruppengeschwindigkeit (THIM, WESLEY). Die Unterschiede der Geschwindigkeiten in Luft sind aber sehr gering. Die Autoren wollen auch nur zeigen: So kann man keine Geschwindigkeitsunterschiede messen.

- Im MM-Rohr bilden sich **stehende Wellen**, die vom Rohr mitgenommen werden. Laufzeitunterschiede sind also niemals messbar (WESLEY).

- Auch die **Extinktionstheorie** des Lichts behauptet: Mit Spiegeln sind Lichtgeschwindigkeiten nicht messbar, weil das vom Spiegel ausgesandte Licht immer mit c_0 neu erscheint.

- **Falsches Modell der Wirklichkeit** (REGINALD T. CAHILL). Der originelle Physiker von der "School of Chemical and Physical Sciences" der Flinders University in Australien hat seine eigene Theorie eines veränderlichen

Universums mit Quantenschaum und Gravitationswind entwickelt, mit welchem er auch den konstanten Ätherwind von Dayton Miller erklärt.

- Der transversale **Lichtweg wird falsch berechnet**. Licht kann nicht eine Art Dreieck durchlaufen, wie CLIVE TICKNER in eigenen Experimenten mit bewegten Platten und Laserlicht feststellte.

- Die Gangunterschiede sind **viel größer als angenommen**, da die Geschwindigkeit der Erde gegen den Äther (= gegen die kosmische Hintergrundstrahlung) rund 500 km/sec beträgt (HECTOR A. MUNERA).

Der **Sagnac-Versuch** bewies das Gleiche wie die Beobachtung der Aberration: Der Äther wird *nicht* mitgenommen, jedenfalls nicht bei Rotationen. GEORGE SAGNAC setzte 1913 Sender und Empfänger auf eine mit Spiegeln ausgestattete rotierende Scheibe und maß den Gangunterschied von Lichtstrahlen mit der Rotation und gegen sie. Ergebnis: Es gibt einen Unterschied, der sich aus ganz klassischen Überlegungen (Stichwort: Galilei-Transformation) erklären und berechnen lässt. Die Lichtgeschwindigkeit wird also größer oder kleiner als c_0, je nachdem, ob der (auf der Erde, also im Labor, verankerte) Ätherwind das Licht mitnahm oder ausbremste. Sagnacs Erfindung wird heute in der Technik zur "absoluten" Rotation (wogegen?) in Flugzeugen und Satelliten verwendet.

Relativistische Erklärungen verschweigen die Ausdrücke "c+v" und "c-v", nennen dafür die (daraus abgeleitete) Formel mit dem Flächeninhalt. Zudem wird die relativistische Zeitdehnung angeführt, die aber viel kleiner ist - da vom Quadrat des Quotienten v/c abhängig $(v/c)^2$ - als die linearen Anteile (v/c) der klassischen Geschwindigkeitsaddition oder -subtraktion. Wikipedia sagt dazu: "*Ein Beobachter ist in der Lage, anhand dieser Anordnung zu bestimmen, ob er sich in Rotation [relativ zum Universum, also absolut] befindet oder nicht. Das steht nicht im Widerspruch zum Relativitätsprinzip. Dieses besagt nur die Unmöglichkeit der Bestimmung der gleichförmig translatorischen Eigenbewegung des Beobachters.*"

Selbstverständlich kann die "gleichförmig translatorische Eigenbewegung des Beobachters" hier problemlos bestimmt, sogar gemessen werden, sowohl im Labor als auch auf der Scheibe. Es sind ja nicht einmal relativistische Geschwindigkeiten vorhanden! Womit wir bei einem weiteren Argument der Nicht-Anwendbarkeit relativistischer Formeln wären: Die Formeln der SRT gelten nur für gradlinig-gleichförmige Bewegungen. Dieser Einwand wird aber durch drei Männer widerlegt:

- ARCHIMEDES berechnete vor mehreren tausend Jahren Kreisumfang und -inhalt, indem er den Umfang in immer feinere Vielecke zerlegte.

- EINSTEIN sagte selbst: Eine gleichförmige Kreisbewegung kann archimedisch zerlegt werden, sodass die Formeln der Lorentztransformation anwendbar sind (siehe das Kapitel über die Ehrenfestsche Scheibe).

- RUYONG WANG und Mitarbeiter von der St. Cloud University in den USA haben 2003 die Sagnac-Scheibe "linearisiert", indem sie sozusagen die Scheibe aufschnitten und gerade bogen, aus ihr also eine Art Förderband machten, dessen Enden durch eine 180°-Drehung wieder zusammen geführt wurden. Ergebnis: Das gleiche wie beim klassischen Sagnac-Effekt. Das Argument der Nichtanwendbarkeit gilt hier garantiert nicht.

Bemerkenswert ist Wikipedias abschließende Bemerkung: "*Bemerkenswert an diesem Versuch ist vor allem, dass alle Teile des Systems – Lichtquelle, Zwischenapparat und Messgerät (Beobachter) – mitbewegt werden, man aber trotzdem einen Einfluss der Rotation beobachtet.*" Bemerkenswert, in der Tat!

Und schließlich die ausführlichen, sorgfältigen, über Jahre durchgeführten Untersuchungen des Michelson-Mitarbeiters DAYTON MILLER. Ihnen werden wir das folgende Kapitel widmen. Es wird zeigen, wie mit unliebsamen Kritikern innerhalb der Wissenschaftlergemeinde umgegangen wird.

Der Sagnac-Versuch (1913)

Ziel*: Es sollte festgestellt werden, ob der Äther von einer rotierenden Scheibe mitgenommen wird.*

Versuchsanordnung*:*

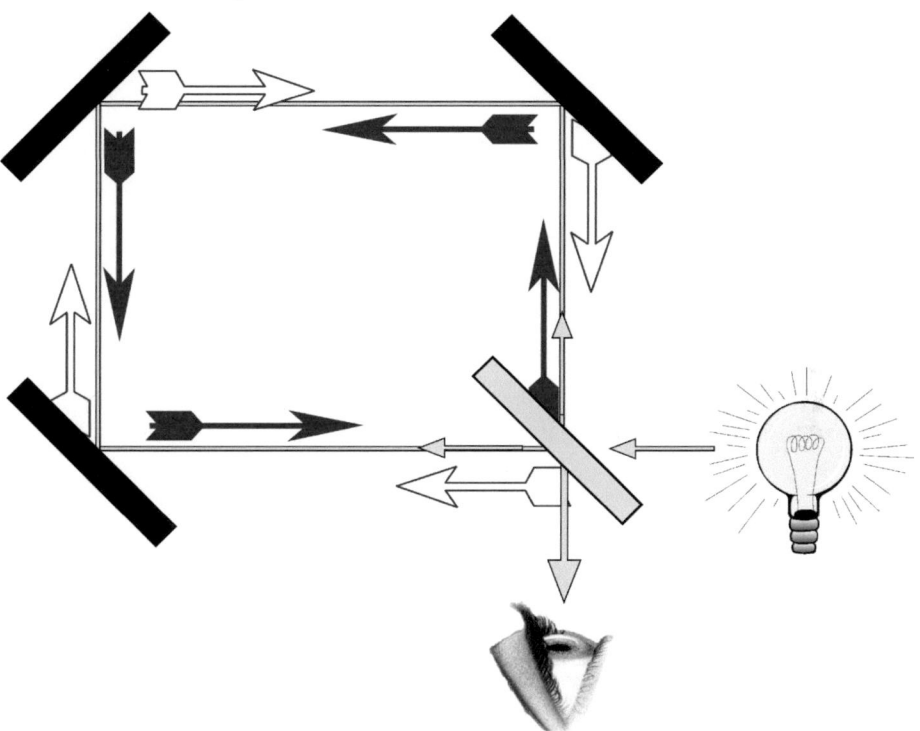

Ein Lichtstrahl (rechts) wird durch einen Strahlenteiler (grau) in zwei Strahlen geteilt, die eine mit Spiegeln ausgestattete Apparatur im Uhrzeigersinn (weiße Pfeile) und im Gegenuhrzeigersinn (schwarze Pfeile) umrunden. Anschließend werden sie beim Strahlenteiler wieder zusammengeführt und die Verschiebung der Interferenzstreifen wird beobachtet (Auge). Da Wege und Geschwindigkeit der beiden Strahlen gleich sind, müssen es auch die Zeiten sein, sodass keine Verschiebung beobachtet werden kann, was mit den experimentellen Daten übereinstimmt.

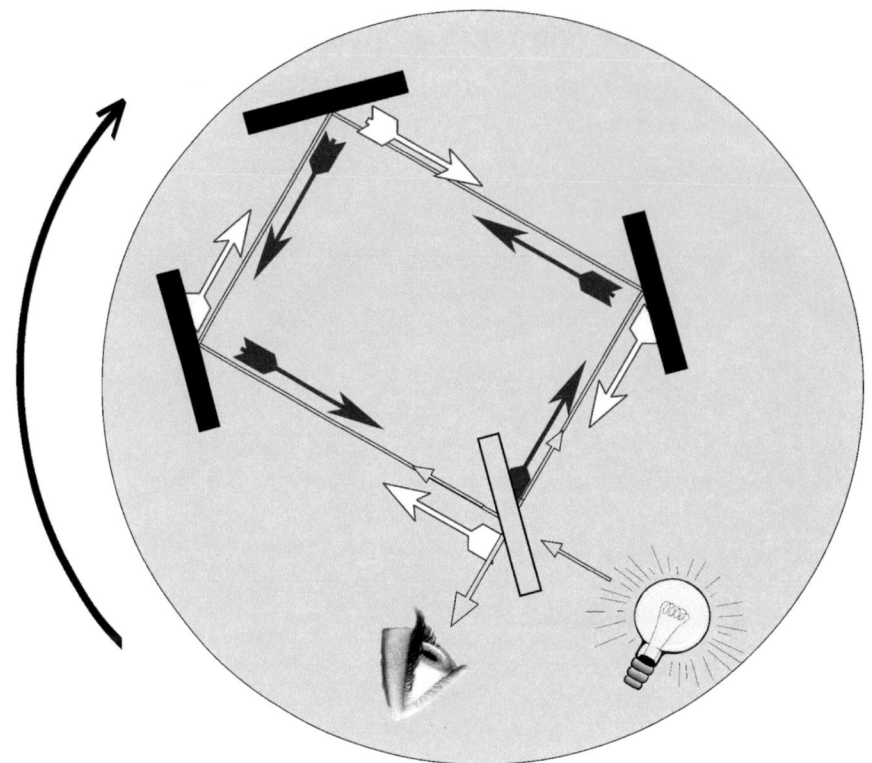

Jetzt wird die ganze Apparatur gedreht. Die Tangentialgeschwindigkeit sei v, der Weg für beide Lichtstrahlen bleibt der gleiche.

Voraussagen:

*(a) **klassisch**: Der 'weiße' Strahl braucht länger, da ihm der Empfänger davon läuft, seine Geschwindigkeit ist nicht mehr c, sondern c-v. Umgekehrt beim 'schwarzen' Strahl: Seine Geschwindigkeit beträgt nach klassischer Auffassung jetzt c+v. Der Zeitunterschied ergäbe sich zu*

$$\Delta t = \text{Weg}/(c\text{-}v) - \text{Weg}/(c\text{+}v), \text{ also} \neq 0.$$

*(b) **relativistisch**: Die Lichtgeschwindigkeit ist immer gleich c, es gibt keinen Zeitunterschied, mithin keine Interferenzstreifenverschiebung.*

Ergebnis: *Es gab Interferenzstreifenverschiebungen, die relativistische Interpretation ist zu verwerfen.*

Die Beobachtungen des Dayton Miller (1903-1933)

Wissenschaftsgebiete sind rein feudal, errichtet von Professoren zur Etablierung von Territorien, über die sie herrschen. James Lovelock (Chemiker, Mediziner, Biophysiker)

Alle Quellen berichten übereinstimmend, wie sehr sich Einstein für seine Kollegen einsetzte. Den Emigranten verschaffte er Stellen und unterstützte sie auch finanziell. Jungen Talenten gab er Starthilfe und freute sich über deren Erfolg. Er hat sie gefördert, unterstützt und ermutigt. Zumindest soweit sie ihm nicht gefährlich wurden oder allzu arg kritisierten. Aber *ein* Mann wurde zur Gefahr für ihn, und an dessen Ausgrenzung aus dem Wissenschaftsbetrieb - also an der Vernichtung seiner wissenschaftlichen Existenz - war Einstein zumindest indirekt beteiligt.

Dass er Kritiker nicht mochte, zeigte sich in seiner Äußerung über den Nobelpreisträger PHILIPP LENARD. Einstein drückte seine Meinung drastisch so aus:

Seine abstruse Ätherei ist infantil. Er hat in der theoretischen Physik noch nichts geleistet. Seine Einwände gegen die Allgemeine Relativitätstheorie sind von solcher Oberflächlichkeit, dass ich es nicht für nötig halte, darauf einzugehen.

Doch Einsteins diesbezügliche Meinung betraf einen inzwischen wegen seiner Bemühungen um eine "Deutsche Physik" geächteten Experimentalphysiker. Weitaus schlimmer indes war dieser Artikel, der am 10. 9. 1925 in der "Neuen Züricher Zeitung" erschien. Unter der harmlosen Überschrift "Michelsonscher Versuch und Relativitätstheorie" sagt sein Verfasser gleich zu Beginn:

"*Bei dem großen Interesse, dem die Relativitätstheorie in dem weitesten Kreisen begegnet ist, dürfte es gerechtfertigt sein, auch an dieser Stelle zu berichten über die Wiederholung des sogenannten Michelsonschen Versuchs durch D. E. Miller in den Jahren 1921-25 auf dem Gipfel des Mount Wilson, etwa 1700 Meter ü.M. Entgegen aller Erwartung war das Versuchsergebnis auf der Hochstation ein anderes als im Meeresniveau, **wodurch die Relativitätstheorie** in ihr bisherigen Form **ernstlich in Frage gestellt wird.**"*

Hoppla - wer bezeichnete hier die Forschungsergebnisse des heute unbekannten Gelehrten als Gefahr für die inzwischen weltweit anerkannten

Theorien eines Genies ohnegleichen? Irgendeiner der kleinlichen oder gar antisemitischen Kritiker? Nein, es war der weltberühmte Physik-Nobelpreisträger und Mitbegründer der Quantenphysik, ERWIN SCHRÖDINGER. Und er war nicht allein. Aber schön der Reihe nach.

DAYTON MILLER stieß 1890 zur Gruppe um Michelson und Morley und wiederholte zuerst mit Morley, später allein, die Interferenz-Versuche. Er verbesserte wesentlich das Gerät, machte unzählige Experimente zu seiner Kalibrierung und zum Schutz gegen unerwünschte Einflüsse (zum Beispiel Temperaturschwankungen), und führte in Cleveland und später auf dem Mount Wilson insgesamt rund 200.000 einzelne Messungen durch, die er 1933 veröffentlichte. Dabei stellte er, über alle Tages- und Jahreszeiten hinweg, einen konstanten "Ätherwind" von rund 10 km/sec fest, der aus Richtung des südlichen Sternbilds "Dorado" (Schwertfisch) kam.

Selbst Einstein konnte diese Versuche nicht mehr ignorieren. 1921, in einem Brief an einen Freund, äußerte er sogar gewisse Bedenken, ja beinahe Furcht:

Ich glaube, ich habe jetzt die wirklichen Zusammenhänge zwischen Gravitation und Elektrizität gefunden, vorausgesetzt, die Millerschen Experimente beruhen auf einem grundlegenden Irrtum ... Sonst bricht die ganze Relativitätstheorie wie ein Kartenhaus zusammen.

Nun war Miller der einzige, der den Ätherwind vermaß. Dem Standard wissenschaftlichen Vorgehens würde es entsprechen, dass auch andere Gelehrte diese Messungen durchführen, die Experimente wiederholen, ihre Ergebnisse publizieren und diskutieren. Interesse daran gab es auch, unter anderem von RUDOLF TOMASCHEK und AUGUSTE PICARD. Aber Einstein, als Berater der damaligen Kaiser-Wilhelm-Gesellschaft, sprach sich gegen deren Finanzierung aus. In einem Brief vom 3. Oktober 1925 an Max von Laue schrieb er:

Er (Tomaschek) *beabsichtigt, auf der Zugspitze zu 'millern'. Bitte unterstützen Sie diesen Antrag nicht. Es wäre schade, wenn zuviel Geld für diese faule Sache verwendet würde.*

Eine Kritik durch Einsteins Bewunderer GEORG JOOS (1934) verfehlte ihre Wirkung, denn Miller konnte die Einwände entkräften. So wurde Miller allmählich lästig. Ein Besuch bei Miller in den USA (ersichtlich als Eintrag im Gästebuch) brachte auch nichts.

Sicher hat es Einstein nicht sonderlich gestört, als der CLEVELAND PLAIN DEALER am 27.1.1926 Professor Miller als den Mann bezeichnete, der

Zweifel an Einsteins Relativitätstheorie erhob.

Wesentlich unangenehmer hingegen war ein Bericht im SCIENCE NEWSLETTER vom 9.11.1929, worin die kühne Behauptung aufgestellt wurde:

Die Einsteinschen Relativitätstheorien sind ernsthaft bedroht, weil ihnen eines ihrer Fundamente entzogen wird.

Und durch wen? Durch diesen lästigen Professor Miller. Einstein bewahrte zwar sein übliches Selbstvertrauen, als er am 18.8.1925 an seinen Freund Paul Ehrenfest schrieb:

Auf das Miller-Experiment halte ich im Grund meiner schwarzen Seele nichts, nur darf ich es nicht laut sagen. Es ist weniger blindes Vertrauen auf die Theorie als die Überzeugung, dass der Unterschied zwischen Cleveland und M. Wilson nicht erheblich sein kann bei der grosszügigen Weise, in der der Alte die Welt erschaffen hat.

Mit anderen Worten: Millers Messungen konnten nicht stimmen, weil der Liebe Gott dagegen war. Und gegenüber seinem Freund Michele Besso äußerte er am 25.12.1925:

Ich denke auch, dass die Millerschen Versuche auf Temperaturfehlern beruhen. Ernst genommen habe ich sie keinen Augenblick.

Dennoch: So konnte das nicht weiter gehen. 1955, also 14 Jahre nach Millers Tod, veröffentlichte ROBERT S. SHANKLAND, ein ehemaliger langjähriger Mitarbeiter und Vertrauter Millers, einen Bericht, in dem Millers Daten erneut analysiert und auf etwaige Fehler überprüft wurden. Shankland wurde erst nach Millers Tod ein Anhänger Einsteins.

Die Autoren verwendeten zu ihrer Analyse nicht etwa jene Daten, die Miller selbst veröffentlicht hatte, sondern sie suchten unveröffentlichte Daten aus seinem Archiv, die sie auf zweifelhafte Art interpretierten. Sie wiederholten den Einwand der thermischen Schwankungen, obwohl Miller diesen schon 1934 widerlegt und durch sorgfältige Kalibrierungen eliminiert hatte. Sie gingen auf die systematischen Ergebnisse überhaupt nicht ein und machten auch selbst keinerlei Experimente. Zudem begannen sie ihren Bericht mit jener Falsch-Aussage (neudeutsch: Fake-News), die sich in allen Lehrbüchern findet, nämlich, dass die Michelson-Morley Versuche ein Null-Resultat ergeben hätten. Wie schon erwähnt, 8 km/sec können im Vergleich zu den erwarteten 30 km/sec in keiner Weise als "null" interpretiert werden!

Dafür wurden sie von "*Prof. Einstein, mit dem wir unsere Untersuchungen absprachen*" gelobt. Erst einmal stellt Einstein - völlig zu Recht - fest:

Die Existenz eines nicht-trivialen positiven Effekts würde die Grundlagen der gegenwärtigen theoretischen Physik (er meinte seine eigene) *sehr tief beeinflussen.*

Doch

... haben Sie überzeugend gezeigt, dass der beobachtete Effekt eine systematische Ursache haben muss.

Hoppla - welche denn?

Sie haben es wahrscheinlich gemacht, dass diese systematische Ursache mit Temperaturunterschieden zu tun haben muss.

Na Gott sei Dank! Und Dank auch den Herren Shankland & Co.:

Gratulation Ihnen und Ihren Kollegen für Ihren wertvollen Beitrag zu unserem Wissen.

Na endlich. Und was sagte Miller dazu? Nichts, denn 1955, als dieses Werk herauskam, war Miller, wie schon erwähnt, seit 14 Jahren tot. Seine Originaldaten sowie die von Shankland & Co. verwendeten Daten sind in seiner Forschungsstätte, der Case University, nicht mehr vorhanden. Und Einsteins Coup hatte Erfolg: Heute redet niemand mehr von Dayton Miller. ABRAHAM PAIS, Einsteins ergebener Biograf, erwähnt Miller und seine Untersuchungen zwar, schreibt aber in seiner Einstein-Biografie "Subtle is the Lord":

Natürlich ergaben Millers Untersuchungen keinerlei Äther-Wind, wie erwartet.

Natürlich ergaben sie das, aber wer will das schon wissen. Es hat sich ausgemillert, Einstein sei Dank!

Damit beenden wir die Besprechung derjenigen Beobachtungen und Versuche, bei denen die Beschaffenheit des Äthers bestimmt werden soll. Die folgenden Versuche sind explizit auf die Prüfung der SRT, insbesondere der Lorentz-Transformationen, ausgerichtet. Zusammenfassend lässt sich sagen:

- Die Aberration des Sternenlichts **widerlegt** das Relativitätsprinzip der Geschwindigkeiten.

- Der Fresnel-Fizeau-Versuch kann mit der relativistischen Geschwindigkeitsaddition gedeutet werden, aber **auch klassisch** mit Hilfe der Extinktionshypothese.

- Eine **befriedigende Erklärung** der Messergebnisse des Michelson-Morley-Versuchs, zusammen mit den Versuchsergebnissen von Dayton Miller, **steht** noch **aus**. Auf keinen Fall kann hier von einem "Null-Effekt" gesprochen werden.

- Der Sagnac-Versuch **widerlegt** eindeutig das relativistische Postulat einer Beobachter-unabhängigen Lichtgeschwindigkeit.

Die Extinktions-Hypothese des Lichts

Eigentlich sollte sie "Reinkarnations-Hypothese des Lichts" heißen, denn nach ihr wird Licht von jedem dazu geeigneten Atom vernichtet (absorbiert) und kurze Zeit danach wieder neu geboren (emittiert). Es ist aber nicht das gleiche Lichtteilchen, welches das Atom verlässt! Wie die esoterisch-spirituell-religiöse Reinkarnationsthese menschlicher Seelen hat auch Licht im Augenblick der Wiedergeburt (Neuschöpfung) seine Vergangenheit "vergessen", insbesonders seine frühere Geschwindigkeit, aber natürlich im allgemeinen nicht seine Farbe (Frequenz).

PAUL PETER EWALD und CARL WILHELM OSEEN haben sie sich 1912-1915 ausgedacht. Sie soll vor allem die starke Abbremsung von Licht in optisch dichten Medien, also in Wasser oder Glas, erklären, wo sich Licht nur mit 2/3 der Vakuumlichtgeschwindigkeit ausbreitet. Licht kann eigentlich nur bei Lichtgeschwindigkeit existieren, Fotonen sind unterhalb von c_0 nicht lebensfähig.

Die Erklärung ist einfach: Zwischen Absorption (Vernichtung) und Emission (Neuschaffung) von Lichtteilchen vergeht eine bestimmte Zeit, weshalb die Gesamtgeschwindigkeit verringert erscheint. Mit anderen Worten:

Lichtteilchen durcheilen den leeren Raum immer mit c_0, und der Raum zwischen den Atomen ist großenteils leer!

Vorläufer dieser Theorie ist der holländische Naturforscher CHRISTIAAN HUYGENS (1629 -1695) mit seinem Prinzip der Elementarwellen in jedem Punkt (1678). Das Prinzip wurde von MICHAEL FARADAY übernommen, der allerdings keine Wellen, sondern Kraftlinien postulierte: Jedes Element eines Stroms oder Magnets trägt seine eigenen Kraftlinien, die sich ins Unendliche erstrecken. Huygens' Prinzip und die Extinktionshypothese ähneln den "Pfadintegralen" von RICHARD FEYNMAN. Man sieht: Sie hat ihre Vorfahren und Nachfolger.

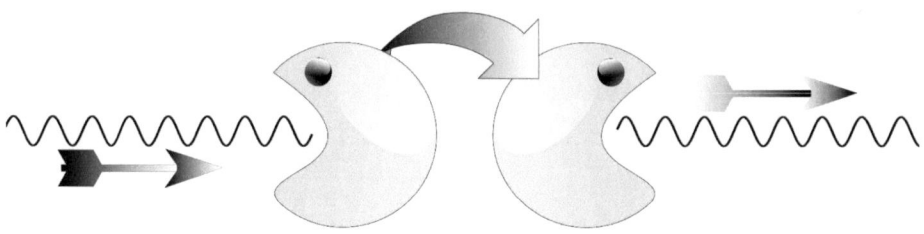

Extinktionshypothese: Licht wird von Atomen absorbiert und sofort (oder mit Verzögerung) re-emittiert, sozusagen reinkarniert.

Die Extinktionstheorie erklärt makrophysikalische Phänomene, welche durch die Maxwellschen Gleichungen beschrieben werden können (Refraktion, Reflexion, Verlangsamung des Lichts in dichten Medien), durch mikrophysikalische Überlegungen, welche die Phänomene erklären. Einfallende Lichtwellen regen jedes Atom des Mediums zu neuen Wellen an, die sich in alle Richtungen ausbreiten. Deren Überlagerung ergibt - mit Zeitverzögerung! - eine **Auslöschung der ankommenden Well**e und eine **Fokussierung der weiterführenden Lichtstrahlen**. Das bedeutet aber auch: Licht hat immer Lichtgeschwindigkeit, also c_0. Die Verzögerung in Medien kommt zustande durch Absorption und Re-Emission des Lichts. Deswegen kann und braucht es keinen Äther geben, und jegliche indirekte Messung der Lichtgeschwindigkeit ist vergeblich.

Versuche zur Zeitdehnung

Warum Raum & Zeit nicht das gleiche sind

Wir haben schon oft darauf hingewiesen: Raum und Zeit sind NICHT dasselbe. Minkowski hat mit dieser Gleichsetzung viel Unglück in die Physik gebracht. Nochmals, der Hauptunterschied: Im Raum können wir uns frei bewegen, in der Zeit dagegen gibt es nur eine Richtung: vorwärts. Und das bedeutet: Änderungen im Raum können rückgängig gemacht werden, Änderungen in der Zeit dagegen nicht.

Schauen wir uns dazu die Längenkontraktion oder Raumstauchung an. Bei einem Versuch könnten wir sie nur beobachten, wenn das Objekt mit beinahe Lichtgeschwindigkeit an uns vorbeifliegt. Das ist bis jetzt nicht gelungen. Der Michelson-Morley-Versuch fand ja im bewegten System statt (die Erde wurde nicht von außen beobachtet), und dort - im rasenden Objekt - kann keine Längenänderung festgestellt werden, denn auch Maßstäbe würden schrumpfen. Wartet man dagegen ab, bis das schnelle Objekt wieder zur Ruhe gekommen ist, so kann man erst recht nichts feststellen, denn die Längenschrumpfung wurde durch eine Längendehnung (auf Normalmaß) kompensiert. Grafisch sieht das so aus:

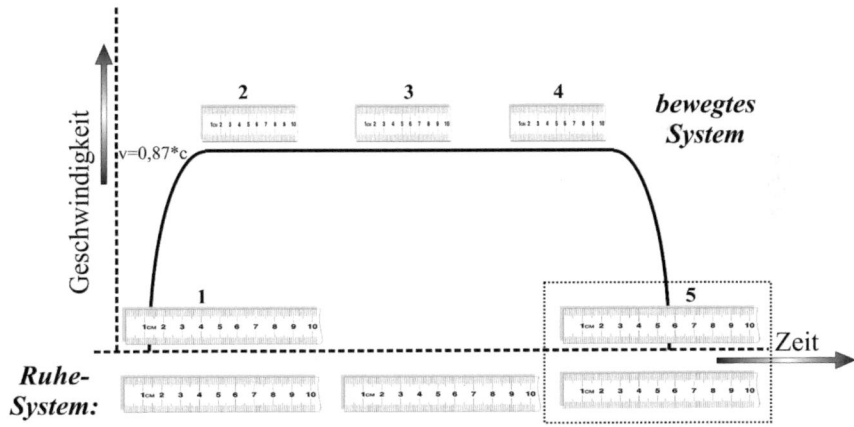

Lorentzkontraktion: Kommt das Objekt zur Ruhe, verschwindet der Effekt

Ganz anders bei Messungen der Zeitverzögerung. Vergeht die Zeit langsamer, so kann sie bei Abbremsen nicht wieder schneller gehen, um den Zeitverlust zu kompensieren. Der Zeitverzögerungs-Effekt ist also auf jeden Fall sichtbar (wenn es ihn gibt). Grafisch sieht das so aus:

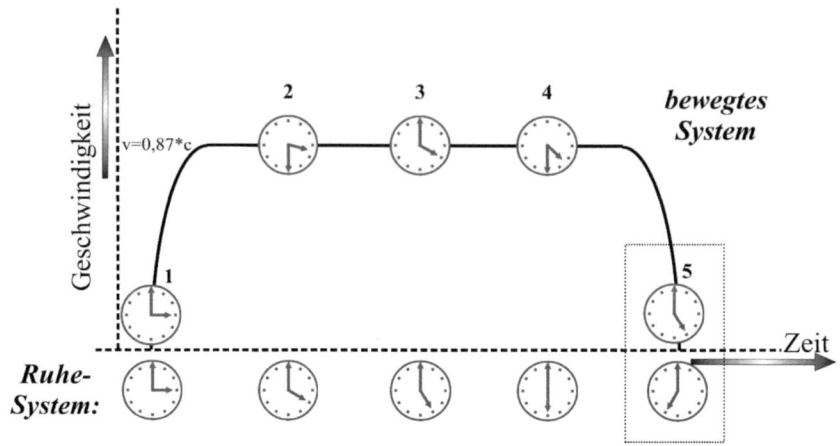

Zeitdilatation: Sie verschwindet nicht, ist durch eine Uhr messbar

Ives & Stillwell (1939):

Der transversale Doppler-Effekt

Der Chef der elektro-optischen Abteilung der "Bell Telephone Laboratories" in New York, HERBERT E. IVES, und sein Assistent G. R. STILLWELL, führten 1938 und 1941 ein kühnes Experiment durch: Sie erforschten den *transversalen* (senkrecht zur Bewegungsrichtung beobachtbaren) Doppler-Effekt durch *longitudinale* Messungen. Der transversale Effekt ist nämlich so viel kleiner als der longitudinale (klassische), dass die geringste Abweichung der Beobachtungsrichtung von 90° zu einem größeren longitudinalen Effekt führt, der den transversalen völlig überdecken würde. Den Beobachtungswinkel konnte man aber nicht exakt bestimmen.

Ives und Stillwell konzipierten einen doppelten Dopplereffekt mit einer Ionenquelle (geladene Wasserstoffmoleküle), die sich vom Beobachter

- 186 -

wegbewegt, und einer, die auf ihn zuläuft. Die letztere war allerdings ein Spiegelbild der ersteren. So wurde der longitudinale Effekt ausgeschaltet, der transversale blieb übrig. Später wurde der Versuch mit Laserstrahlen und direkter Messung (senkrecht zur Fortpflanzungsrichtung) gemessen; die Ergebnisse von Ives und Stillwell wurden bestätigt.

Aber was haben die beiden nun gemessen? Offenbar den transversalen Doppler-Effekt, wie beabsichtigt. Doch die folgenden Schlussfolgerungen sind etwas kühn:

transversaler Doppler-Effekt $\Rightarrow$ relativistischer Doppler-Effekt $\Rightarrow$ Zeitdehnung

Wie wir im Kapitel über den Doppler-Effekt gezeigt haben, kann (a) der transversale Doppler-Effekt rein klassisch, ganz ohne Zeitdehnung abgeleitet werden, und (b) ergibt die streng relativistische Erweiterung des klassischen Doppler-Effekts rein rechnerisch einen **Null-Effekt**. Eine Bestätigung der Zeitdehnung war also nicht drin, obwohl das alle denken (inklusive der Experimentatoren) und schreiben (inklusive Wikipedia).

Randbemerkung: Wer den Originalbeitrag liest, wundert sich über den Schluss. Da stellen die Autoren fest: "*Die Ergebnisse stimmen überein mit den Voraussagen von Larmor und Lorentz.*" Und Einstein? Den mochte Ives nicht; er lehnte dessen SRT ab und bevorzugte stattdessen die ursprüngliche Äther-Theorie von Lorentz. Zeit seines Lebens versuchte Ives, Einstein zu widerlegen und Larmor-Lorentz zu etablieren. Aber die Zeiten, da mit dem Begriff "Äther" argumentiert wurde, waren vorbei, und Ives erreichte nichts.

Rossi & Hall (1941): Myonenzerfall

Das Experiment wird auf S. 191 genauer beschrieben. Eine Auseinandersetzung damit ist im Prinzip überflüssig, denn, wie so oft üblich, haben die Autoren nur jene Transformation berücksichtigt, die ihnen genehm war, in diesem Fall nur die Zeitverzögerung. Da sich aber auch die durchlaufende Wegstrecke zusammenzieht (Lorentzkontraktion) und die Masse der Teilchen erheblich zunimmt, sind die Berechnungen sinnlos. Oder täusche ich mich? Fragen wir doch die Fachleute! Da ergibt sich folgendes:

In einer Diskussion auf "Matroids Matheplanet" fragt ein gewisser "Spice" ganz naiv:

*Da sich die Myonen sehr schnell bewegen, muss auf jeden Fall relativistisch gerechnet werden. Ergo müssen **Längenkontraktion und Zeitdilatation** berücksichtigt werden.*

Daraufhin weist ihn der Moderator zurecht: "*das siehst Du falsch, **man braucht nicht beides!***"

Das sehen fast alle anderen Autoren anders. Ein gutes Beispiel dafür ist ANDRÉ WILMARs Bachelorarbeit. Darin wendet er die **Zeitdilatation auf die Myonen an,** von der Erde aus gesehen, die **Lorentzkontraktion auf die Erde,** von den Myonen im Flug aus gesehen. Auch im Wikipedia-Artikel "Zeitdilatation bewegter Teilchen" wird der gleiche Trick angewandt: Zeitdilatation im "ruhenden", Lorentzkontraktion im "bewegten" System. Wenn schon einseitig, warum dann nicht umgekehrt?

Und was ist mit den Massen? Mag sein, dass einige Effekte einander aufheben oder nicht ins Gewicht fallen. Das aber müsste auf jeden Fall in einer seriösen Publikation erwähnt werden. Es sieht jedoch eher so aus, als hätten die Autoren wieder mal bewusst gewisse Dinge vergessen, nur damit ihr Ergebnis - die "wiederholte Bestätigung der Einsteinschen Formeln" - glaubwürdig erscheint. Überflüssig zu erwähnen, dass bei Experimenten im Beschleunigerring am CERN mit dem gleichen Ziel ebenfalls nur die Zeitdehnung berechnet wurde, die gigantische Massenzunahme unter den Tisch fiel und der Ring schön in seinen Grenzen blieb, ohne lorentz zu kontrahieren. Von den Schwierigkeiten des Nachweises der Myonen (über Elektronen) ganz zu schweigen.

Ein paar logische Überlegungen zeigen auch den Unsinn des Experiments. Nehmen wir als erstes den **Standpunkt der Erde**, also des Beobachters, ein:

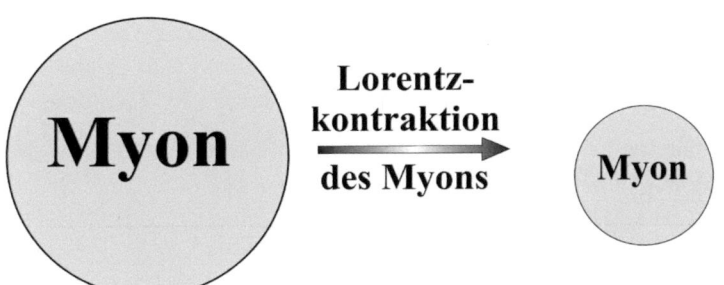

Lorentz-kontraktion des Myons

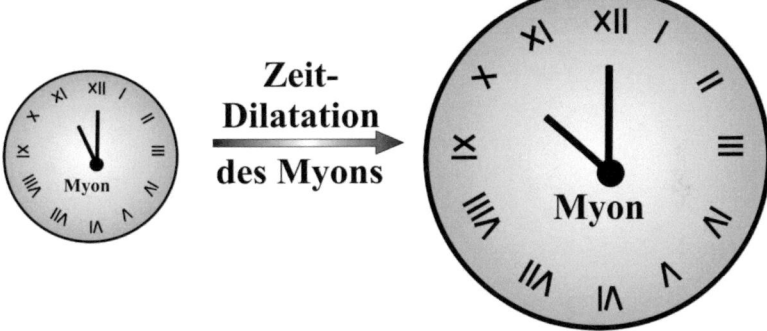

Zeit-Dilatation des Myons

Von der Erde aus gesehen

Dieses System wird auch als **Ruhesystem** bezeichnet. Dort gilt: (a) Myonen werden kleiner, was uns hier als bedeutungslos erscheint (sie sind eh schon so klein). (b): Die Zeit vergeht langsamer, sie haben also mehr Zeit, die Erdoberfläche zu erreichen. So argumentieren auch die Relativisten.

Betrachten wir jetzt die Angelegenheit vom **Standpunkt der Myonen (bewegtes System):**

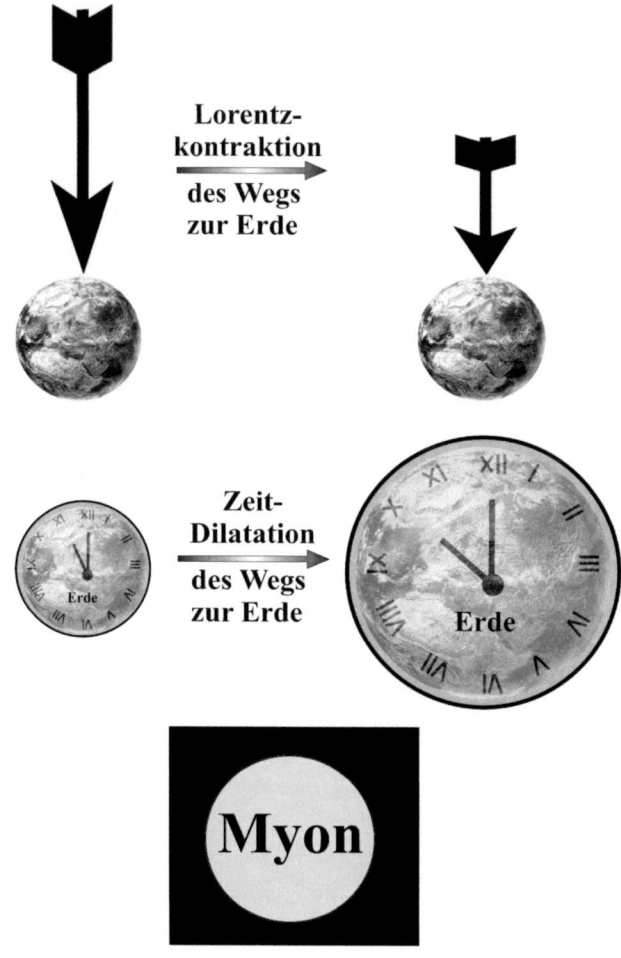

Vom Myon aus gesehen

Dann gilt: (a) Die Entfernung zur Erde schrumpft, sie kommen schneller an. Passt wieder zur Relativitätstheorie. Aber: (b) Die Zeit auf der Erde (laut Wikipedia: "im ruhenden Myon") vergeht langsamer, die Eigenzeit also schneller. Und das bedeutet: Die kleinen Dinger schaffen es nicht, die Erdoberfläche zu erreichen. Es ist eben alles relativ!

Myonenzerfall: so sieht's aus

Myonen (My-Mesonen, Mesotronen, μ^-) entstehen in der oberen Atmosphäre durch Reaktionsprozesse mit energiereichen kosmischen Strahlen (hauptsächlich Protonen). Erst spalten sie Atomkerne der Luft in Pionen und Kaonen, diese zerfallen in ebenso kurzlebige Myonen und Myon-Neutrinos. Nach rund Zweitausendstel Sekunden zerfällt ein Myon in ein Elektron, ein Myon-Neutrino und in ein Elektron-Antineutrino.

Wegen ihrer hohen Energie durchdringen sie mehrere Meter Blei sowie mehrere Kilometer Luft. Ihr Nachweis ist schwierig, ihre Reichweite kann nur aus ihrer am Detektor ankommenden Anzahl bestimmt werden, die ins Verhältnis der (angenommenen) Ausgangspopulation gesetzt wird.

Bei der (ebenfalls angenommenen) Entstehungshöhe können Myonen die Erdoberfläche nicht erreichen, deswegen wurde ihre Durchdringtiefe von den Experimentatoren untersucht und ihre unerwartet große Reichweite in der Atmosphäre durch relativistische Überlegungen erklärt.

BRUNO ROSSI und DAVID HALL waren die ersten, die 1941 Experimente zur Durchdringungstiefe von Myonen durchführten. Die Detektoren befanden sich in Echo Lake (3240 m) und Denver (1616 m) in Colorado, bei einem Höhenunterschied von 1624 m. Die Physiker siebten energiereiche Myonen aus und berechneten auf Grund ihrer Anzahl die zurückgelegte Wegstrecke von 12.000 zu den Endorten. Danach müssten die Teilchen eine 9-fach erhöhte Lebensdauer haben, wenn man von der errechneten Geschwindigkeit von 99,5 bis 99,8% der Lichtgeschwindigkeit ausgeht.

Rossi und Hall ersetzten daher die (Eigen-)Zeit der Myonen τ_0 durch die relativistisch gestreckte Zeit $\tau' = t_0 \cdot \gamma$, und kamen damit auf die gewünschte Wegstrecke.

Einwände praktisch:

- Rossi & Hall verglichen die Durchgangswahrscheinlichkeit von Mesonen zwischen Luft und Blei, was ihnen selbst suspekt vorkam: In Luft (mehrere Kilometer) haben die Myonen viel mehr Möglichkeiten zu Kollisionen mit Luftmolekülen, sodass sich ihre effektive Durchdringtiefe deutlich verringert.

- Die Messungen von Ageno, Bernardini, Cacciapuoti, Ferretti & Wick ergaben einen viel höheren Wert für L, was dann die These einer Zeitverzögerung überflüssig machen würde.

- Energiereiche Myonen durchdringen Luft bedeutend besser als energiearme, da sie - ebenso wie schnelle Neutronen - auf weniger Widerstand treffen und damit weniger abgebremst werden.

- Möglicherweise entstehen energiereiche Myonen gar nicht in 12 km Höhe, sondern Stück für Stück auch in tieferen Atmosphärenschichten.

- *"Am Auger-Observatorium verdichteten sich 2016 die Hinweise auf einen durch gängige Modelle der Hochenergiephysik nicht erklärbaren Myonen-Überschuss in der kosmischen Strahlung."* (Wikipedia)

Einwände theoretisch:

- Es wurde die Lorentz-Kontraktion der Weglänge nicht berücksichtigt.

- Es wurde die relativistische Massenzunahme nicht berücksichtigt.

Hafele & Keating (1971): Zeitdehnung

Der Flugversuch der beiden Autoren wird in der Literatur immer wieder als Beleg für die Zeitdehnung angeführt. Deswegen wollen wir uns die Sache genauer ansehen, auch um zu zeigen, wie Wissenschaft funktioniert. Ich stütze mich dabei auf die Nachforschungen des Ingenieurs AL KELLY, der die Original-Daten der Versuchsreihe erhielt und daraus seine Schlüsse ziehen konnte.

Wikipedia beschreibt den Versuch so:

"JOSEPH C. HAFELE und RICHARD E. KEATING brachten 1971 vier Cäsium-Atomuhren an Bord eines kommerziellen Linienflugzeugs, flogen zweimal rund um die Erde, zuerst ostwärts, dann westwärts, und verglichen die Uhren mit denen des United States Naval Observatory.

Gemäß der speziellen Relativitätstheorie geht eine Uhr am schnellsten für einen Beobachter, der relativ zu ihr ruht. In einem relativ dazu bewegten System läuft die Uhr langsamer (Zeitdilatation); dieser Effekt ist proportional dem Quadrat der Geschwindigkeit. Gemäß der allgemeinen Relativitätstheorie gehen Uhren im schwächeren Gravitationsfeld in größeren Höhen schneller als im stärkeren Gravitationsfeld nahe der Erdoberfläche. Beim Hafele-Keating-Experiment werden beide Effekte zugleich nachgewiesen."

Das wäre schön für die Relativitätstheorien, aber was ist wirklich geschehen? Hier die Einwände:

- Das wichtige Relativitätsprinzip von POINCARÉ und EINSTEIN wurde mit der Hafele-Keating-Argumentation ausgehebelt: Kein Bezugsystem ist vor dem anderen ausgezeichnet. Hier aber wurde die Erdoberfläche als "ruhend" angenommen, was nach der SRT nicht zulässig ist - genauso gut kann das Flugzeug als "ruhend" betrachtet werden. Damit sind alle weiteren Überlegungen überflüssig.

- Bereits unmittelbar vor und nach Veröffentlichung des Versuchs gab es Einwände von RICHARD SCHLEGEL von der Michigan State University in East Lansing (USA). Schlegel wies vor allem darauf hin: Die Zeitunterschiede zwischen dem Ost- und dem Westflugzeug hätten *direkt* verrechnet werden müssen, nicht über das (scheinbare) Ruhesystem auf der Erde. Nach mehreren Auseinandersetzungen in der Zeitschrift NATURE gab Schlegel schließlich klein bei, indem er bemerkte: "*Berücksichtigt man den Sagnac-Effekt, lösen sich die Widersprüche auf; und man findet eine erneute Widerspruchsfreiheit innerhalb der Relativitätstheorie.*" Was Unsinn ist, denn der Sagnac-Effekt spielt nur bei schellen Rotationen eine Rolle. Der Flug der Flugzeuge wurde aber als geradlinig angenommen, sonst könnten die Formeln der SRT nicht angewendet werden!

- Die Physiker GEORGE GALECZKI und PETER MARQUARDT fragten bei LOUIS ESSEN nach, einem der Miterfinder von Atomuhren und weltweit anerkanntem Experten auf diesem Gebiet. Ergebnis der Nachforschungen: Der angeblich gemessene Zeitunterschied betrug 132 Nanosekunden. Die Uhren jedoch haben eine Ungenauigkeit von 300 Nanosekunden, der errechnete Zeitunterschied kann nicht echt sein!

- Essen selbst schickte 1972 einen kritischen Artikel an NATURE, wo die Ergebnisse des Hafele-Keating-Versuchs veröffentlicht worden waren. Der Artikel wurde abgelehnt. Einer der Prüfer schrieb an Essen: "*Die Verwandten von Hafele oder Keating könnten gerichtliche Schritte gegen den Beitrag unternehmen.*" Was bedeutet: Der Artikel von Essen wurde von dem Kritiker an die Verwandten geschickt - ein für Wissenschaftsmagazine unerhörter Vorgang.

- Der Ingenieur AL KELLY erhielt die 1971 veröffentlichten Originaldaten vom "United States Naval Observatory", und konnte zeigen, dass die später in der Zeitschrift NATURE berichteten Messergebnisse mit diesen Daten überhaupt nicht übereinstimmen. Insbesonders fand er heraus: Nur eine der vier Uhren war zuverlässig, nämlich Nr. 447. Und die zeigte keinerlei Zeitgewinn. Siehe auch das Diagramm auf Seite 222. Sein Fazit über die Datenmanipulationen:

"*Es sieht so aus, als ob die Autoren verhindern wollten, dass irgendjemand die schreckliche Wahrheit enthüllt. ... Die ganze Geschichte beschreibt eine Episode [der Wissenschaft], für die man sich schämen sollte. Denn hier wurde die Öffentlichkeit bewusst hinters Licht geführt.*"

Und was sagten die Autoren des Versuchs am Ende der Diskussion? Originalzitat Hafele in NATURE:

"*Es hängt nicht in allen Fällen von den Relativgeschwindigkeiten ab, denn wenn das der Fall wäre, gäbe es keine Lösung für das Zwillings-(Uhren)- Paradoxon.*" Mit anderen Worten:

"Weil", so schließt er messerscharf, "nicht sein *kann*, was nicht sein *darf.*"
(CHRISTIAN MORGENSTERN, "Die unmögliche Tatsache")

Dem wäre nichts hinzu zu fügen. Doch noch im 21. Jahrhundert haben einige unermüdliche Skeptiker versucht, wenigstens eine Stellungnahme zu erhalten. Zweimal (2008 und 2010) wurde die Deutsche Physikalische Gesellschaft gebeten, eine ernsthafte Prüfung des Hafele-Keating Experiments vorzunehmen, sowohl wegen Denk- und Methodologiefehlern, als auch wegen des Vorwurfs der Datenmanipulation durch die Experimentatoren. Diese haben sogar nachträglich selbst zugegeben, dass sie während des Experiments Uhren manuell verstellt haben, die nicht die gewünschten Werte zur Bestätigung der SRT anzeigten.

Trotz anfänglicher Bereitschaft vom damaligen Präsidenten der Deutschen Physikalischen Gesellschaft (DPG), Professor Gerd Litfin, diesen Sachverhalt vom Fachverband Gravitationsphysik gerne prüfen zu lassen, hat eine Prüfung nicht stattgefunden. Der Fachverband hat mit keinem Wort Stellung zu den verschiedenen monierten Punkten genommen, stattdessen gab es die arrogante Antwort:

"Es gibt nicht den leisesten Zweifel, dass die Ergebnisse der Speziellen und Allgemeinen Relativitätstheorie falsch sein könnten".

Klingt aber irgendwie doppeldeutig, oder?

Uhren um die Erde: So sah's aus

Das Hafele-Keating-Experiment: Zwei Flugzeuge umrunden die Erde in Gegenrichtung. Die Zeitverschiebung der Atomuhren soll die Zeitdilatation bestätigen, was sie nach den Formeln auch tat.

Einwände:

- Die Annahme der Beobachtungsstation auf der Erde als "ruhend" widerspricht dem Relativitätsprinzip, bei dem es kein bevorzugtes Beobachtersystem geben kann. Wären die Flugzeuge als ruhend gesehen, würden sich die Daten ins Gegenteil verkehren.

- Es müssen mehrere Effekte gegeneinander verrechnet werden: Zeitdehnung auf Grund der SRT für die Flugzeuge, Zeitdehnung auf Grund der SRT für die Erdrotation, keine Zeitdehnung auf Grund der SRT für den Erdmittelpunkt,

---

Zeit-(Uhren?-)beschleunigung auf Grund der ART, höhenabhängig. Die Effekte kompensieren einander zum Teil.

- Die Original-Daten wurden von den Autoren nicht veröffentlicht; eine spätere Überprüfung zeigte, dass die veröffentlichten Messergebnisse mit den Original-Daten überhaupt nicht übereinstimmen.

- Original-Zitate der Autoren: "*Die meisten Menschen (inklusive mich selbst) würden zögern zuzugeben, dass der Zeitgewinn dieser Uhren irgendetwas aussagt.*" "*Der Unterschied zwischen Theorie und Messergebnissen ist beunruhigend.*"

Hier ein Beispiel für die Daten-Manipulation durch Nicht-Veröffentlichung (nach Al Kelly: "Challenging modern Physics"):

Die Linie der Zeitverschiebung wurde bis zum Knick veröffentlicht, der Knick aber verschwiegen. Würde man die Linie rechts davon (nach oben verschoben) auch berücksichtigen, ergäbe sich innerhalb der Messgenauigkeit keinerlei Gesamt-Verschiebung, damit auch kein relativistischer Effekt.

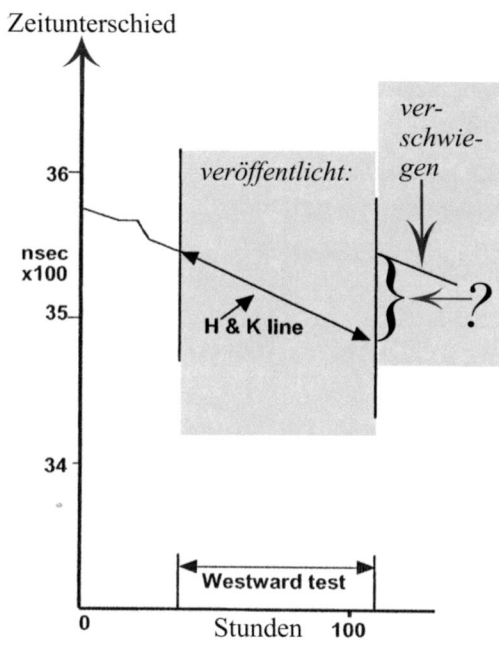

Fotonische Verwicklungen: Suarez & Scarani (1997)

ANTOINE SUAREZ und VALERIO SCARANI beginnen ihr - erst mal als Konzept vorliegendes - quantenphysikalisches Experiment mit der Feststellung: Spezielle Relativitätstheorie (SRT) und Quantenphysik (QUP) sind miteinander unvereinbar. Denn in der QUP gibt es offenbar überlichtschnelle (augenblickliche?) Verbindungen zwischen Zwillingsteilchen, das sind beispielsweise Fotonen, die aus einem einzigen Foton entstanden und auf ewig miteinander "verschränkt" (korreliert, "entangled") bleiben. In der SRT dagegen sind Geschwindigkeiten jenseits der Lichtgeschwindigkeit verboten. Zudem werden quantenphysikalische Größen - also vor allem die Wahrscheinlichkeit einer Messung - *ohne* Berücksichtigung von Zeiten berechnet, während die Zeit in der SRT *die* wesentliche Rolle spielt. Aber da sich die Fachleute über die korrekten Worte bei der Beschreibung quantenphysikalischer Phänomene noch immer nicht einig sind (Information? Korrelation? Nicht-lokale Inspiration?), wird das Thema nicht allzuviel in der Öffentlichkeit diskutiert. Nur manchmal heißt es: "Es wird [mit Überlichtgeschwindigkeit] keine Information übertragen." Oder pauschal: "Die Erkenntnisse der Quantenphysik stehen nicht im Widerspruch zur Speziellen Relativitätstheorie."

Suarez und Mitarbeiter haben nun, ohne dies explizit zu sagen, das berühmte Gedankenexperiment der ungleich alternden Zwillinge, also **das Zwillings-Paradoxon, als Experiment** realisiert. Dabei umgingen sie geschickt die üblichen Einwände: Man muss ja beschleunigen und abbremsen (muss man in diesem Experiment nicht); man muss gravitative Einflüsse berücksichtigen (gibt es nicht); ein System ist vor dem anderen ausgezeichnet, weil "ruhend" (braucht es nicht, beide Systeme ruhen). Das alles konnten sie erreichen durch die Eigenschaften des Lichts und experimentelle Feinheiten, wie sie nur in der modernen Quantenphysik mittels Lasertechnik, mit Lichtteilern (halbdurchlässige Spiegel), Lichtleitern (Glasfaserkabel) und Lichtdetektoren (Fotomultiplier) möglich sind.

Will man relativistische Effekte messen, müssen zwei Körper zueinander in Bewegung sein, und die Relativgeschwindigkeit sollte möglichst hoch, also nahe Lichtgeschwindigkeit, liegen. Das erreicht man im Labor äußerst aufwendig durch Beschleunigung von Elementarteilchen in Beschleunigerringen. Es geht aber viel einfacher: Man braucht zwei Lichtquellen, die jeweils nur ein Lichtteilchen (Foton) produzieren. Bringt man nun die eine Quelle auf hohe Geschwindigkeit im Vergleich zur anderen, hat man eine relativistische Situation. Zwar hat das Foton nach Erzeugung natürlich wieder die Geschwindigkeit c_0, während der Erzeugung aber die Geschwindigkeit der Quelle.

Die Quantenphysik bringt es mit sich, dass die Geschwindigkeit zwischen den Fotonen gar nicht so hoch sein muss. Denn die beiden Fotonen sind "verschränkt", was heißt, dass ihre Eigenschaften auch über große Entfernungen hin in irgendeiner Weise miteinander verbunden (korreliert) sind. Wird diese Korrelation zerstört, verschwindet auch deren Verschränkung, und das können Messgeräte sehr gut feststellen.

Die Autoren machten einige Änderungen dieser Erklärungskette, sodass die Ergebnisse ihrer Versuche nicht eindeutig sind oder anders gedeutet werden können. So wurde die Lichtquelle nicht geradlinig beschleunigt, sondern die Geschwindigkeit wurde durch schnelle Umdrehungen erzeugt. Zudem wurde ursprünglich nicht die Lichtquelle behandelt, sondern der Detektor. Doch über die Jahre wurden die Methoden verfeinert, verbessert, dem Ideal angenähert. Nach der Quantenphysik-Sprachregelung liegt hier eine "vorher-voher"-Situation vor, denn jedes der beiden verschränkten Teilchen meint, früher dran zu sein, wie es dem Zwillings-Paradoxon entspricht. In einer solchen Situation müsste die Korrelation verschwinden. Doch das tat sie nicht.

Suarez und Mitarbeiter wollten feststellen, ob dieser Zustand - jedes Foton hält sich für früher dran - tatsächlich eintritt, und ihre Experimente haben gezeigt: Die Voraussagen der SRT treffen hier *nicht* zu. Das zuzugeben wäre aber zu viel gewesen. Die Autoren sagen dann lieber: "*Es gibt keinen Widerspruch mit der Relativitätstheorie, trotz einer deutlichen vorhandenen Spannung.*" Im Lauf der Jahre geben sie dann immerhin das zu, was schon oben gesagt wurde: "*Quantenphysik und spezielle Relativitätstheorie sind miteinander nicht vereinbar.*" Da also nur eine der beiden Theorien stimmen kann, muss die andere falsch sein. Die Quantenphysik wurde in obigem Experiment (und in vielen anderen) bestätigt, woraus folgt - aber wir wollen nicht schon wieder! Und das letzte Wort ist ohnedies noch lange nicht gesprochen.

Und noch eine Beobachtung, bei der eine Zeitdilatation ausgeschlossen wurde: M.R.S. Hawkins vom Institute for Astronomy der Universität Edinburgh wollte die Zeitdehnung im Licht von Quasaren messen. Ergebnis:

"The main result of the paper is that quasar light curves **do not show the effects of time dilation**." Also nix.

Zusammenfassung

Es gibt jede Menge andere Experimente, die als Beweis für die SRT ins Feld geführt werden. Und in der Tat sind die Messergebnisse meist beeindruckend und auch korrekt. Aber stimmen die Voraussetzungen? Die werden nämlich, wie es schon Einstein praktizierte, relativ willkürlich gesetzt. Damit ein Experiment zur Überprüfung der Voraussagen der SRT korrekt durchgeführt wird, müssen diese Voraussetzungen erfüllt sein:

(1) Die Uhren müssen **korrekt und eindeutig synchronisiert** werden, was aber laut Aussage von Poincaré und anderer Fachleute unmöglich ist, wegen der Willkür bei der Uhrensynchronisation.

(2) Die **Lorentzkontraktion** muss **in beiden Fällen** (bewegter - gegenbewegter Beobachter) berücksichtigt werden. (Führt von vornherein zu einem Widerspruch, siehe die diversen Paradoxien.)

(3) Die **Zeitdilatation** muss **in beiden Fällen** (bewegter - gegenbewegter Beobachter) berücksichtigt werden. (Führt von vornherein zum Widerspruch des Zwillings-Paradoxons.)

(4) Es müssen immer **alle vier Transformationen** durchgeführt werden, was oft nicht geschieht. Dazu gehören: Raumstauchung (Lorentzkontraktion), Zeitdehnung (Zeitdilatation), Massenzunahme und relativistische Geschwindigkeitsaddition.

Synchronisierung und Gleichzeitigkeit

Das Wesentliche darüber haben wir zu Beginn im Kapitel "Wie alles begann" schon gesagt. Hier noch einmal die Zusammenfassung:

Synchronisierungsvorschriften sind beliebig; sie können die Einweg-Lichtgeschwindigkeit nicht erfassen, sondern gehen von einem Mittelwert der Geschwindigkeiten "hin und zurück" aus. Dazu Einstein (Betonungen und Anführungszeichen im Original):

" ... *indem man* **durch Definition** *festsetzt, daß die "Zeit", welche das Licht braucht, um von A nach B zu gelangen, gleich ist der "Zeit", welche es braucht, um von B nach A zu gelangen.*"

Dazu der Kommentar von Wolfgang Engelhardt:

Praktisch erfolgt die Synchronisation so, dass ein Lichtsignal zu einer vereinbarten Zeit t_A in Richtung einer Uhr B, welche sich im Abstand L befindet, losgeschickt wird. Beim Eintreffen des Signals muss die Uhr auf $t_B=t_A+L/c$ gestellt werden. Unter diesen Umständen ist die Einsteinsche Synchronisationsvorschrift erfüllt, wenn die Lichtgeschwindigkeit von A nach B dieselbe wie von B nach A ist ["Einweg-Lichtgeschwindigkeiten"], was Einstein **definitionsgemäß** *unterstellt. Wenn die Lichtgeschwindigkeit tatsächlich in beide Richtungen unterschiedlich ist, so lässt sich das nicht nachweisen, denn der Unterschied führte nur zu einer Fehlsynchronisation, die aber nicht messbar ist, weil es eben keine andere Methode der Synchronisierung gäbe. Damit wird verneint, dass man die Einweggeschwindigkeit überhaupt messen könne.*

Dazu Wikipedia: "*Die Konstanz der Einweg-Lichtgeschwindigkeit in jedem Inertialsystem ist eine Grundlage der speziellen Relativitätstheorie (SRT). Alle experimentell überprüfbaren Vorhersagen der Theorie, die dieses Postulat direkt betreffen, sind allerdings mehrdeutig auslegbar gemäß der These der Konventionalität der Gleichzeitigkeit.*"

Das bedeutet: Eine grundlegende Voraussetzung der SRT (laut Wikipedia) ist nie erfüllt. Will man diese Schwierigkeit vermeiden, muss eine zweite Uhr direkt ins bewegte System gebracht werden. Der Transport darf aber nur "unendlich langsam" erfolgen, weil jede Geschwindigkeit relativistische Effekte (hier: Zeitdehnung) hervorruft. Einsteins Synchronisierungsvorschrift wurde bei keinem Versuch eingehalten, was auch ziemlich schwierig wäre.

Mithin ist der Hinweis auf korrekte Synchronisierung als Erklärung für diverse Antinomien hinfällig: Der Prozess wird nie durchgeführt.

Zudem ist die von Einstein erfundene Synchronisierung mittels Lichtblitzen nicht ganz frei von Widersprüchen bzw. Zirkelschlüssen. Seine Synchronisierung geht so: Erst setzt er unterschiedliche Geschwindigkeiten im fahrenden Zug an (c+v, c-v), danach aber setzt er voraus, dass c immer den gleichen Wert hat! Hier ein Beispiel aus einem Lehrbuch:

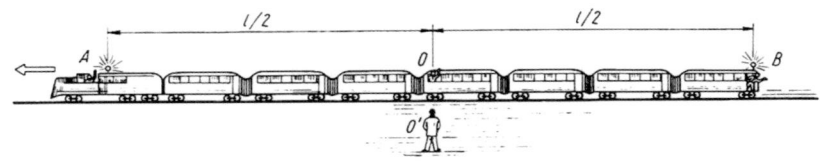

Die vom Zuganfang und Zugende ausgehenden Lichtblitze treffen beim Beobachter in der Mitte des fahrenden Zuges und beim Beobachter am Bahndamm jeweils gleichzeitig ein. Der mitreisende Beobachter schließt daraus, daß beide Lichtblitze zur gleichen Zeit erzeugt worden sind, während nach dem Beobachter am Bahndamm die Lampe am Zugende eher aufgeleuchtet haben muß

Weil die Lichtblitze beim Beobachter am Bahndamm (oder irgendeinem anderen) nicht gleichzeitig eintreffen, aber gleichzeitig eintreffen müssten (da die Lichtgeschwindigkeit für jeden Beteiligten ja gleich ist), schließt Einstein: Es muss eine Längenkontraktion und/oder Zeitdilatation geben. Die Argumentation läuft aber auch umgekehrt: Ein Lichtblitz im Zug wird vorne später wahrgenommen als hinten, eben weil die Lichtgeschwindigkeit nicht konstant ist. So ergibt sich folgende Schlussfolgerung: (A) Die Lichtgeschwindigkeit muss für jeden Beobachter gleich sein. (B) Sie ist es nicht, nicht einmal in diesem Gedankenexperiment. (C) Also müssen sich Raum und Zeit ändern.

Die seitenlangen Ausführungen in Lehrbüchern und Diskussionsforen sind verwirrend, undurchsichtig, teil unlogisch und vor allem: überflüssig. Ersetzen wir schließlich den Beobachter durch eine *Bombe*, welche durch ebendiesen Lichtblitz gezündet wird, dann entfallen alle theoretischen Diskussionen über die Relativität der Gleichzeitigkeit. Die Bombe explodiert, wenn der Lichtblitz sie trifft; sie nimmt keine Rücksicht auf unterschiedliche Wahrnehmungen unterschiedlicher Beobachter!

Praktisch taugliche Synchronisierungsverfahren gab es schon zu Einsteins Zeiten, z.B. "Ein elektrisches Zentraluhrensystem für Wien." Vortrag von Prof. Dr. MAX REITHOFFER, gehalten am 22. Februar 1911. Für das "Globale Positionsbestimmungssystem" (GPS) ist die Synchronisierung der Uhren aller Satelliten Routine, desgleichen für Astronomen. Moderne Methoden der Uhrensynchronisation werden von Dipl.-Inf. J. RICHLING von der Humboldt-Universität Berlin in einem Lichtbildervortrag ("Uhrensynchronisation", Wintersemester 2003/2004) ausführlich beschrieben. Erstaunlich: In dem exzellenten Beitrag kommt nicht einmal das Wort "Relativitätstheorie" oder gar dessen Formeln vor!

Nun gibt es nicht *eine* Vorschrift zur Synchronisierung (Festlegung der "Gleichzeitigkeit"), sondern unzählige, die man offenbar beliebig auswählen kann. Ein Beispiel, wie man Leser verwirrt, fand ich bei Sexl & Urbanke:

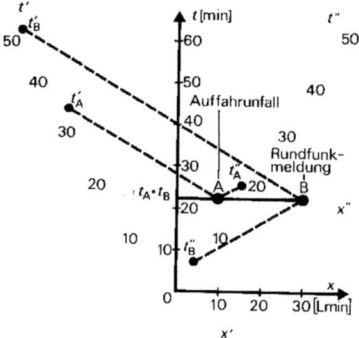

Ein anderes, so herrlich absurdes, möchte ich meinen Lesern nicht vorenthalten. Es illustriert so wunderbar den Ausspruch des Einstein-Verehrers Hans Reichenbach ("Die philosophische Bedeutung der Relativitätstheorie"): *Daß wir verschiedenen Beobachtern verschiedene Definitionen der Gleichzeitigkeit zuordnen, dient nur als Vereinfachung für die Darstellung logischer Beziehungen.* Eine solche "Vereinfachung" sieht dann so aus (eine Übersetzung erspare ich mir; sie würde das Verständnis nicht erhöhen):

In the following presentation of Quinn's proof that a one-signal nonstandard synchronization of three clocks, UA, UB, and UC, stationed at the collinear points A, B, and C (in this order) is transitive we will use the notation of equation (11.1). Thus, a subindex (e.g., B in tB) indicates by what clock the

- 202 -

time coordinate t is measured (e.g., by UB); and equation tB = tA + εAB (− tA) for the synchronization of clock UB with UA corresponds to the expression UB syn(εAB) UA. Figure 11.4 A light signal is emitted from A at the time tA = 0 via B to C where it arrives at time tC = εAC 2 (l + m)/c, l being the distance between A and B and m the distance between B and C. Let UC be synchronized with UB by the same signal by which UB is synchronized with UA; this ray is partially reflected by B at tB and reached A again at tA' it is also partially transmitted to reach C at tC; after reflection at C it passes B again at tB' and reaches A at tA" (see fig. 11.4). This synchronization procedure, therefore, leads to the equation (εAB2l/c) + (εBC 2 m/c) = εAC 2 (l + m)/c, or εABl + εBC m = εAC(l + m). Synchronization of UC with UB by the same rule as UB with UA (so that εBC = εAB = [say] εk) gives for εk = εAB = εBC = ½ and, because l + m = 0, εk = εC. Hence, εAB = εBC = εAC. Hence, UC syn (εBC) UB and UB syn (εAB) UA imply UC εAC UAC, which shows that this nonstandard synchronization is a transitive synchronization.

(aus dem Buch "Concepts of Simultaneity" von Max Jammer). Alles klar? Nicht? Dann grämen Sie sich nicht, denn schon ein Jahr später (1975) wies Walter Roxburgh von der University of London nach, dass auch diese Methode falsch ist: Die "non-standard"-Synchronisierung ist nicht transitiv!

Satelliten synchronisieren Signale

Das Globales Positionsbestimmungssystem (GPS)

Die Internet-Enzyklopädie "Wikipedia" schreibt zum Problem GPS - Relativitätstheorie:

Oft wird irrtümlich darauf hingewiesen, dass die Atomuhren in den Satelliten aufgrund von Effekten der Relativitätstheorie einen Gangunterschied zu irdischen Uhren aufweisen, der zu einem Positionsbestimmungsfehler von etwa 10 km pro Tag führen würde, wenn er nicht korrigiert würde. Da alle Satelliten den gleichen relativistischen Effekten ausgesetzt sind, tritt dieser Fehler jedoch nicht auf.

Die Uhren des GPS müssen ständig korrigiert und neu justiert werden. Es gibt tatsächlich so etwas wie "relativistische Effekte", doch die sind minimal. Nun heben sich SRT- und ART-Effekte fast auf. Denn nach der SRT gehen schnell bewegte Uhren *langsamer*, nach der ART gehen Uhren im verringerten Schwerefeld *schneller*. Auch das ist eigentlich unzulässig, denn anstelle der Erde als Bezugssystem kann man nach dem Postulat von den Relativgeschwindigkeiten genauso den Satelliten als Bezugssystem wählen. Dann vergeht die Zeit auf der Erde langsamer, mithin auf dem Satelliten schneller. Aber die Wissenschaftler rechnen so nicht. Egal: Da Einstein *Uhr = Zeit* setzt, bedeutet dies: Die Zeit verläuft umso schneller, je geringer die Schwerkraft. Das gilt aber nur für Uhren, deren Schwingungen von der Schwerkraft unabhängig sind. Eine Pendeluhr dagegen läuft bei verringerter Schwerkraft langsamer, was schon Newton auffiel.

Tatsache aber ist: Quarz- und Atomuhren gehen in großer Höhe zu schnell. Möglicherweise laufen sie, von der Schwerkraft befreit, einfach besser. So werden die Uhren, bevor sie mit dem Satelliten ins All geschossen werden, auf eine niedrigere Frequenz gesetzt. Die erhöht sich dann oben im Orbit automatisch auf den richtigen Wert. Dass dieser Effekt auf die ART zurückzuführen ist, darf aus obigen Gründen bezweifelt werden: Uhr ist eben *nicht* gleich Zeit, und würde man das GPS mit Pendeluhren betreiben, wäre es genau umgekehrt.

Relativistische Thermodynamik

Seit den epochalen Erkenntnissen von LUDWIG BOLTZMANN wissen wir: Wärme entsteht durch die ungeordnete Bewegung von Teilchen (Atomen, Molekülen, Elementarteilchen). Die haben verschiedene Geschwindigkeiten, und überall da, wo hohe Geschwindigkeiten vorkommen, greifen die Formeln der SRT. Aber einfach ist die Sache nicht.

Als erstes braucht man eine neue Geschwindigkeitsverteilung für die Elemente des Gases. Denn in einer Verteilung kommen auch hohe Geschwindigkeiten vor - so hoch, dass die Lichtgeschwindigkeit überschritten werden könnte. Und das darf laut SRT nicht sein. Dann muss berücksichtigt werden, dass die Temperatur eines Gases von Druck und Volumen abhängt. Im Druck sind Geschwindigkeit und Masse enthalten, im Volumen die Länge. Bei hohen Geschwindigkeiten wird die Masse größer und die Länge kleiner. Also geht das Volumen zumindest zu einem Drittel in die Formeln ein, nämlich in Bewegungsrichtung. Heiße Körper sind schwerer und kleiner.

Alles ist ein wenig kompliziert, doch das hielt die Pioniere der SRT nicht davon ab, sich des Problems anzunehmen. So kamen EINSTEIN und PLANCK 1907 zu der Erkenntnis: Ein schnell bewegter Körper wird *kühler*. Wird oder scheint? Egal, die Sache schien geregelt, die besten Kenner der Materie hatten gesprochen.

So blieb es über 50 Jahre. Doch dann veröffentlichten beinahe zeitgleich HEINRICH OTT (1963) und HENRI ARZÉLIÈS (1965) eine Widerlegung: Ihren Berechnungen nach wird ein Körper *heißer*. Ganz falsch, meinten die Gelehrten DUNKEL (Oxford), HÄNGGI (Augsburg) und HILBERT (Bonn) in einer gemeinsamen Publikation aus dem Jahr 2009: Ein schnell bewegter Körper kühlt weder ab noch erhitzt er sich, seine Temperatur *bleibt gleich*. Begründung: "Der Sigma-Strich-isochrone Energie-Impuls Vierervektor wird definiert durch Integration entlang einer Hyperfläche T' von xi-Strich-null und wird am besten berechnet in Sigma-Strich mit Hilfe der Gleichung ..." Falls das an Erklärungsversuchen noch nicht reichen sollte, einen haben wir noch. Im "Physics Forum" steht: Der Körper *erhitzt sich vorne, hinten kühlt er ab*.

Und jetzt? Sogar Fachleute meinen, es wäre erstaunlich, dass auch noch nach hundert Jahren dieses Problem ungelöst bliebe. Naja, das bleiben die anderen Probleme (die Widersprüche) auch, aber da gab es Auswege. Hier gibt es keinen. Weder eine mangelnde Gleichzeitigkeit noch der Verweis auf die Zuständigkeit der ART infolge von Beschleunigungen oder Gravitationsfeldern zieht. Bei thermodynamischen Systemen, z.B. Gas in einem Behälter, hat man nur *einen* Beobachter und *ein* System. Und die Schwerkraft spielt hier keine Rolle. Aber am schlimmsten ist der Gedanke, dass die Sonne abkühlt (oder explodiert), wenn ein schnelles Raumschiff vorüberzieht. Oder dass die Raumschiffinsassen erfrieren (oder verbrennen), wenn sie von der Erde aus betrachtet werden. Oder dass der ganze Formelkram überflüssig ist, weil sich eh nichts ändert.

Wie aber wird das Versagen dieser doch so grundlegenden Theorie erklärt? Zum Beispiel so: "*In der Relativitätstheorie verlieren Konzepte wie Gleichzeitigkeit und Wärme ihre Eindeutigkeit.*" Oder so: "*Der Temperaturbegriff ist in der SRT nicht mehr eindeutig.*" Wenn das zutrifft, dann taugt die "falsch verstandene oder unkorrekt angewandte Gleichzeitigkeit" auch nicht mehr als Ausweg aus den Antinomien der SRT. Die Temperatur mag beliebig definiert werden, was ja schon bei den Temperaturskalen "Fahrenheit, Celsius, absolut" der Fall ist. Doch die Wärme kann kein Schein sein, denn ob ich erfriere oder verbrenne, hat mit "Relativität" und "beliebiger Definition" nichts zu tun. Zudem kann die Temperatur auch bei schnellen Objekten objektiv gemessen werden.

Welchen Wert haben die Formeln der SRT, wenn sie gar nicht angewendet werden können?

Mein Kaffee ist kalt! (oder zu heiß?)

Was geschieht bei hohen Geschwindigkeiten?

Wir haben soeben die Wärmeverhältnisse beim Vorbeiflug eines schnellen Raumschiffs besprochen. Doch die relativistische Thermodynamik greift auch direkt im Raumschiff (in unserer Abbildung vertreten durch den still stehenden Einstein-Zug), beim Servieren des morgendlichen Kaffees.

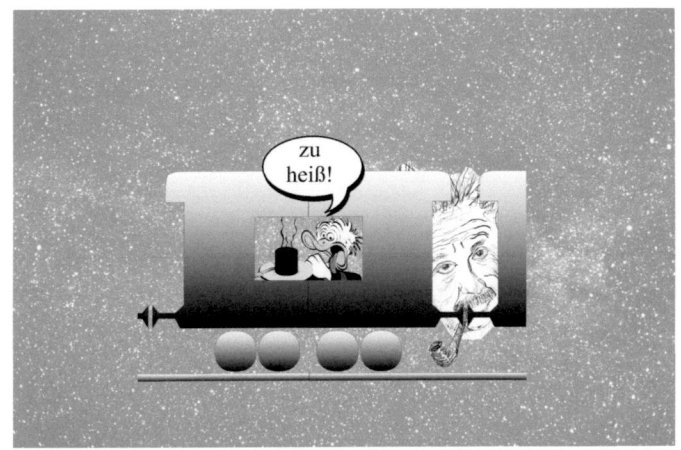

Ist der Kaffee besonders heiß, bewegen sich seine Bestandteile mit hoher Geschwindigkeit, die Gesetze der SRT (Lorentz-Transformationen) greifen. Doch bis jetzt sind sich die Gelehrten nicht einig: Kühlt der Kaffee ab (oben), wird er heißer (Mitte), oder bleibt seine Temperatur erhalten (unten)? Jede der drei Thesen wurde wissenschaftlich untermauert, jeder ist überzeugt, seine Version sei die einzig wahre.

Einstein, der Mensch

Fast jedes Kind hat eine Käferphase - ich bin der meinen nie entwachsen.
Edward O. Wilson (Biologe)

Kein Gelehrter ist in der ganzen Welt so bekannt wie Albert Einstein. Ein Foto zeigt ihn neben Charlie Chaplin - beide weltberühmt, wenngleich auf unterschiedlichen Gebieten. Immerhin: Auch von Einstein gibt es ein Bild zum Lachen, nämlich das, wo er seine Zunge rausstreckt. Einstein selbst liebte das Bild und sorgte für seine Verbreitung. Die Weltanschauung dahinter passt zu ihm: Ihr könnt mich alle mal, ich mache das, was ich für richtig halte. So war Einstein auch Gegenstand zahlreicher Karikaturen und Filme.

Sein Bild in der Öffentlichkeit ist von Mythen geprägt - von positiven (früher) und negativen (seit Neuem). Mit diesen persönlichen Mythen wollen wir uns ein wenig beschäftigen. Dabei wird manch Positives eher dunkel erscheinen, manch Negatives sich aufhellen.

Beginnen wir mit

Einstein, der Macho?

Am 31.12.1999 wurde Einstein von der Zeitschrift *Time* zur "Person des Jahrhunderts" erklärt und entsprechend gefeiert. Hier einige Ausschnitte aus den Lobeshymnen:

... erster unter den Giganten des Jahrhunderts ... größtes Genie ... Symbol für alle Wissenschaftler ... größter Denker ... Schutzpatron abgelenkter Schulkinder (!). Usw.

Die schwedische Zeitung DAGENS NYHETER schrieb am 11.7.1923 über ihn:

Sein Gesicht hätte das eines Musikers oder Dichters sein können. Welche Stimme dieser Mann besitzt! Sanft, mild, einschmeichelnd. Man könnte glauben, dass er ein Gedicht von Heine zitiert, während er in Wirklichkeit die verwickeltsten Hypothesen darlegt.

Siebzig Jahre später sah das Urteil einer anderen schwedischen Zeitung schon ganz anders aus. Am 26.7.1993 schrieb der EXPRESSEN über ihn:

Albert Einstein: ein männliches Macho-Schwein. Zuallererst war er ein unsympathischer Mann, der seine Frauen unglücklich machte, hauptsächlich an "vulgären Frauen" interessiert war, ein Sexbesessener, der sich nicht um seine Kinder kümmerte und sich niemals wusch.

Was war da geschehen? Die Boulevard-Presse braucht Berühmtheiten, um sich in deren Leben zu suhlen und sie dann kaputt zu machen. Anlass war wohl ein Brief (eher eine Notiz) gewesen, den Albert seiner Frau Milena 1914 schrieb. Dort verlangte er:

Du sorgst dafür, dass meine Kleider und Wäsche ordentlich in Stand gehalten werden, dass ich die drei Mahlzeiten im Zimmer ordnungsgemäß vorgesetzt bekomme und dass mein Schlaf- und Arbeitszimmer stets in guter Ordnung gehalten werden. Du hast weder irgendwelche Zärtlichkeiten von mir zu erwarten noch mir irgend welche Vorwürfe zu machen.

Hoppla, ist der (damals noch junge) Herr verrückt geworden? Aber man sollte Zitate nicht aus dem Zusammenhang reißen. Einstein lebte damals mit seiner Frau in Scheidung (wobei er sie großzügig bedachte, nämlich mit der Hälfte des Nobelpreisgeldes). Weil beide arm waren und sich eine räumliche Trennung, sprich: zwei Wohnungen, nicht leisten konnten, mussten sie zusammen leben. Und damit dieses Zusammenleben halbwegs gedeihlich verlief, entwarf Einstein eine Trennungsvereinbarung, in der Rechte und Pflichten der Ehepartner festgelegt wurden. Schließlich gesteht er: "*Ich behandle Mileva wie eine Angestellte, der ich allerdings nicht kündigen kann. Ich habe mein eigenes Schlafzimmer und vermeide es, mit ihr allein zu sein. In dieser Form halte ich das "Zusammenleben" ganz gut aus.*" Zumal seine Gattin zu Anfällen rasender Eifersucht (auch auf seine Arbeit und seinen Ruhm) neigte und offenbar eine schizophrene Veranlagung in sich trug, die bei ihrem gemeinsamen Sohn Albert ausbrach.

Dass sich Einstein wenig um seine Kinder kümmerte und viele Affären hatte, ist eine andere Sache. Höchstwahrscheinlich verhielt er sich in dieser Hinsicht wie alle anderen Männer seines Standes und seiner Zeit. Sein Pech: Er wurde bald zu einer öffentlichen Persönlichkeit, die wenig von ihrem Privatleben verbergen konnte. Manches kam erst posthum ans Tageslicht; es reichte, seinen Ruf als Privatmann zu schädigen. Was ungerecht ist, zumal er als Gelehrter mit seiner Wissenschaft verheiratet war (so wie Politiker mit ihren Ämtern), und immer eine gewisse kühle Distanz zu seinen Liebsten aufrecht erhielt. Das wusste er selbst, so war er eben.

Immerhin, seine Einstellung zu Frauen war, sagen wir mal, zeitgemäß, aber nicht modern. Mit anderen Worten: Er hielt nicht viel von ihnen. Einer Freundin sagte er einmal: "*Bei Euch Weibern sitzt das Produktionszentrum nicht im Gehirn.*" Dazu passt, was er 1916 an seinen Freund Michele Besso schrieb: "*Verglichen mit diesen Weibern ist jeder von uns ein König, denn er steht halbwegs auf eigenen Füssen, ohne immer auf etwas ausser ihm zu warten, um sich daran zu klammern. Jene aber warten immer, bis einer kommt, um nach Gutdünken über sie zu verfügen.*" Und auch seinem Sohn Hans Albert gegenüber war er nicht zimperlich in seinen Vorstellungen den Frauen gegenüber: "*... von einem Frauenzimmer kann man nicht so viel Verantwortungsgefühl und Selbstverleugnung verlangen.*"

Später, nach der Scheidung, heiratete Einstein seine um drei Jahre ältere Kusine Elsa Einstein-Löwenthal, die er schon im Sandkasten kennen gelernt hatte. Die Ehe war so, wie wohl die meisten Ehen der damaligen Zeit: Sie begleitete ihren Mann auf seinen zahlreichen Reisen und sonnte sich in seinem Ruhm. Er schätzte ihre Mütterlichkeit und behandelte sie höflich und respektvoll, wenngleich er äußerlich immer reserviert erschien und die großen Gefühle seiner Frau gegenüber zumindest nicht sichtbar waren. So wäre die Ehe auch halbwegs gut gegangen, wäre Einstein nicht berühmt geworden. Denn Berühmtheit und Erfolg wirken auf bestimmte Frauen sehr erotisch. Und diese Frauen - hübsch und selbstbewusst - bemühten sich um Einstein. Sie holten ihn vor den Augen seiner Gattin im Haus ab und brachten ihn am nächsten Morgen wieder zurück. Sie hatten so schöne Namen wie *Toni Mendel* oder *Estella Katzenellenbogen*. Und Einstein, der stille Gelehrte, dachte sich nicht viel und machte mit. Über eine seiner Geliebten (*Ethel Michanowski*) schrieb er beispielsweise: "*Es ist wahr, dass die M. mir nachgereist ist und mir ein bisschen arg nachläuft. Aber ich konnte dies wohl nicht verhindern ...*" Konnte oder wollte?

Dass sich die Frauen so für Einstein interessierten, ist umso unbegreiflicher, da er, milde gesagt, die Körperpflege etwas vernachlässigte. Doch das tat auch Marlon Brando, und trotzdem - oder gerade deswegen? - wirkte er auf Frauen ungeheuer sexy. Wie auch immer, seine zahlreichen Geliebten, darunter auch eine russische Spionin, machten aus ihrer Verehrung keinen Hehl und stürzten sich (und ihn) in meist kurzfristige Affären. Elsa litt darunter, fasste dann aber einen Entschluss: Sie blieb bei ihm. So nahm sie an seinen Reisen und Gesellschaften teil, ließ sich neben ihm und Charlie Chaplin fotografieren und führte ein reiches und aktives soziales Leben. Als sie dann todkrank wurde, hat sie ihr Mann aufopfernd gepflegt und ihren Tod aufrichtig betrauert. So viel Gefühl, meinte sie kurz vor ihrem Tod, hätte sie ihm gar nicht zugetraut.

Fazit: So gefühllos wie Einstein erschien, war er nicht. Er zeigte nur seine Gefühle nicht und führte eine Ehe, wie sie damals wohl allgemein üblich war. Nur mit dem Unterschied, dass sich Einstein nie um sein Bild in der Öffentlichkeit kümmerte, die Öffentlichkeit dagegen sehr wohl an seinem Privatleben interessiert war.

Was andere von Einstein dachten

Natürlich überwiegt das Lob, die Verehrung, die Vergötzung eines Genies, sofern es um die Relativitätstheorien geht. Seine (stets berechtigte) Kritik an der Quantentheorie wurde als "Altersirrtum" abgetan - mit 45 ist man halt schon senil!

Hier ein paar Beispiele:

Mag sein, dass Fr[eundlich] kein großer Geist ist. Einstein ist ein umso größerer, oder viel mehr der größte, den es seit Gauss und Newton gegeben hat. Arnold Sommerfeld an Schwarzschild am 28. Dezember 1915

Albert Einsteins unglaublich erfolgreiche Allgemeine Relativitätstheorie, die erklärt, wie Schwerkraft funktioniert. ... Es stellt sich heraus: Einstein hatte wieder mal Recht, und es wird immer schwieriger, ihn zu widerlegen. Scientific American, Juli 2018

Die Einsteinsche Theorie ist eine höchst wunderbare Verschmelzung von Geometrie und Physik, eine Synthese der Gesetze des Pythagoras und des Newton. Max Born: Die Relativitätstheorie Einsteins und ihre physikalischen Grundlagen (1922)

Wer dieses reife und gross angelegte Werk studiert, möchte nicht glauben, dass der Verfasser ein Mann von einundzwanzig Jahren ist. Man weiss nicht, was man am meisten bewundern soll, das psychologische Verständnis für die Ideenentwicklung, die Sicherheit der mathematischen Deduktion, den tiefen physikalischen Blick, das Vermögen übersichtlicher systematischer Darstellung, die Literaturkenntnis, die sachliche Vollständigkeit, die Sicherheit der Kritik. Wolfgang Pauli: A. Einstein (1922)

Erst Einstein befreite uns definitiv von diesem Vorurteil [des absoluten Raums und der absoluten Zeit] -- das wird immer eine der gewaltigsten Taten des menschlichen Geistes bleiben. David Hilbert: Naturerkennen und Logik (1930)

Es gibt nur einen Einstein. Hans Reichenbach: Die philosophische Bedeutung der Relativitätstheorie (1949).

In der Geschichte des menschlichen Denkens stellen sie einen der vielen Wege dar, die von einem gemeinsamen Ursprung ausgehen. Und dieser ist die Relativitätstheorie, die Schöpfung eines einzelnen genialen Mannes. Leopold Infeld: Über die Struktur des Weltalls (1949)

Nur der Schriftsteller Lion Feuchtwanger war nicht so begeistert vom Meister. Nach einem Besuch bei Einstein schrieb er am 30.1.1933 in sein Tagebuch:

Abends lange Autofahrt nach Pasadena zu Einstein. Ganz nett. Einstein redet ziemlich wenig und selbstgefällig. Er ist furchtbar saturiert. Es dauert ziemlich lange.

Der von Einstein sehr verehrte Hendrik Antoon Lorentz (dessen Relativitätstheorie ganz andere Grundlagen besitzt als die von Einstein) erkannte ganz richtig: *Einstein postuliert einfach, was wir nur unter Schwierigkeiten und nicht immer ganz zufriedenstellend aus den Fundamentalgleichungen des elektromagnetischen Feldes hergeleitet haben.* (Aus: 100 Autoren für Einstein, 2005) Damit weist Lorentz auf eine wesentliche Charaktereigenschaft Einsteins hin: Wenn er etwas braucht, postuliert er dies, d.h. er verlangt von der Natur (und von seinen Lesern), diese Annahme zu akzeptieren.

Einstein, der Autist?

Die Vermutung, Einstein hätte unter einer milden Form des Autismus gelitten, nämlich am "Asperger-Syndrom", stammt von dem Aspergerforscher SIMON BARON-COHEN von der Cambridge-Universität in England. Einige Merkmale für das Asperger-Syndrom sind:

- Aspergers können keinen "small talk" führen. Bei Partygesprächen langweilen sie sich schnell; sie bevorzugen sinnvolle Unterhaltungen.

- Aspergers haben wenige soziale Kontakte, dafür meist ein starkes Verhältnis zur Mutter.

- Aspergers sind absolut humorlos.

- Aspergers können sich nicht in das Denken und Fühlen anderer Menschen hineinversetzen. Ihnen fehlen offenbar die Spiegelneuronen, die so etwas ermöglichen. Konkret bedeutet dies: Wird ein Asperger um eine Erklärung gebeten, gibt er die in seinen Worten. Versteht der Fragesteller die Antwort nicht und frägt nach, erklärt der Asperger die Sache noch einmal, mit exakt den gleichen Worten. Das kann sich beliebig oft wiederholen, denn Aspergers haben Geduld.

Von diesen Merkmalen trifft *kein einziges* auf Einstein zu. Zwar sagte der Gelehrte von sich selbst: "*Ich bin ein richtiger Einspänner*", also einer, der die Einsamkeit liebt. Das heißt aber nur, dass er sich in seiner eigenen

Gesellschaft wohl fühlte und nicht zu anderen Menschen flüchten musste. Einstein suchte die Einsamkeit und Stille, um seinen Gedanken und Tagträumen nachhängen und diese zu Theorien und mathematischen Gebilden formen zu können.

Doch insgesamt war er gerne unter Leuten. Er pflegte seine Freundschaften und schrieb viele Briefe, darunter auch an Kinder (siehe den Brief rechts), die er ernst nahm. Auch die Briefe an seine Angehörigen waren liebevoll und mitfühlend. In seiner Gegenwart gab es durchaus angenehme Gespräche, keineswegs nur über Physik oder Mathematik oder

DEAR MR. EINSTEIN
I AM A LITTLE GIRL OF SIX.
I SAW YOUR PICTURE IN THE PAPER.
I THINK YOU OUGHT TO HAVE YOUR HAIRCUT, SO YOU CAN LOOK BETTER.
CORDIALLY YOURS,
ANN

Philosophie. Im Gespräch suchte er witzige Pointen - er hatte also Humor, etwas, das Aspergermenschen völlig abgeht. So schrieb er am 10. Dezember 1930 in sein Reisetagebuch: "*Die Reporter stellten ausgesucht blöde Fragen, die ich mit billigen Scherzen beantwortete, die mit Begeisterung aufgenommen wurden.*" Zum, Beispiel, die Zunge rausstrecken. Sein Freund *Gillet Griffin* behauptet sogar: Einstein wäre in die USA emigriert, weil er den Humor der Amerikaner so schätzte!

All das zeigt: Einstein war sozial, brauchte aber seine Ruhe, um in der Einsamkeit seine Gedanken fließen lassen zu können - etwas, das jeder schöpferische Mensch nachvollziehen kann. Zudem bemühte sich Einstein als einer der ganz wenigen wirklich großen Gelehrten, seine Ideen unters Volk zu bringen, und zwar verständlich. Er hat viele Bücher über seine Theorien geschrieben, ohne Formeln, dafür mit anschaulichen Beispielen.

Fazit: Von Asperger- oder gar Autismus-Symptomen kann keine Rede sein!

Einstein, der Plagiator?

> *Die Wissenschaft, sie ist und bleibt,*
> *was einer ab vom andern schreibt.*
> *Eugen Roth (Schriftsteller)*

Was ist ein Plagiat? Wenn jemand von einem anderen eine originelle Idee verwendet, sie als seine eigene ausgibt und den anderen deswegen nicht erwähnt. In diesem Sinn kann man Einstein als Plagiator bezeichnen. Aber wieso?

Einstein, das größte Genie des 20. Jahrhunderts, kreativ und originell, soll wiederholt von anderen Gelehrten geklaut und deren Ergebnisse als die seinigen ausgegeben haben? Das ist unmöglich, denkt jeder, denn das hatte er nicht nötig. Stimmt, er hatte es nicht nötig. Die Aldi-Brüder haben es auch nicht nötig, die Löhne ihrer Angestellten derart zu drücken und sie, wenn sie mehr bekommen müssen, raus zu mobben. Andrew Carnegie, einer der reichsten Männer Amerikas, gab nie Trinkgeld und war in jeder Hinsicht Vorbild für Dagobert Duck. Andere Milliardäre gehen abends durch die Büroräume und drehen eigenhändig das Licht ab, um Strom zu sparen. Davon gibt es noch viele Beispiele. Warum tun die das, wo sie es doch wirklich nicht nötig hätten? Sie tun es eben. So wie Albert Einstein. Fangen wir an mit den Ideen, die zu der in diesem Buch besprochenen Speziellen Relativitätstheorie führten.

Es begann mit seinen Schriften zur Thermodynamik. Lassen wir dazu Peter Rösch (leicht gekürzt) zu Wort kommen:

Ich stoße immer wieder auf Eigenartigkeiten in den historisch-biographischen Darstellungen. Zum Beispiel: Fölsing berichtet in seinem Monumentalwerk über eine Einstein-Ausarbeitung zur Thermodynamik von 1902. Sie weise "verblüffende Ähnlichkeit" auf mit einer Darstellung des berühmten Willard Gibbs, die Einstein aber nicht kennen konnte, da sie erst - so suggeriert der Fölsing-Text - 1905 in deutscher Übersetzung erschienen sei.

Nun habe ich, verdachtschöpfend, nachgeforscht. Mein Konversationslexikon "Der Große Herder" aus den fünfziger Jahren gab unter dem Stichwort "Gibbs" die gesuchte Auskunft: Die deutsche Übersetzung der Gibbs-Schrift ist 1902, nicht wie Fölsing angibt erst 1905, erschienen - also brisanterweise tatsächlich um die Zeit der Einstein-Ausarbeitung!

Nun bedenke man noch die Merkwürdigkeit, dass Einstein im Zusammenhang mit seinen Promotionsbemühungen von seiner Ausbildungsstätte ein Bibliotheksverbot auferlegt bekommen hat. Zusammengefasst ergibt sich dieses Bild: Einstein pflegte die Methode, aus dem jeweils neuesten Buch der Bibliothek, solange es den Gutachtern noch nicht bekannt war, abzuschreiben und die Schrift als Eigenleistung auszugeben. So wurde Einstein unter den

Dozenten zu "einem Begriff", was ihn entscheidend für weitere Aufgaben qualifiziert haben mag.

Weiter geht's mit dem großen französischen Mathematiker und Physik-Interessierten HENRI POINCARÉ, der die Ideen, Bezeichnungen und Formeln der speziellen Relativitätstheorie (SRT) vor Einstein gefunden hatte, zusammen mit dem Holländer HENDRIK A. LORENTZ. Aber schon vorher hatte WOLDEMAR VOIGT die Transformationsformeln entdeckt. Natürlich ist die Sache nicht so einfach; wie wir zu Beginn des Buches erwähnten, hat die SRT viele Väter, Großväter und vielleicht auch weibliche Vorfahren. Das Erstaunliche daran ist nur: Keiner dieser Vorfahren wird von Einstein in seiner ersten Schrift ("Zur Elektrodynamik bewegter Körper") aus dem Jahr 1905 erwähnt. Dabei kannte Einstein nachweislich Poincarés Buch aus dem Jahr 1904, "Wissenschaft und Hypothese". In diesem Buch finden sich viele Ideen und Fachausdrücke, die Einstein dann 1905 - wie gesagt, ohne Quellenangaben - ebenfalls verwendete. Und es war auch keine Gewohnheit von ihm. In Publikation derselben Zeitschrift vorher und nachher gab er durchaus Quellen an - nur hier nicht.

Später war Einstein gezwungen, sich dem üblichen Wissenschaftsbetrieb zu beugen und - besonders bei Übersichtsartikeln - auch Literaturangaben zu machen. Dabei erfand er eine Methode, die er auch im Fall ÉLIE CARTAN anwandte (und den wir im Buch über die ART besprechen): Er zitierte eher unbedeutende Autoren, den Haupt-Ideengeber verschwieg er. So wurde in Einsteins späteren Schriften oft Hendrik A. Lorentz erwähnt, aber nie sein Hauptvorgänger Poincaré - obwohl sich dieser zeitlebens positiv und wohlwollend über Einstein äußerte. Dabei waren Einsteins Verdienste unbestritten, was er auch selber wusste, denn an mangelndem Selbstbewusstsein hat er nie gelitten. So hatte Einstein den Begriffswirrwarr beseitigt und mit einheitlichen Konzepten den Physikern wieder eine geordnete Welt gegeben.

Ähnlichkeiten zwischen Poincaré & Einstein:

Poincaré 1904	Einstein 1905
Das Prinzip der Relativität	Relativitätstheorie
Synchronisierung von Uhren wegen verschiedener Zeitzonen, mit Hilfe einer *Federuhr*.	Synchronisierung von Uhren wegen verschiedener Koordinatensysteme, mit Hilfe einer *Unruhuhr*.
"Das Prinzip der Relativität soll im Einklang gebracht werden mit der Lorentzschen *Elektrodynamik bewegter Körper*."	Titel der Publikation: "*Zur Elektrodynamik bewegter Körper*"
Es gibt keinen absoluten Raum und keine absolute Zeit.	ditto
Wir sollten physikalische Gesetze in einem vierdimensionalen Raumzeitgefüge beschreiben.	ditto
Mathematische Gesetze müssen auch in bewegten Koordinatensystemen gelten.	ditto

Dazu kommt noch eine weitere Merkwürdigkeit der Einsteinschen Arbeit: Ohne den Michelson-Morley-Versuch wäre eine derart tiefgreifende Reform des physikalischen Bewusstseins (von den Formeln ganz abgesehen) nicht nötig gewesen. Dennoch behauptete Einstein immer wieder: Diesen Versuch hätte er gar nicht gekannt (was höchst unwahrscheinlich ist), und wenn, hätte er keinen Einfluss auf seine Arbeit gehabt (was Unsinn ist: Der Lorentz-Faktor ergibt sich nur aus diesem Versuch). Er selbst rechtfertigte 1907 sein Weglassen aller Zitate mit seiner Faulheit:

Es scheint mir in der Natur der Sache zu liegen, daß das Nachfolgende zum Teil bereits von anderen Autoren klargestellt sein dürfte. Mit Rücksicht darauf jedoch, daß hier die betreffenden Fragen von einem neuen Gesichtspunkt aus behandelt sind, glaubte ich, von einer für mich sehr umständlichen Durchmusterung der Literatur absehen zu dürfen, zumal zu hoffen ist, daß diese Lücke von anderen Autoren noch ausgefüllt werden wird, wie dies in dankenswerter Weise bei meiner ersten Arbeit über das Relativitätsprinzip durch Hrn. Planck und Hrn. Kaufmann bereits geschehen ist.

Von einer "umständlichen Durchmusterung" kann aber keine Rede sein, denn laut Wikipedia "*veröffentlichte Einstein in Beiblätter zu den 'Annalen der Physik' allein im Jahr 1905 einundzwanzig Reviews.*" Und Wissenschaftshistoriker Jürgen Renn schreibt:

„*Die 'Annalen der Physik' dienten ebenso als eine Quelle für ein bescheidenes zusätzliches Einkommen für Einstein, der mehr als zwanzig Berichte für ihre Beiblätter schrieb und so eine eindrucksvolle Beherrschung der zeitgenössischen Literatur demonstrierte. Diese Aktivität begann 1905 und resultierte wahrscheinlich aus seinen früheren Publikationen in den Annalen auf diesem Gebiet.*"

Vor allem ist bekannt, dass Einstein vor 1905 mit Maurice Solovine und Conrad Habicht in der 'Akademie Olympia' Poincarés Buch "Wissenschaft und Hypothese" gelesen hat, welches sie „Wochen hindurch fesselte und faszinierte". In seinen wissenschaftlichen Schriften nach 1905 bezieht sich Einstein auf Poincaré nur im Zusammenhang mit der Trägheit der Energie (1906) und der nichteuklidischen Geometrie (1921), nicht jedoch auf dessen Leistungen bei der Formulierung der Lorentztransformation, dem Zusammenhang zwischen Uhrensynchronisation und Gleichzeitigkeit, oder des Relativitätsprinzips.

Doch das alles ist harmlos gegenüber dem, was dann bei der Entwicklung der ART geschah, die zu einem regelrechten Prioritätsstreit a la Newton gegen Leibniz hätte führen können, wäre der Protagonist, der Mathematiker David Hilbert, nicht großzügig über diese Fragen hinweg gegangen. Davon mehr im zweiten Teil ("Reise ins Ungewisse").

Einstein auf der Couch

Ein Stück, verfasst und aufgeführt zu Ehren von Peter Moosleitners 60. Geburtstag.

mit *Peter Ripota* als Einstein, *Manon Baukhage* als Frau Mitscherlich, seine Therapeutin, und *Florian Wöst* als Geiger.

Frau **Mitscherlich** ruft "der nächste, bitte!", Musik: Liebesleid.

Einstein *schlurft mit Geige unterm Arm und dem Buch "Relativitätstheorie verständlich" unter dem anderen Arm herein, steht nur so herum. Mitscherlich muss ihn bitten, abzulegen. Einstein legt Buch hin, weigert sich aber, die Geige abzulegen. Er setzt sich auf die Couch, Mitscherlich fordert ihn auf, sich hinzulegen, was er umständlich tut.*

Mitscherlich: Na, welche Probleme haben wir denn?

Einstein: (erstaunt): Wieso 'wir', sind wir verheiratet?

Mitscherlich: Nein, ich meine, welche Probleme haben Sie denn?

Einstein: Ja, ich bin so vergesslich.

Mitscherlich: Was haben Sie denn vergessen?

Einstein: Warum ich zu Ihnen gekommen bin, Frau, äh -

Mitscherlich: Mitscherlich

Einstein: Den Namen kenn' ich doch? Haben Sie nicht mal was geschrieben über die Unwirtschaftlichkeit der Städte?

Mitscherlich: (Wütend): Neinneinnein, das war mein Mann! Alle zitieren immer nur meinen Mann! Ich bin auch jemand.

Einstein: Ach, jetzt weiß ich wieder, was mein Problem ist: Meine Frau behauptet, *sie* hätte meine Theorie erfunden.

Mitscherlich: Welche Theorie?

Einstein: Na die verallgemeinerte Geodäten-Gravitationsfeldtheorie nichtlinear bewegter Körper.

Mitscherlich: Wie bitte?

Einstein: Also (richtet sich auf): Wenn Sie hier sind und da ein Schwarzes Loch, das zerstört die Raumzeit- Struktur so sehr, dass sogar Sie jetzt durchschlüpfen können. Soll ich's Ihnen zeigen?

Einstein nimmt eine Postkarte und schneidet so trickreich ein Loch in sie, dass er die Karte Frau Mitscherlich überstülpen kann, während diese sich ständig Notizen macht. Ab jetzt bleibt Einstein stehen.

Mitscherlich: Sagten Sie vorhin Schwarzes Loch? Aha! Jetzt haben wir Ihr Problem. Sie leiden unter einer perinatalen, präfokussierten Sexualdeviation, die infolge einer zeitlich verzögerten Fötalentwicklung zu einem vorgezogenen Ödipuskomplex führte, welcher Sie daran hinderte, in jungen Jahren -

Einstein: Wovon reden Sie?

Mitscherlich: Von dem Ding, was Ihnen da runterhängt.

Einstein: Was? Welches Ding?

Mitscherlich: Na, Ihre Geige! Warum schleppen Sie denn das Ding da immer mit sich herum? Weil Sie Ihr eigenes Dingsda, weil Sie mit Ihrem eigenen Ding, wie soll ich sagen ...

Einstein: (unterbricht sie): Jetzt weiß ich, was mein Problem ist: Ich suche die Weltformel.

Mitscherlich: Und wo haben Sie die verloren?

Einstein: Ich habe sie noch gar nicht gefunden.

Mitscherlich: Weltformel, Weltformel ... ich glaube, ich habe das was für Sie. *(Wühlt in ihrer Handtasche, zieht einen Zettel heraus und reicht ihn ihm).* Hier ist sie.

Einstein: *(Betrachtet andächtig den zerknitterten Zettel und murmelt vor sich hin)* Die Weltformel! Nichthermitsche sechsdimensionale schiefsymmetrische Tensoren - Welt-Selektor-Gleichung - Cartansche Geometrie ... Wo haben Sie denn die her?

Mitscherlich: Die stand auf dem Beipackzettel meiner Hautcreme. Aber sie löst sich bei Lichteinstrahlung wieder auf.

Einstein: Mein Gott, die Buchstaben verschwinden, das ist doch .... ich kann sie nicht mehr lesen ... was soll ich denn tun! *(sinkt erschüttert auf die Couch)*

Mitscherlich: Ach lassen Sie doch den Kram. Sie müssen aus dem Milieu heraus, Sie brauchen einen neuen Beruf. Ich hätte da was für Sie. Schauen Sie, kennen Sie das? (reicht ihm ein P.M. mit ihm als Titelbild).

Einstein: Das bin doch ich! Was ist denn das für eine Zeitung?

Mitscherlich: Kennen Sie die nicht?

Einstein: Klar kenne ich die. Die habe ich als Jugendlicher gelesen. Das ist "Tarzan".

Mitscherlich: Neinnein, das ist ein populärwissenschaftliches Magazin, vielmehr, pardon, ein interessantes Magazin. Die bringen oft Artikel über Sie.

Einstein: Und die Leser verstehen das?

Mitscherlich: Nein, wie sollen sie. Die Macher von PM verstehen ja selber nicht, worüber sie schreiben. Hier, schauen Sie. *(Reicht ihm ein Heft mit Einstein als Titelbild.)*

Einstein liest " Wie kann sich ein Mensch etwas so Verrücktes ausdenken wie die Relativität?"

Einstein: Also ich bin nicht verrückt!

Mitscherlich: Das steht ja auch nicht drin. Lesen Sie doch richtig! Und urteilen Sie nicht gleich nach den ersten paar Zeilen.

Einstein: Na gut. *(Einstein liest "Wo hat das Mädle denn die Rädle?")* Und das soll die Quintessenz meiner Theorie sein?

Mitscherlich: Sie haben aber auch ein Geschick, die Dinge aus dem Zusammenhang zu reißen. Kein Wunder, dass Ihre Frau -

Einstein *(dem Weinen nahe:)* Meine Frau hat mich nie verstanden. Niemand hat mich je verstanden. Darum spiele ich ja auch Geige, am liebsten Kreisler "Liebesleid".

Mitscherlich: Das merke ich. Wissen Sie was, Sie brauchen eine Psychotherapie.

Einstein *(liest den letzten Absatz:)* "Und vielleicht wird eines Tages Einsteins Traum ..." etc. Hm, nicht schlecht. Vielleicht sollte ich dieses Magazin doch mal lesen. Vielleicht verstehe ich dann meine eigenen Theorien besser.

Mitscherlich: Na, sehen Sie!

Einstein: Nur dieses Portrait von mir, scheußlich, absolut scheußlich. Haben die denn keine besseren Bilder?

Mitscherlich: Also, da hätte ich einen Vorschlag. Sie sehen doch noch gut aus, und Ihr Typ ist gefragt. Werden Sie doch Fotomodell! Kommen Sie.

Hilft ihm auf, stellt ihn hin, sodass er aufrecht steht. Nimmt die Kamera, stellt sich vor ihn hin und ruft: "Brust raus!" In dem Augenblick, da es blitzt, streckt er aber die Zunge raus. Sie betrachtet das Polaroidbild und sagt dann:

Mitscherlich: Also mit <u>dem</u> Bild machen Sie Schlagzeilen!

Einstein: Meinen Sie wirklich? Und was ist mit der Weltformel?

Mitscherlich: Ach lassen Sie doch die Sache mit der Weltformel und die blöde Geigerei. Hier *(reicht ihm einen Zettel)* ist die Adresse einer Modell-Agentur, da melden Sie sich. Und danach sind Sie Ihre komischen Komplexe los.

Einstein: Wenn Sie meinen ... Vielen Dank nochmal. Vielleicht sind die Großstädte doch nicht so unwirtschaftlich ...

(Einstein mit eigenem Polaroid unterm Arm stolz ab zur Melodie von Kreislers "Liebesleid")

Einstein als Mythos

Viele sahen ihn so wie im nebenstehenden Bild (einem Titelbild des P.M.-Magazins): als Moses, der von Gott die Inspiration für seine Formel bekam und diese der Menschheit verkündete. Doch im Hintergrund droht schon ihre Anwendung in den schrecklichen Bomben des 20. Jahrhunderts.

Oft wurde Einstein liebenswürdig-versponnen dargestellt, besonders in manchen Filmen - ein Bild, das er selbst pflegte. Berühmt (und von ihm geliebt) ist seine Selbstdarstellung mit herausgestreckter Zunge. Dieses Foto wurde zu einem Symbol für seine unbekümmerte Art, und ein wenig Arroganz schwingt da auch mit: Ihr könnt mich alle mal.

Einstein & Monroe

Diese beiden Personen sind Mythen unserer Zeit: der stille Gelehrte als Genie, die unglückliche Schauspielerin als Sexsymbol. Beide treten zusammen auf in dem Film "Insignificance - Die verflixte Nacht" (1985, Regie Nicolas Roeg; Theresa Russell als Monroe, Michael Emil als Einstein). Es ist die Geschichte einer fiktiven Begegnung von Marilyn Monroe und Albert Einstein 1954 in einem New Yorker Hotelzimmer. Laut Kritik ist der Film ein "zunächst komödiantischer, dann sehr ernsthafter Versuch, die Konflikte und inneren Widersprüche hinter den Mythen, die beide Figuren jeweils verkörpern, sichtbar zu machen."

Ich habe Portraits der beiden Ikonen der Moderne genommen und mit einem Morph-Programm ineinander überführt (den Film gibt's auf meiner Webseite). Hier der Übergang zwischen Genie und Erotik als Bildsequenz:

Literatur (chronologisch nach Themen; fett = Bücher)

Allgemein
Lehrbücher:
Pauli, Wolfgang: **Relativitätstheorie**. Leipzig 1921
Aharoni, Joseph: **The Special Theory of Relativity**. Oxford University Press, London 1965 *(nur für Fachleute!)*
Arzelies, H.: **Relativistic Kinematics**. Oxford 1966
Sexl, Roman; Schmidt, Herbert K.: **Raum - Zeit - Relativität**. Vieweg, Braunschweig 1991
Rindler, Wolfgang: **Relativity**. Oxford 2001
Liebscher, Dierck-Ekkehard: The Geometry of Time. Wiley, Weinheim 2005 *(nur für Fachleute!)*

Bücher und Schriften von und über Einstein:
Alle Briefe von und an Einstein + Notizen, Zeitungsartikel, "reviews" etc.: https://einsteinpapers.press.princeton.edu/
Einstein, Albert: **Über die spezielle und die allgemeine Relativitätstheorie (Gemeinverständlich)**. Vieweg & Sohn, Braunschweig 1920
Einstein, Albert; Infeld, Leopold: **Die Evolution der Physik**. Rowohlt 1995 (1938)
Schilpp (Hrsg.), Paul Arthur: **Albert Einstein als Philosoph und Naturforscher**. Vieweg 1983 (1949). Mit Beiträgen von Einstein, Sommerfeld, de Broglie, Pauli, Born, Bohr, Margenau, Reichenbach, Robertson, Infeld, von Laue, Gödel.
Barthes, Roland: **Mythen des Alltags**. Suhrkamp Berlin. 2012 (1957). Kapitel "Einsteins Gehirn"
Einstein, Albert: **Mein Weltbild**. Ullstein 1962
Pais, Abraham: **Raffiniert ist der Herrgott, Albert Einstein. Eine wissenschaftliche Biographie**. Spektrum, Heidelberg 2000 (1982)
Einstein, Albert: **Ausgewählte Texte**. Goldmann 1986
Meyenn, Karl von (Herausgeber): **Albert Einsteins Relativitätstheorie. Die grundlegenden Arbeiten**. vieweg, Braunschweig 1990
Fölsing, Albrecht: **Albert Einstein: Eine Biographie**. Suhrkamp 1995
Jammer, Max: **Einstein and Religion. Physics and Theology**. Princeton University Press 1999
Renn, Jürgen (Hrsg.): **Albert Einstein, Ingenieur des Universums. Hundert Autoren für Einstein**. Wiley 2005
Calaprice, Alice: **Lieber Herr Einstein ... Albert Einstein beantwortet Post von Kindern**. Campus 2007

Wissenschaft, allgemein

Poincaré, Henri: **Wissenschaft und Hypothese**. Mit erläuternden Anmerkungen von F. und L. Lindemann. Leipzig 1904

Einstein, Albert: Über das Relativitätsprinzip und die aus demselben gezogenen Folgerungen. Jahrbuch der Radioaktivität und Elektronik 4, 411-462 (1907)

Poincaré, Henri: **Wissenschaft und Methode**. Mit erläuternden Anmerkungen von F. Lindemann. Leipzig 1914

Musik, Robert: **Der Mann ohne Eigenschaften**, Kapitel 110 (ab 1921)

Eddington, Arthur S.: **The Nature of the Physical World**. New York 1928

Brecht, Bertolt: **Das Leben des Galilei**. 1939

Feyerabend, Paul: **Wider den Methodenzwang**. Suhrkamp 1980

Feyerabend, Paul: **Erkenntnis für freie Menschen**. Suhrkamp 1983

Reichenbach, Hans: Die philosophische Bedeutung der Relativitätstheorie. In: Albert Einstein als Philosoph und Naturforscher. Vieweg 1983 (1949)

Jean-Marc Lévy-Leblond: Science's fiction. Nature volume 413, page 573 (2001)

Loeb, Abraham: Theoretical Physics Is Pointless without Experimental Tests. Scientific American August 10, 2018

Wissenschaft und Religion:

Wertheim, Margaret: **Die Hosen des Pythagoras. Physik, Gott und die Frauen**. Ammann Verlag 1998 (1994)

Powell, Corey S.: **God in the Equation. How Einstein Became the Prophet of the New Religious Era**. New York 2002

Geschichte:

Voigt, Woldemar: Theorie des Lichts für bewegte Medien. Nachrichten von der Königlichen Gesellschaft der Wissenschaften und der Georg-Augusts-Universität zu Göttingen. 11. Mai 1887

Goldberg, Stanley: **Understanding Relativity. Origin and Impact of a Scientific Revolution**. Birkhäuser 1984

Meyenn, Karl von (Herausgeber): **Quantenmechanik und Weimarer Republik**, Vieweg, Braunschweig 1994

Rösch, Peter: **Das Machwerk**, 1997. Eigenverlag: Silcherstr. 5, 76709 Kronau

Mehra, Jagdisch: **Einstein, Physics and Reality**. World Scientific, Singapore 1999

Bartusiak, Marcia: **Einstein's Unfinished Symphony: The Story of a Gamble, Two Black Holes, and a New Age of Astronomy**. Yale Univ. Pres 2017 (2000)

Galison, Peter: **Einsteins Uhren, Poincarés Karten. Die Arbeit an der Ordnung der Zeit**. S. Fischer, Frankfurt 2003

Norton, John D.: Einstein's Investigations of Galilean Covariant Electrodynamics prior to 1905. University of Pittsburgh 2004

Miller, Arthur: **Der Krieg der Astronomen. Wie die Schwarzen Löcher das Licht der Welt erblickten**. DVA München 2005

Engelhardt, Wolfgang: An Application of the Lorentz Transformation. 2009

Wie Einstein berühmt wurde:

Ian McCausland: Anomalies in the History of Relativity. Journal of Scientific Exploration, Vol. 13, No. 2, pp. 271–290, 1999

Casti, John L., Karlqvist, Anders: **Mission to Abisko. Stories and Myths in the Creation of Scientific "Truth"**. Reading 1999. Chapter 7: Einstein at the Amusement Park: The Public Story of Relativity in Swedish Culture.

Waller, John: **Fabulous Science. Fact and Fiction in the History of Scientific Discovery**. Oxford 2002. Chapter 3: The Eclipse of Isaac Newton: Arthur Eddington's 'proof' of general relativity

Barabási, Albert-László: **The Formula. The Universal Laws of Success**. 2018 (ab S. 250)

Kritisches:

E. Gehrcke: **Die Relativitätstheorie eine wissenschaftliche Massensuggestion**. Berlin 1920

Gleich, Gerold von: **Einsteins Relativitätstheorien und physikalische Wirklichkeit**. Leipzig 1930

Dr. Hans Israel et al (Herausgeber): **Hundert Autoren gegen Einstein**. Leipzig 1931

O'Rahilly, Alfred: **Electromagnetic Theory. A critical Examination of Fundamentals**. Cork University Press 1938

Dingle, Herbert: **Wissenschaft am Scheideweg**. Martin Brian & O'Keeffe, London 1972

Theimer, Walter: **Die Relativitätstheorie. Lehre und Wirkung**. Edition Mahag, Graz 2005 (1977)

Wallace, Bryan: **The Farce of Physics** (1993)
https://bryangwallace.dreamhosters.com/book/index.html

Galeczki, Georg; Marquardt, Peter: **Requiem für die Spezielle Relativität**. Haag + Herchen, Hanau 1996 *(nur für Fachleute!)*

Marmet, Paul: **Einstein's Theory versus Classical Mechanics**. Newton Physics Books, Gloucester, Kanada 1997

Bjerknes, Christopher Jon: **Albert Einstein, The Incorrigible Plagiarist**. XTX Inc., Downers Grove, Ill, 2002

Kelly, Al: **Challenging modern Physics. Questioning Einstein's Relativity Theories**. Brown Walker Press, Boca Raton 2005

Florentin Smarandache, Fu Yuhua Zhao Fengjuan (editors): **Unsolved Problems in Special and General Relativity**. Educational Publishing & Journal of Matter Regularity (Beijing) 2013
Danci, Valentin: The Nineteen Postulates of Einstein's Special Relativity Theory. Toronto, Canada - February 9, 2017
Sujak, Peter: Einstein's Destruction of Physics and Scientific Principles. 2018

Speziell
Raum und Zeit:
Abbott, Edwin A.: **Flatland. A Romance of Many Dimensions**. London 1884
Wells, H. G.: **Die Zeitmaschine. London** 1895
Palágyi, Melchior: Neue Theorie des Raumes und der Zeit. Die Grundbegriffe einer Metageometrie. Leipzig, Verlag von Wilhelm Engelmann 1901
Minkowski, Hermann: Raum und Zeit. Jahresbericht der deutschen Mathematiker-Vereinigung 18: 75–88 (1909), S. 75; = Physikalische Zeitschrift 10: 104–111
Jammer, Max: **Concepts of Space. The History of Theories of Space Physics**. Dover 1954/1993

Aberration:
Marmet, Paul: Stellar Aberration and Einstein's Relativity. Physics Essays, Vol. 9 No. 1 P. 96-99, 1996
Kassner, Klaus: Why the Bradley aberration cannot be used to measure absolute speeds. A comment. Institut für Theoretische Physik, Otto-von-Guericke-Universität Magdeburg, 29. August 2001
Maers, A.F.; Wayne, R.: Rethinking the Foundations of the Theory of Special Relativity: Stellar Aberration and the Fizeau Experiment. Cornell University, Ithaca
Russo, Daniele: Stellar Aberration: the Contradiction between Einstein and Bradley. Apeiron, Vol. 14, No 2, April 2007

Äther:
Granek, Galina: Poincaré's Ether: C. Conventionalism Revisited. Apeiron, Vol. 8, No. 2, April 2001
Sujak, Peter: Einstein's repudiation of his own theory of relativity after 1920 (2017)

Dopplereffekt:
Bonizzoni, Ilaria; Giuliani, Giuseppe: The Undulatory versus the Corpuscular Theory of Light: The case of the Doppler Effect 1968
Baird, Eric: Problems with "GR without SR: A gravitational-domain description of first-order Doppler effects". February 2001
Engelhardt, Wolfgang: Relativistic Doppler Effect and the Principle of Relativity. Apeiron, Vol. 10, No. 4, October 2003

Gift, Stephan J. G.: Doppler Shift Reveals Light Speed Variation. Apeiron, Vol. 17, No. 1, January 2010

Giuliani, Giuseppe: Experiment and theory: the case of the Doppler effect for photons. 2. Feb. 2015

Kassir, Radwan M.: On the Test of Time Dilation Using the Relativistic Doppler Shift Equation. International Journal of Physics, 2015, Vol. 3, No. 3, 100-107

Klinaku, Shukri: The Doppler effect and the three most famous experiments for special Relativity. Results in Physics 6 (2016) 235–237

Kassir, Radwan M.: Relativistic Doppler Effect versus Time Dilation: Critical Inconsistency. June 2017

Extinktionstheorie:

Mansuripur, Masud: The Ewald–Oseen Extinction Theorem. University of Arizona 1998

Ballenegger, Vincent C.; Weber, T. A.: The Ewald–Oseen extinction theorem and extinction lengths. Am. J. Phys., Vol. 67, No. 7, July 1999

Tetikol, H. Serhat: Ewald-Oseen Extinction Theorem. Koç University, November 24, 2015

Lichtgeschwindigkeit:

Marinov Stefan: Measurement of the Laboratory's Absolute Velocity. General Relativity and Gravitation, Vol. 13, No. 1, 1980

Ahmeda, Md. Farid; Quinea, Brendan M.; Sargoytchev, Stoyan; Stauffer, A. D.: A Review of one-way and two-way Experiments to test the Isotropy of the Speed of Light. York University, Toronto 5.11.2010

Jenseits der Lichtgeschwindigkeit. Gedankenspiele und Experimente zur Relativitätstheorie. 7.4.2013

Deines, Steven D.: Measuring Velocity of Moving Inertial Frames with Light Transmissions. International Journal of Applied Mathematics and Theoretical Physics 2017; 3(3): 56-60

Wackler, Christian M.: Outline of a Kinematic Light Experiment. Progress in Physics Volume 14 (2018), Issue 3 (July), pp. 152-158

Gleichzeitigkeit & Synchronisierung:

Reithoffer, Prof. Dr. Max: Ein elektrisches Zentraluhrensystem für Wien. Vortrag, gehalten den 22. Februar 1911

Vetharaniam, I.: Simultaneity and Test-Theories of Relativity. University of Canterbury 1995

Galison, Peter: **Einsteins Uhren, Poincarés Karten. Die Arbeit an der Ordnung der Zeit**. 2003

Richling, Dipl.-Inf. J.: Uhrensynchronisation. Humboldt Universität Berlin, Wintersemester 2003/2004

Jammer, Max: **Concepts of Simultaneity**. Johns Hopkins University Press 2006

Engelhardt, Wolfgang: Ein Kommentar zur Einsteinschen Definition von Zeit und Gleichzeitigkeit. 25. Dezember 2008

Buenker, Robert J.: Einstein's Hidden Postulate. Apeiron, Vol. 19, No. 3, July 2012

GPS:

Fliegel, Henry F.; DiEsposti, Raymond S.: GPS and Relativity: An Engineering Overview. 1996

van Flandern, Tom: What the Global Positioning System Tells Us about Relativity. In: Open Questions in Relativistic Physics, ed. Franco Selleri, Apeiron, Montreal 1998

Lorentzkontraktion:

Rindler, Wolfgang: Length Contraction Paradox. In: Am. J. Phys.. 29, Nr. 6, 1961

Phipps, Thomas E.: Kinematics of a "Rigid" Rotor. Lettere Al Nuovo Cimento Vol. 9 N. 12, 23. Marzo 1974, S. 467-470

Rothenstein, Bernhard; Damian, Ioan: Length measurement of a moving rod by a single observer without assumptions concerning its magnitude. 2005

Klauber, Robert D.: Is detection of Fitzgerald-Lorentz contraction possible? Aug. 7, 2008

Marmet, Paul: Die übersehenen Phänomene im Michelson-Morley-Experiment. 1.11.2012

Buenker, Robert J.: The Myth of FitzGerald-Lorentz Length Contraction and the Reality of Einstein's Velocity Transformation. Apeiron, Vol. 20, No. 1, April 2013

Ehrenfestsches Paradoxon:

Ehrenfest, Paul: Gleichförmige Rotation starrer Körper und Relativitätstheorie. Physikalische Zeitschrift Bd. 10, S. 918, 1909

M. Born, Die Theorie des starren Elektrons in der Kinematik des Relativitäts-Prinzipes. Ann. d. Phys. 30, 1, 1909

Einstein, Albert: Zum Ehrenfestschen Paradoxon. Eine Bemerkung zu V. Varičaks Aufsatz. In: Physikalische Zeitschrift. 12, 1911, S. 509–510

Max von Laue: **Die Relativitätstheorie**, 1921

Weiss, Michael: The Rigid Rotating Disk in Relativity. 2013

Weinstein, Galina: Einstein's Uniformly Rotating Disk and the Hole Argument. 2015

Masse-Energie-Äquivalenz (E=mc²):
Einstein, Albert: Ist die Trägheit eines Körpers von seinem
Energieinhalt abhängig? Annalen der Physik und Chemie, Jg. 18,
1905, S. 639-641
Faragó, P. S.; Jánossy, L.: Review of the experimental evidence for the law of
variation of the electron mass with velocity. Il Nuovo Cimento (1955-1965) volume
5, pages 1411–1436 (1957)
Jammer, Max: **Concepts of mass in Classical and Modern Physics.** Dover 1961
Assis, A.K.T.: Changing the Inertial Mass of a Charged Particle. Journal of the
Physical Society of Japan Vol. 62 No5 May 1993, pp. 1418-1422
Noack, C.C.: Was ist eigentlich eine 'Ruhemasse'? Universität Bremen, März 1998
Sharma, Ajay: Derivation of $\Delta E=\Delta mc^2$ Revisited. Apeiron, Vol. 18, No. 3, July
2011
Sharma, Ajay: Origins of Rest Mass Energy in Einstein's derivations. Apeiron, Vol.
18, No. 4, October 2011

Relativistische Thermodynamik:
Galeczki, Georg; Marquardt, Peter: **Requiem für die Spezielle Relativität**. Haag +
Herchen, Hanau 1996 (Kapitel 7; dort auch Literaturnachweise)
Dunkel, Jörn; Hänggi, Peter: Relativistic Brownian motion. Physics Reports 471
(2009) 1-73

Zeitdilatation & Zwillings-Paradoxon:
Flammarion, Camille: Lumen. 1867
Einstein, Albert: Die Relativitäts-Theorie, in: Naturforschende Gesellschaft, Zürich,
Vierteljahresschrift, 56, S. 12, 1911
Laue, Max von: Zwei Einwände gegen die Relativitätstheorie und ihre
Widerlegung. Physik. Zeitschr. XIII, 1912, S.118-120
Einstein, Albert: Dialog über Einwände gegen die Relativitätstheorie. Die
Naturwissenschaften 6 (48), 29.11.1918
Bonizzoni, Ilaria; Giuliani, Giuseppe: The interpretations by experimenters of
experiments on `time dilation': 1940 - 1970. 4.8.2000
Hawkins, M. R. S.: On time dilation in quasar light curves. Mon. Not.
R. Astron. Soc. 000, 1–?? (2002) Printed 13 April 2010
Flandern, Tom van: What the Global Positioning System Tells Us about the Twin's
Paradox. Apeiron Vol. 10 No. 1, January 2003
Gwinner, Gerald: Experimental Tests of Time Dilation in Special
Relativity. Modern Physics Letters A Vol. 20, No. 11 (2005) 791-805
Bakhoum, Ezzat G.: On the Relativistic Principle of Time Dilation. Apeiron, Vol.
16, No. 3, July 2009
Field, J.H.: Langevin's 'Twin Paradox' paper revisited. 4.8.2015

Wang, Ruyong, et al: Light-Drag Paradox 2016

Versuche:

Fresnel-Fizeau:
Giuseppe Antoni, Umberto Bartocci: A Simple "Classical" Interpretation of
Fizeau's Experiment. Apeiron, Vol. 8, No. 3, July 2001

Michelson-Morley:
wesley, j.p.: **selected topics in Advanced Fundamental Physics**. Benjamin
Wesley, 7712 Blumberg 1991 (chapter 3.4)
Marmet, Paul: The Overlooked Phenomena on the Michelson-Morley Experiment.
In: **Einstein's Theory of Relativity versus Classical Mechanics**. Newton Physics
Books, Gloucester, Canada 1997
Hecht, Laurence: Optical Theory in the 19th Century and the Truth about
Michelson-Morley-Miller. 21st CENTURY, Spring 1998, p. 35-50
Múnera, Héctor A.: Michelson-Morley Experiments Revisited: Its Systematic
Errors, Consistency Among Different Experiments, and Compatibility with
Absolute Space. Apeiron, vol. 5, No. 1-2 (January-April 1998) 37-54
Cahill, Reginald T.: **Process Physics**. Process Studies Supplement 2003 Issue 5
Thim, Hartwig: Vorlesung „Wellenausbreitung und Relativität", SS 2005
Russo, Daniele: A Critical Analysis of Special Relativity in Light of Lorentz's and
Michelson's Ideas. Apeiron Vol 13. No. 3, July 2006
Engelhardt, Wolfgang: Interpretation of the Michelson-Morley Experiment in the
Photon Picture of Light 2008
Wagner, Dan: Lorentz Contraction relative to Fresnel dragged reference frame
explains Solid-State Michelson-Morley Experiment Null Result. Apeiron, Vol. 16,
No. 1, January 2009
Das, S.: Michelson–Morley experiment proves light speed is not constant.
PHYSICS ESSAYS 27, 1 (2014)
Cahill, Reginald T.: Review of Experiments that Contradict Special Relativity and
Support neo-Lorentz Relativity: Latest Technique to Detect Dynamical Space
Using Quantum Detectors. ca. 2015
Tickner, Clive: A Physical Experiment which repudiates all Theories Based on
Einstein's Light-Clock. Research papers relativity theory science journal 6962. June
21, 2017
Munera, Héctor A.: The Empirical Evidence for the Relativistic Theories of
Lorentz, Poincaré and Einstein: the 1881 and 1887 Michelson Experiments,
Revisited. Apeiron, Volume 20, Hors série 4, June 2018

Munera, Héctor A.: How would Michelson design his 1881 and 1887 interferometer experiments with modern information? — Identification of two fatal flaws in the original design. ca. 2022

Sagnac:
Kelly, G.: Sagnac Effect Contradicts Special Relativity. Infinite Energy Issue 39 2001

Correa, Paulo N.; Correa, Alexandra N.: The Sagnac and Michelson-Gale-Pearson Experiments: The tribulations of General Relativity with respect to Rotation. Infinite Energy Issue 39 2001

Wang, Ruyong et al: Modified Sagnac experiment for measuring travel-time difference between counter-propagating light beams in a uniformly moving fiber. Physics Letters A 312 (2003) 7-10

Dayton Miller:
Schrödinger, Erwin: Michelsonscher Versuch und Relativitätstheorie, Neue Züricher Zeitung 10. 9. 1925

Miller, Dayton: The Ether-Drift Experiment and the Determination of the Absolute Motion of the Earth. Reviews of Modern Physics, Vol. 5, July 1933, pp. 203-242

DeMeo, James: Dayton Miller's Ether-Drift Experiments: A Fresh Look. Infinite Energy Issue 38 2001

DeMeo, James: Dayton Miller and the Ether-Drift, http://www.orgonlab.org/miller.htm

Zins, Steven: A New Crucial Experiment for Relativity. October 25, 2012

Ives-Stillwell:
Ives, Herbert E.; Stillwell, G. R.: An Experimental Study of a Moving Atomic Clock. Journal of the Optical Society of America, Vol. 28, July 1938 Number 7

Ives, Herbert E.; Stillwell, G. R.: An Experimental Study of the Rate a Moving Atomic Clock, II. Journal of the Optical Society of America, Vol. 31, May 1941 Number 11

Christov, C.I.: The Effect of the Relative Motion of Atoms on the Frequency of the Emitted Light and the Reinterpretation of the Ives-Stilwell Experiment. Found Phys (2010) 40: 575–584

Cahill, Reginald T.: Ives-Stilwell Time Dilation Li+ ESR Darmstadt Experiment and neo-Lorentz Relativity. Volume 11 (2015) Progress in Physics Issue 1 (January)

Giuliani, Giuseppe: Experiment and theory: the case of the Doppler effect for photons. 2.2.2015

Rossi-Hall:

Ross, Bruno; Hall, David B.: Variation of the Rate of Decay of Mesotrons with Momentum. The Physical Review VOI. 59, No. 3 February 1, 1941
Wilmar, André: Entwicklung eines Demonstrationsexperiments zur Messung von (g–2)Myon", Göttingen 2013

Hafele-Keating:

Schlegel, R.: Relativistic East-West Effect on Airborne Clocks. Nature Physical Science volume 229, pages 237–238 (22 February 1971)
Schlegel, R.: Physical Sciences: Flying Clocks and the Sagnac Effect. Nature volume 242, page 180 (16 March 1973)
McCarthy, Dennis J.: Did Hafele-Keating Violate the Rules of SRT? Galilean Electrodynamics Nov./Dec. 1997, p. 116/120
Kelly, Al: **Challenging modern Physics. Questioning Einstein's Relativity Theories**. Brown Walker Press, Boca Raton 2005 (Appendix 1: The Hafele and Keating Saga)
Deines, Steven D.: Vector Addition of Light's Velocity Versus the Hafele-Keating Time Dilation Test. International Journal of Applied Mathematics and Theoretical Physics. Vol. 3, No. 3, 2017, pp. 50-55

Suarez-Scarani:

Seife, Charles: **'Spooky Action' Passes a Relativistic Test.** Science 2000 March 17; 287: 1909-1910 (in News Focus)
Tittel, W.; Brendel, J.; Zbinden, H.; Gisin, N.: Violation of Bell Inequalities by Photons More Than 10 km Apart. Volume 81, Number 17 Physical Review Letters 26 October 1998
Suarez, Antoine: Entanglement and Time. 2.11.2003
Suarez, Antoine: Any nonlocal model assuming "local parts" conflicts with relativity. 17.4.2013

Bücher des Verfassers

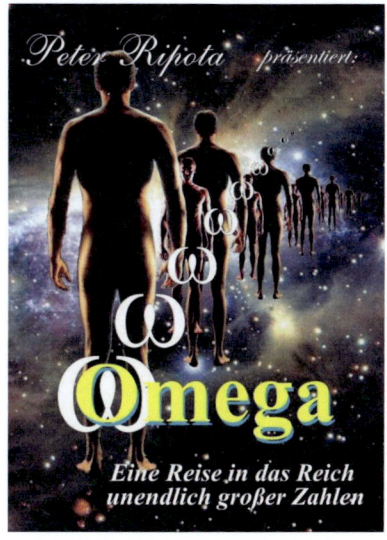

... und seine Lösung!

Begriffs-Hierarchien

und λ-Kalkül

Eine Untersuchung über Sprache, Wirklichkeit und Mathematik

von Peter Ripota

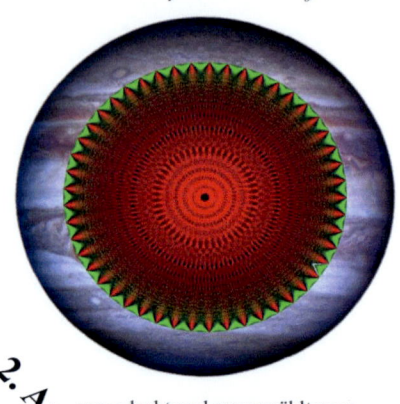

Das Auge Jupiters

und andere Sciencefiction-Detektivgeschichten

2. Auflage

ausgedacht und ausgewählt von:
Peter Ripota

Peter Ripota *präsentiert:*

Der Untergang Österreichs

und andere Szenarien aus
parallelen Welten

2. Auflage

Alternative Geschichte einmal anders!

Tangosehnsucht

Heiteres & Ernstes Wissenswertes und Belangloses Witziges und Romantisches rund um den Tango

präsentiert von: **Peter Ripota**